太阳能热利用——原理·设计·案例

李　洪　胡建军　徐正侠　张清周　编著

中国建筑工业出版社

图书在版编目(CIP)数据

太阳能热利用：原理·设计·案例 / 李洪等编著
. — 北京：中国建筑工业出版社，2022.9
ISBN 978-7-112-27749-0

Ⅰ. ①太… Ⅱ. ①李… Ⅲ. ①太阳能利用 Ⅳ.
①TK519

中国版本图书馆 CIP 数据核字(2022)第 142888 号

本书内容主要涉及三大部分：一是太阳能光热利用基础，重点介绍太阳辐射能基础计算方法和模型，以及太阳能光热利用的核心部件——太阳能集热器，包括各种传统类型太阳能集热器和太阳能 PV/T 集热器原理、性能评价及其改进；二是太阳能光热利用技术原理、设计、性能评价及应用形式，包括热水、供暖、空调、通风、干燥、热发电等，并简要介绍了部分技术的应用案例；在各章节中特别指出了各种太阳能光热利用技术面临的问题和未来的发展方向；三是多功能复合太阳能利用技术，包括热水/供暖两用系统、热水/空调/供暖及冷热电联产多功能系统、光伏太阳能多功能复合系统等，介绍各种多功能复合太阳能热利用技术的原理、典型设计及研发成果。

本书可作为大专院校高年级本科生和研究生的参考用书，也可供从事太阳能光热应用理论和技术研究的科研和工程技术人员参考。

责任编辑：张文胜
责任校对：李辰馨

太阳能热利用——原理·设计·案例
李　洪　胡建军　徐正侠　张清周　编著

*

中国建筑工业出版社出版、发行（北京海淀三里河路 9 号）
各地新华书店、建筑书店经销
北京红光制版公司制版
北京建筑工业印刷厂印刷

*

开本：787 毫米×1092 毫米　1/16　印张：18½　字数：434 千字
2022 年 9 月第一版　　2022 年 9 月第一次印刷
定价：**70.00** 元
ISBN 978-7-112-27749-0
(39709)

前　　言

为应对气候变化，开发利用可再生能源成为全球关注的焦点。太阳能作为分布最为广泛的可再生能源之一，具有广阔的应用前景。太阳能光热利用和太阳能光伏发电是当前太阳能利用的主要发展方向。其中，太阳能光热利用形式灵活多样，涉及范围更广。太阳能集热器是太阳能光热利用中最关键的部件，目前我国是全球最大的太阳能热水器生产和使用国，在碳中和目标背景下，太阳能光热利用将会有更广阔的发展和应用空间。十多年来，本书作者所在的研究团队持续围绕太阳能光热利用技术、太阳能光伏光热综合利用技术以及太阳能复合热泵技术进行了积极的探索与研究，获得了宝贵的实验数据和数值模拟结果，相关研究内容已写入本书相应章节中，供读者参考。

本书从太阳辐射能的基本计算方法和预测模型出发（第1章），介绍了各种太阳能集热装置及其改进形式（第2、3章），阐述了各种太阳能光热利用技术，包括热水、供暖、空调、通风、干燥、热发电等（第4~9章），最后介绍了多功能复合太阳能利用技术（第10章）。

本书由燕山大学李洪、胡建军、徐正侠和张清周合作编著。具体分工为：第1、2、3、10章由李洪编写，第6、7、8章由胡建军编写，第4、5章由徐正侠编写，第9章由张清周编写。曾赛祥、刘凯、邸曦瑶、李树博、张欣、李硕颖、牛赞和韩志鹏参与了本书的编写工作。本书在著述时力求严谨，但是由于作者水平有限，疏漏谬误之处在所难免，恳请同行和读者不吝指正。

书中引用了一些前人的文献和观点，并在章后的参考文献中列出，对前人的贡献致以最诚挚的谢意。如有遗漏，表示最诚恳的歉意。

本书在撰写和出版过程中，得到了燕山大学张天虎、裴晨曦等老师和同学的帮助，同时得到燕山大学建工学院赵庆新教授等领导的指导和关照，他们提出了许多有益的建议，在此表示衷心感谢。在本书的出版过程中，得到了中国建筑工业出版社的极大帮助，在此也表示衷心感谢！

目　　录

第1章 绪 论

1.1 太阳能利用现状和发展趋势

1.1.1 太阳能利用现状

能源是经济社会发展的基础，同时也是影响经济社会发展的主要因素。19～20 世纪，人们大量开发煤炭和石油，以化石燃料为主要能源，造就了当今辉煌的人类社会文明。同时，也造成了资源的极大浪费，以及生态环境的恶化和污染。进入 21 世纪，全世界一次能源总消费从 90 亿吨油当量增加到 128 亿吨油当量，能源资源供需矛盾和生态环境恶化问题日益突显。"开源节流"是解决能源安全问题的唯一选择，在大力提升能效的基础上如何提高可再生能源的使用，从而降低传统能源消耗量成为人们共同的努力方向。其中，太阳能以其清洁、安全、可再生等特性，成为人们关注的焦点。

太阳能的利用形式多种多样，从能源利用的方式区分，主要包括太阳光能利用和太阳热能利用。各种太阳能利用成功的关键在于太阳能转换技术，即借助于现代技术设计和制造工艺，生产性能优良的太阳能利用装置，高效收集地面上可能接收到的太阳辐射能，并将其转换为其他形式的能量，服务于人类社会的生产和生活。

太阳能光伏发电技术属于太阳光能利用，该技术直接将太阳光能转换成电能，是一种转换过程中不消耗燃料、无污染获取电能的技术，具有安全可靠、无噪声、不受地域限制、故障率低等诸多优点。因此，太阳能光伏发电技术是太阳能众多利用方式中发展最快、最具活力的研究领域。太阳能电池板是光伏发电技术的核心设施，随着材料科学、加工技术的不断发展，促使其使用材料、加工技术的不断进步，进而驱使光伏系统价格越来越低。此外，许多国家投入大量研发经费推进光伏转换效率的提升，并给予制造企业财政补贴。更重要的，上网电价补贴政策以及可再生能源比例标准等政策极大地促进了光伏在各国的广泛应用。目前，太阳能光伏发电技术已在全世界一百多个国家投入使用，其将对 21 世纪新能源结构的变革发挥巨大的作用。

太阳热能利用技术形式更加多样，涉及范围更广。技术上，除了常规的太阳能热水、供暖系统之外，还包括：太阳能制冷空调系统、太阳能干燥系统、被动式太阳房、太阳能海水淡化系统、太阳能热发电系统、太阳能通风系统等。应用范围上，既涉及居民生活方面，也包含工农业生产领域；既包括太阳能低温利用，也涵盖太阳能中高温利用。

全世界范围内，太阳能应用类别和应用程度存在一定差异。在我国和澳大利亚，太阳能应用广泛，尤其太阳能热水技术。目前，我国太阳能热水器的年产量和总保有量均居世界首位，成为太阳能热水器的生产和应用大国，为我国节能和环保事业做出了积极的贡献。此外，澳大利亚一直重视太阳能热发电的发展，目前已建成多个太阳能热发电示范系统。2019年，我国在全球新增光热发电装机中的占比过半，在全球光热发电领域的活跃度和影响力持续提升，我国太阳能热发电技术研究和工程实践都逐步走到了世界前列。随着我国太阳能热发电技术水平不断提高、产能不断扩大，发电成本将进一步下降，我国太阳能热发电具有非常广阔的发展前景。在中东，太阳能则应用于海水淡化及吸收式制冷技术。在美国，由于受税收政策及公用事业项目的刺激作用的减退，太阳能应用的发展相对温和。在欧洲，政府的激励政策有效促进了太阳能光伏和太阳能光热利用技术的发展和应用。其中，同时供应生活热水及供暖的复合系统在多个国家占据了主要市场；太阳能制冷技术，作为新兴的应用领域，具有较大发展空间；太阳能供热/制冷/生活热水多功能集于一体的复合系统实现了太阳能的全年利用，且系统中其他部件运行能效较高，因此，该类复合系统通常具备较高的太阳能百分比和良好的经济性。由此可以推断，应用太阳能全方位地解决建筑内热水、供暖、空调和照明等用能的综合方案是未来太阳能利用技术发展的重要方向，该类技术的研发及应用将进一步推动太阳能的综合高效利用。

1.1.2　太阳能利用的发展趋势

我国太阳能资源丰富，为太阳能的利用创造了有利条件。根据太阳能的特点和实际应用的需要，我国一直把研究开发太阳能技术列入国家科技攻关计划，大大推进了我国太阳能产业的发展。按照利用途径的不同，太阳能利用分为太阳能光热利用、太阳能光电利用、太阳能光化学利用、太阳能光生物利用以及太阳能储存与转换利用等，太阳能光热利用和太阳能光伏发电是当前太阳能利用的主要发展方向。

太阳能光热利用技术是指通过集热装置将太阳辐射波段（$0.2 \sim 3\,\mu m$）的能量转化为热能传递给换热工质并加以利用。该技术是目前效率最高、最成熟、最普遍的太阳能利用方式。由于其经济性较好，太阳能光热产业发展迅速，太阳能热水、供暖等技术已得到广泛应用，但由于该技术输出的能量品质低，使其应用范围受到了一定的限制。太阳能热发电技术近年来发展迅速，但该类系统的成本高、可靠性差、复杂性高，限制了该项技术的大规模推广。

太阳能光伏发电技术利用光伏电池将太阳辐照中光子能量大于电池禁带宽度的部分转换成电流并输出利用，其对于太阳辐照的利用主要介于 $0.2 \sim 1.1\,\mu m$ 波段。该技术的优势在于直接利用光伏效应输出高品质的电能，但成本较高和效率偏低是其发展的最大瓶颈。因此，如何提高光伏转换效率、降低使用成本，成为本领域的研发热点。伴随材料、工艺及系统技术的不断进步，太阳能光伏发电技术进展显著。光伏电池的成本已大幅降低，但缺少了政府的补贴仍难以被用户接受；电池效率已有很大提升，但效率的绝对数值依然较低，一般光伏电池效率达不到20%，这意味着多数太阳能或被反射，或被转换成热量释放到周围环境中。

研究表明，随着光伏组件温度的升高，其光伏转换效率逐渐降低。在实际应用中，标准条件下太阳能晶硅电池转换效率为16%～20%。依据能量平衡原理可以得出，照射到电池表面的太阳能有近80%未能转换成电能，其中很大一部分转换成了热能，进而造成光伏组件工作温度升高，电池光电转换效率下降。为了尽可能使电池光电转换效率保持在较理想的水平，研究人员进一步提出了光伏光热综合利用技术，即在光伏组件背面布置换热流道，通过冷却介质带走部分热能并加以利用，同时降低光伏电池组件工作温度以提高光电效率。

太阳能光伏光热综合利用技术将太阳能光热技术与太阳能光伏技术相结合，实现了光伏组件和太阳能集热器的一体化。该技术将太阳能转化为电能的同时，由集热器中的冷却介质带走电池的热量并加以利用，可同时输出电、热两种能量。太阳能光伏光热综合利用技术可有效控制光伏组件工作温度，避免了工作温度过高的运行工况，在提高光伏电池运行寿命的同时，也减少了硅材料的损耗，改善其经济性。国际上将太阳能光伏光热综合利用技术称为 PV/T 技术，相关研究表明，该技术能够有效提高太阳能的综合利用效率，且能同时满足用户对高品质电力和低品质热能的需求。PV/T 技术实现了对太阳能光伏、光热利用的一体化，这种应用模式克服了单一利用方式的不足，是提高太阳能利用效率、降低综合应用成本的有效手段，也是太阳能大规模应用的方向之一。

1.2 太阳能光热利用概述

太阳能光热利用技术是目前最为成熟、经济性最好、应用最广泛的太阳能利用形式，也是本书所要介绍的主要内容。太阳能光热利用技术分为低温（＜100℃）、中温（100～200℃）和高温（＞200℃）三类，分别应用于生活用热、工业用热和太阳能热发电[1,2]。

太阳能集热器是太阳能光热利用中最关键的部件，我国是目前全球最大的太阳能热水器生产和使用国。目前，市场上主要有两种集热器类型：太阳能真空管集热器和太阳能平板型集热器。太阳能平板型集热器具有结构简单、集热效率高、承压性能好、易于建筑一体化等一系列优点。然而，平板型集热器因热损大、终温低、易冻结等问题限制了该类型集热器的广泛应用。太阳能真空管集热器的显著特点是热损小、终温高，即使在寒冷或其他不利气象条件下仍能保持较高的集热效率。因此，一定程度上，真空管集热器可以克服平板型集热器的上述局限。但是，真空管集热器存在工作介质过热、玻璃管炸裂等问题。

针对上述两种传统类型太阳能集热器的应用局限，许多研究学者进一步提出了热管与太阳能集热器相结合的热管型太阳能集热器[3]。根据热管结构的不同，热管型太阳能集热器主要有整体式热管集热器、环路热管式太阳能集热器及振荡热管式太阳能集热器。目前，整体式热管集热器在太阳能热利用领域已得到普遍应用，其他类型热管集热器仍处于理论与实验研究及应用示范阶段。

以上所述各类太阳能集热器均属于非跟踪式太阳能集热器，该类型集热器工作温度一般较低，适用于各种低温太阳能热利用、建筑供暖与空调等诸多领域。在聚光光伏发电、中高温太阳能热利用、太阳能制冷和太阳能热发电领域则主要应用跟踪式太阳能集热器。常见的跟踪式太阳能集热器包括槽式集热器、菲涅尔透镜集热器、菲涅尔反射镜集热器、塔式集热器、碟式集热器等。

太阳能光热利用技术是指采用上述各种类型的太阳能集热器，收集太阳辐射能，转换为不同温度的热能，如热水或热空气，进行热水供应、供暖或者制冷，或者转换为高温蒸汽再经热动力发电转换为电能，提供生活和生产用能。此外，太阳能光热利用技术还包括太阳能通风系统、太阳能干燥系统、被动式太阳房、太阳能海水淡化系统等。为了全面了解太阳能光热利用技术，本节将对上述应用分别予以简要介绍。

1.2.1 太阳能热水系统

太阳能热水系统是以太阳能作为能量来源，通过太阳能集热器收集太阳辐射能并转换为工作介质的热能，达到提高工作介质温度的目的，且通过工作介质将热能传输给水，从而制备出热水的供热水系统。太阳能热水系统也称太阳能热水工程，一般由集热器、储热水箱、辅助能源加热设备、控制系统、泵和管路系统等部分组成，作为利用太阳能的一个设备整体，也称为太阳能热水装置。

太阳能热水系统本身组成比较简单，根据应用场所和目标的不同，发展出很多不同的系统形式，具体包括适合家庭使用的紧凑式太阳能热水器、分体式家用太阳能热水系统和整体式系统。依据供水方式区分，以上系统均属于分散供热系统；除了这一类系统，还包括适用于整栋建筑及建筑一体化设计的集中供热系统以及集中与分散结合的供热系统。按照集热工质换热方式的不同，太阳能热水系统划分为直接加热系统和间接加热系统。此外，太阳能热水系统还有多种其他分类方式，具体内容详见本书第4章。

早在100多年前，全球第一台太阳能热水器在美国诞生，伴随之后人类发展带来的能源危机，作为清洁的可再生能源代表，太阳能能够同时缓解能源问题和环境问题带给人类的困扰。20世纪中期以来，太阳能集热技术在世界范围进入高速发展时期。发达国家在模拟设计计算、区域系统联合供应、建筑集成应用方面经验丰富，应用领域也较为广泛。国外主要选用平板型太阳能集热器，因此，该领域技术发展主要聚焦于集热器效率的提升，如将吸热体吸收率提高的同时有效控制集热器的热量损失。在运行控制上，多数热水系统采用全天候自动控制系统，部分项目则通过传感数据双向传输和远程监控平台等技术实现系统的高度自动化和专业化运行。工质换热方式主要采用间接供热系统，利用专用介质传递太阳辐射热量，从而避免了水垢和结冻等问题。

在与建筑的集成应用方面，部分发达国家的建筑已经进入预制装配式住宅阶段，太阳能与建筑的深度集成得到了系统性支撑，通过研发预制式大型集热单元模块，一方面极大地提高了工程效率，另一方面则是在规划设计阶段即将太阳能系统融入建筑系统中，一定程度上真正实现了一体化[4]。

在我国，平板型集热器的使用正逐年增加，真空管集热器仍占主导地位。《2020中国太阳能热利用行业运行状况报告》显示：民用住宅热水、公共建筑热水（包括医院、学校、工厂等领域）、工农业及供热等领域在整个太阳能热利用工程市场中占比分别为73.3%、20.7%和6.0%。作为太阳能集热系统的核心部件，太阳能集热器光热转换效率的提升始终是太阳能技术的发展方向。国内科研机构和企业联合攻关，使得国产真空管集热器和平板型集热器的光热转换效率取得了突破性进展，为我国太阳能光热应用打下了坚实的基础。

1.2.2　太阳能供暖

太阳能集热系统既可以为用户提供热水，也可以为建筑供暖。太阳能供暖系统可以分为主动式和被动式两种。主动式太阳能供暖，是以太阳能作为热源，通过太阳能集热器将太阳辐射能转换成热能，替代或部分替代煤、石油、天然气、电力等能源。太阳能集热器采集的太阳辐射能转换为热量，通过"供热管路"送至室内散热设备进行供暖。过剩热量储存起来，当来自太阳能集热器的热量小于供暖负荷时，由储存的热量进行补充；当储存的热量不足时，则启用辅助热源进行供暖。被动式太阳能供暖则是通过建筑的朝向、周围环境的布置、建筑蓄热材料的运用、内部空间和外部形体的合理设计，使建筑物在冬季可以充分收集、存储和分配太阳辐射热，提高室内的温度，从而达到供暖目的。

国外对太阳能供暖的研究较早，在 20 世纪 50 年代，美国麻省理工学院成功举办了太阳能供暖的学术研讨会。随后，平板型集热器和全玻璃真空管集热器的相继发明进一步促进了太阳能供暖技术的发展和实际应用。20 世纪 80 年代，法国推出一种"直接太阳能地板辐射"供暖系统。进入 20 世纪 90 年代，奥地利、丹麦、芬兰、德国等国家相继设计出各种形式的太阳能供暖组合系统。1998 年，国际能源署（IEA）太阳能加热和制冷项目（SHC）专门成立了"太阳能组合系统"任务组，组织多国专家和企业开展太阳能供暖系统的关键技术研究，交流各国太阳能供暖的经验和工程案例，并在太阳能供暖的关键技术研究方面获得很多成果，促进该项技术规模推广[5]。

我国太阳能供暖技术起步较晚，目前大部分供暖仍主要依靠常规能源。随着我国各类建筑节能设计标准的出台，被动式太阳能供暖已经被逐渐实施。主动式太阳能供暖在我国应用较晚，太阳能短期蓄热供暖系统[6]目前发展较成熟，太阳能长期蓄热供暖系统以及太阳能热水/供暖/空调多功能系统等新型供暖系统仍处于理论和实验研究阶段。

近年来，国家将太阳能供暖明确列为清洁供暖的重要方式，太阳能供暖技术也由低温拓展到高温，由产品拓展到工程，由农村拓展到城市，为提高建筑用能中可再生能源比例，带动产业发展升级带来新的机遇。

1.2.3　太阳能空调

除了供应生活热水和供暖，太阳能集热器收集的太阳辐射能还可用于空调制冷。太阳能热驱动空调制冷技术将太阳能集热系统与制冷机组相结合，利用太阳能集热器收集的热量驱动制冷系统。常见的太阳能热驱动空调制冷技术主要有吸收式制冷、吸附式制冷、除湿蒸发冷却空调、蒸汽喷射制冷和太阳能半导体制冷等。

太阳能空调制冷系统最大的优点在于其极好的季节适应性：一方面，夏季太阳辐射能量大，建筑中空调负荷的需求高；另一方面，由于夏季太阳辐射条件好，使依靠太阳能驱动的空调制冷系统可以产生更多的冷量。也就是说，太阳能空调制冷系统的制冷能力随着太阳辐射能量的增加而增大，这一特性正好与夏季人们对空调的迫切需求相匹配。此外，太阳能驱动的空调制冷系统能够与当前广泛应用的太阳能热水和供暖系统相结合，构成太阳能综合利用系统，实现太阳能利用与季节变化的最佳匹配。即利用同一套太阳能集热装置实现冬季供暖、夏季空调、其他季节热水供应等，显著地提高了太阳能利用系统的利用率和经济性。该应用模式易与建筑结合，实现建筑一体化，是实现太阳能规模化、低成本应用的理想途径之一。

近年来，国内外众多学者在太阳能空调制冷技术领域进行了深入研究。目前的研究主要集中在两个方面：一是中低温太阳能集热器强化换热和筛选新的制冷流程，实现利用低温为热能进行制冷；二是研究集热效率高、性能可靠的中高温太阳能集热器，这种集热器可以产生 150℃ 以上的蒸汽，从而直接驱动双效吸收式制冷机。因此，太阳能集热转换及与其相匹配的空调制冷方式和蓄能方式有机结合是未来太阳能空调制冷技术进一步提高效率、降低成本、规模化应用的关键所在。

尽管太阳能空调制冷在节约常规能源和季节匹配方面优势突出，但由于太阳能转换的设备投资较高，配套技术尚需进一步完善，同时还缺乏对系统操作运行有实际经验的施工者、设计及运维人员，使太阳能空调制冷技术的发展和应用受到一定局限。目前，利用太阳能光热转换的吸收式制冷技术较为成熟，国际上一般采用溴化锂吸收式制冷机，同时，吸附式制冷技术也在逐步发展并日趋完善。我国太阳能空调工程的建设起步于 20 世纪 80 年代，经过 40 多年的研究、试验及工程示范，太阳能空调在国内已有较好的应用基础，但仍需要进一步推广。

1.2.4　太阳能通风

太阳能通风是将通风技术与现代太阳能利用技术相结合，利用太阳辐射为空气流动提供动力，强化自然对流换热，从而获得良好的通风效果[7]。太阳能通风主要结构形式包括 Trombe 墙、太阳能烟囱、太阳能通风屋顶和太阳墙[8]。Trombe 墙和太阳能烟囱结构类似，由盖板、集热板和空气流道共同组成，利用夹层空气的热压流动来预防室内过热，同时带走部分室内余热。太阳能通风屋顶由隔热板、屋顶面板以及中间的空气间层组成，屋顶内表面还设有风阀，用于控制风量的大小和风阀开闭。冬季通过太阳辐射加热室内空气；夏季将室内的热空气通过空气间层带出室外，起到了通风降温的作用。太阳墙的金属墙板覆于建筑外墙的外侧，上面开有小孔，形成的空腔与建筑内部通风系统的管道相连，管道中设置风机，用于抽取空腔内的空气。冬季供暖时，外部空气经过太阳墙板上的小孔时被加热后抽入空腔内，空腔中的热空气通过风机和风管被分送到建筑的各个部分；夏季制冷时，室外热空气从太阳墙板底部进入，从上部和周围的孔洞流出，热量不会进入室内，不需特别设置排气装置[9]。

国外对于太阳能通风的研究及应用都较早。1967 年，Felix Tromble 教授首先提出了 Trombe 墙式太阳能吸热墙，之后逐渐发展为 Trombe 墙式太阳能烟囱[10]。国外学者通过实验研究、理论分析及数值模拟等对太阳能通风技术开展了大量研究工作，促进了该技术在实际工程中的较广泛应用。我国对太阳能通风的研究主要集中在两方面：一是利用自然通风改善室内空气品质；二是解决夏季或者过渡季节室内舒适性问题，取代或部分取代室内空调通风的作用。针对太阳能烟囱的研究主要聚焦于各种模型的提出以及如何提高太阳能辐射热的吸收和改善太阳能烟囱对流换热特性，而能够应用到实际工程中的较少，限制了建筑节能设计及太阳能烟囱在太阳房上的应用，目前仍处于典型案例示范阶段。虽然国内外学者对太阳能通风技术进行了大量研究，但现有成果主要集中在如何增强吸热墙的吸热效果及对流换热特性的研究，还没有形成统一、完整的理论体系，实践中更是用之甚少[11,12]。

1.2.5　太阳能干燥

太阳能干燥是人类利用太阳能历史最悠久、应用最广泛的一种形式。早在几千年前，我们的祖先就开始把食品和农副产品直接放在太阳底下摊晒。这种在阳光下直接摊晒的方法一直延续至今，可称为被动式太阳能干燥。但是，这种原始的太阳能干燥方法效率低、周期长，占地面积大，易受阵雨、梅雨等气候条件的影响，也易受风沙、灰尘、苍蝇、虫蚁等的污染，难以保证被干燥食品和农副产品的质量。后来人们利用常规能源进行干燥，但其初期投资和能耗都较高。随着能源危机和环境污染问题的日益突出，使用常规能源进行物料干燥已经不是人们的第一选择，太阳能干燥技术应运而生。

相比于传统的露天晒干与常规能源干燥，太阳能干燥具备以下显著优势：干燥装置较封闭，物料不易受外来物的影响，不易变质，从而提高干燥产品质量；可以改善干燥条件，获得物料所需的干燥温度，缩短干燥时间，提高干燥效率；节约常规能源，降低生产成本，干燥过程绿色无污染；干燥产品营养价值更高；适用于各种类型的蔬菜、水果、谷物和草药等。

目前对太阳能干燥的研究在欧美等发达国家开展较多，其中美国、英国及澳大利亚等均已在太阳能干燥装置的利用上形成了一定的规模，在热带和亚热带国家，如南非、津巴布韦、菲律宾、泰国、印度、孟加拉国等，对太阳能干燥的应用更为普遍。我国太阳能干燥的研究起步较晚，据统计，20世纪80年代以前，我国只有4座用于干燥红枣、黄花菜、棉花的太阳能干燥装置，总采光面积仅有183m²。进入21世纪以来，我国的太阳能干燥技术得到较快发展。目前，太阳能干燥技术的应用范围已从食品、农副产品扩大到木材、中药材、工业产品等领域。

1.2.6　太阳能热发电

太阳能热发电是将聚集的太阳辐射能通过换热装置产生蒸气，进而驱动蒸汽轮机发电。其与常规火电的热力发电原理是相同的，都是通过朗肯循环、布雷顿循环或斯特林循环，将热能转换为电能，区别在于热源不同。与传统化石能源电站相比，太阳能热发电以太阳能代替化石燃料制造蒸气，因此不会产生二次污染，是一种完全清洁的发电方式。

太阳能热发电分为直接光发电和间接光发电两大类。直接光发电可分为太阳能热离子发电、太阳能温差发电和太阳能热磁体发电。间接光发电可分为聚光类和非聚光类，其中聚光类按照太阳光采集方式可分为塔式太阳能热发电、槽式太阳能热发电和碟式太阳能热发电；非聚光类主要包括太阳能热气流发电和太阳能热池发电等。直接光发电仍处于实验研究阶段，通常所说的太阳能热发电主要指间接光发电。本书将着重介绍塔式、碟式和槽式等主流的太阳能热发电技术及其应用，它们因开发前景巨大而受到极大的关注。

如何用聚光装置尽可能多地收集太阳能是大多数太阳能热发电系统的关键技术之一。同时，由于太阳能的间歇性，需配置蓄热系统储存收集到的太阳能，用以夜间或太阳辐射不足时进行发电，因此成熟的蓄热技术是太阳能热发电系统的另一关键技术。目前，太阳能热发电技术作为太阳能利用的重中之重正被各国广泛的研究。当前，我国已经掌握了光热发电的核心技术，形成了完整的产业链，开发了一系列具有自主知识产权的技术和专用设备。"十三五"期间，我国光热发电的核心技术和设备已成功走向国际市场，为实施"一带一路"倡议开拓了新的领域，有力推动了国际光热发电成本的下降。"十四五"期间，我国将继续保持一定的光热发电新增装机规模，不仅可以显著提升"西电东送"的可再生能源比重，还可以促进其边际成本的下降，推动传统煤电装备制造业转型升级。

1.3 太阳能热利用的相关标准及规定

标准化是国民经济和社会发展的重要技术基础，是进行科学管理的重要方式，是推进科技进步、产业发展的重要手段，是提高产品质量、规范市场的重要措施，是参与国际竞争的前提。我国太阳能热利用领域的标准化工作主要由全国太阳能标准化技术委员会（SAC/TC402）负责。自 2008 年成立以来，全国太阳能标准化技术委员会（SAC/TC402）组织制定和发布了 40 多项国家标准，初步建立了太阳能中低温利用领域的标准体系，对于支撑太阳能集热器和系统相关产业的发展具有重要的指导意义。

本节分别针对太阳能热水、供暖、空调、干燥、热发电等相关系统与工程标准和法律法规进行介绍，希望可以为太阳能热利用技术的推广应用提供参考。

1.3.1 太阳能热水技术主要规范及规定

除了全国太阳能标准化技术委员会（SAC/TC402），中国农村能源行业协会太阳能热利用专业委员会、中国节能协会太阳能专业委员会、中国资源综合利用协会可再生能源专业委员会、国家太阳能热水器质量监督检验中心等单位和国内在太阳能热水系统方面有影响力的公司都参与到太阳能热水系统标准化工作中。我国通常将标准划分为国家标准、行业标准、地方标准和企业标准 4 个层级。目前为止分别发布了 20 余项太阳能热水系统相关的国家标准和行业标准，涉及太阳能热水系统基础标准、技术条件、性能评定规范、集热器、储水箱、辅助热源等方面。

1. 太阳能集热器标准

为保证太阳能集热器的产品质量，促进太阳能热水器产业的健康发展，有利于与国际市场接轨，目前我国颁布实施了 6 项太阳能集热器标准（详见附录），标准中规定了集热器的术语和定义、产品分类与标记、要求、试验方法、检测规则、标志、包装、运输、贮运以及检测报告。现有标准主要针对目前最常用的平板型太阳能集热器、真空管太阳能集热器，有关太阳能 PV/T 集热器的相关标准尚未颁布。

同时，为贯彻《中华人民共和国环境保护法》，充分利用太阳能，节约资源，减少太阳能集热器在生产和使用过程中对人体健康和环境的影响，引导和促进太阳能集热器的生产和使用，原国家环境保护总局颁布实施了 1 项太阳能集热器行业标准 HJ/T 362—2007。该标准适用于利用太阳能辐射加热、传热工质为液体的集热器，标准中规定了太阳能集热器环境标志产品的基本要求、技术内容及检验方法。

2. 太阳能热水系统及工程标准

目前我国直接与太阳能热水系统技术条件或工程建设相关的国家标准共有十多项，其标准性质、适用对象、适用系统类型各有不同，详见附录。除了国家标准，各地方及企业也分别制定了相应的标准。标准的选用主要依据太阳能热水系统规模、系统类型及辅助能源系统类型而定。

此外，我国颁布实施了行业标准《环境标志产品技术要求　家用太阳能热水系统》HJ/T 363—2007，该标准规定了家用太阳能热水系统环境标志产品的基本要求、技术内容及检验方法，主要适用于储热水箱容积在 $0.6m^3$ 以下的家用太阳能热水系统。

1.3.2　太阳能供暖主要规范及规定

太阳能供暖系统一般可分为被动式系统和主动式系统两大类。《太阳能供热采暖工程技术标准》GB 50495—2019 由中国建筑科学研究院有限公司主持修订，于 2019 年 12 月 1 日起正式实施。该标准在原标准的基础上增加了被动式太阳能供暖的内容，完善了液态工质太阳能集热系统设计流量和贮热水箱容积配比的计算要求，补充了地埋管蓄热系统技术要求及相变蓄热材料特性等内容，将进一步发挥规范太阳能供热采暖工程设计、施工、调试、验收与效益评估的作用。该标准包含 5 条强制性条文，全面保障我国太阳能供热采暖工程的质量、安全要求。

为在建筑中充分利用太阳能，推广和应用被动式太阳能建筑技术，规范被动式太阳能建筑设计、施工、验收、运行和维护，保证工程质量，我国颁布实施了《被动式太阳能建筑技术规范》JGJ/T 267、《被动式太阳房热工技术条件和测试方法》GB/T 15405、《被动式太阳能建筑设计》15J908-4 以及《农村地区被动式太阳能暖房图集（试行）》等。

上述一系列标准的实施将进一步促进太阳能供暖技术在我国的健康发展，切实有效地增强清洁供暖应用效果，为推动我国绿色经济和可持续发展提供技术支撑。

1.3.3　太阳能空调主要规范及规定

为了规范太阳能空调系统的设计、施工、验收及运行管理，做到安全适用、经济合理、技术先进，保证工程质量，我国编制了《民用建筑太阳能空调工程技术规范》GB 50787—2012。该规范从技术角度解决了新建、扩建和改建的民用建筑中太阳能空调系统与建筑一体化的设计问题以及相关设备和部件在建筑上应用的问题。这些技术内容同样也适用于既有建筑中增设太阳能空调系统及对既有建筑中已安装的太阳能空调系统进行更换和改造。从热力制冷角度出发，该规范只适用于吸收式与吸附式制冷。

该规范指出，太阳能空调系统应做到全年综合利用，即太阳能空调系统应与太阳能供暖系统以及太阳能热水系统集成设计，提高系统的利用率。太阳能空调系统中的集热系统在同时考虑热水及供暖应用时，其设计应符合现行国家标准《建筑给水排水设计标准》

GB 50015、《民用建筑太阳能热水系统应用技术标准》GB 50364 与《太阳能供热采暖工程技术标准》GB 50495 的有关规定。

1.3.4 太阳能干燥主要规范及规定

针对太阳能干燥技术，国家能源局发布了能源行业标准《太阳能干燥系统通用技术要求》NB/T 34022—2015，该标准规定了太阳能干燥系统的技术要求、测试方法、文件编制及运行检测等，适用于集热器型太阳能干燥器。规范中明确规定了太阳能集热器、储热箱及控制器等系统主要部件的性能及技术要求。太阳能干燥系统采用的空气集热器、平板型集热器以及真空管集热器应符合相应的集热器标准的要求，且集热器总面积标称值与总面积实测值的误差应小于±5%。储热箱的储热介质容量应与太阳能集热器/部件的轮廓采光面积及使用地方的太阳辐射、气象条件相适应，保温性能应满足现行国家标准《家用太阳能热水系统技术条件》GB/T 19141 的要求。太阳能干燥系统的控制器应具备集热、供热、安全防护、辅助供热自动切换等自动控制功能。控制方式应简便、可靠、利于操作。此外，控制器应保证系统最大限度地利用太阳能，同时又能满足用户的需求。控制器应符合现行国家标准《机械电气安全 第 1 部分：通用技术条件》GB/T 5226.1 和《家用太阳能热水系统控制器》GB/T 23888 的要求。

1.3.5 太阳能热发电主要规范及规定

为了规范太阳能发电站支架基础设计、施工与验收，我国发布了《太阳能发电站支架基础技术规范》GB 51101—2016，该规范适用于地面光伏和光热发电站中支撑和固定光伏组件、聚光集热器、定日镜等的支架的基础设计、施工和验收。为规范塔式、槽式太阳能光热发电站设计，满足安全可靠、技术先进、经济合理的要求，我国分别制定了《槽式太阳能光热发电站设计标准》GB/T 51396—2019 和《塔式太阳能光热发电站设计标准》GB/T 51307—2018。关于线性菲涅尔式太阳能光热发电站技术标准已制定完毕，目前处于征求意见阶段。另外，《太阳能发电工程项目规范》（征求意见稿）分别对太阳能光伏发电工程和太阳能热发电工程项目的规划、建设、验收、运行及拆除做出了相关规定和要求。

1.3.6 相关法律法规

为了促进太阳能等可再生能源的开发利用，增加能源供应，改善能源结构，保障能源安全，保护环境，实现经济社会的可持续发展，我国于 2006 年 1 月 1 日起施行《中华人民共和国可再生能源法》，该法明确了可再生能源在国家能源战略中的地位。2009 年 12 月 26 日第十一届全国人大常委会第十二次会议通过了《中华人民共和国可再生能源法修正案》，并于 2010 年 4 月 1 日起正式施行。该修正案明确鼓励单位和个人安装和使用太阳能热水系统、太阳能供热采暖和制冷系统、太阳能光伏发电系统等太阳能利用系统。《中华人民共和国可再生能源法》为我国可再生能源规划了总体发展目标，将有效解决可再生能源发展中存在的突出矛盾和问题，促进我国可再生能源产业合理、健康、有序发展，而且在国际上也产生了积极的影响。

为推动全社会节约能源，提高能源利用效率，保护和改善环境，促进经济社会全面协调可持续发展，2008 年 4 月 1 日我国施行《中华人民共和国节约能源法》，该法鼓励在新建建筑和既有建筑节能改造中安装和使用太阳能等可再生能源利用系统；且其第六十一条规定：国家对生产、使用列入本法规推广目录的节能技术、节能产品，实行税收优惠等扶持政策。

为了执行国家有关节约能源、保护生态环境、应对气候变化的法律、法规，落实碳达峰、碳中和决策部署，提高能源资源利用效率，推动可再生能源利用，降低建筑碳排放，营造良好的建筑室内环境，满足经济社会高质量发展的需求，我国制定实施了《建筑节能与可再生能源利用通用规范》GB 55015—2021。新建、扩建和改建建筑以及既有建筑节能改造工程的建筑节能与可再生能源建筑应用系统的设计、施工、验收及运行管理必须执行该规范。规范中指出新建建筑应安装太阳能系统；太阳能系统应做到全年综合利用，根据使用地的气候特征、实际需求和适用条件，为建筑物供电、供生活热水、供暖或（及）供冷。

对于应用太阳能热利用系统、太阳能光伏系统、地源热泵系统的新建、扩建和改建工程的节能效益、环境效益、经济效益的测试和评价需执行现行国家标准《可再生能源建筑应用工程评价标准》GB/T 50801，除应符合该标准要求外，尚应符合国家现行有关标准的规定。

1.4　太阳辐射能

太阳辐射是指从太阳圆球面向宇宙空间发射的电磁波，从太阳发射出的辐射到达地球约 8min。从太阳发射出的电磁波首先到达大气层外，然后进入大气层，并在其中衰减，最后穿过大气层形成到达地表的太阳直射辐射和散射辐射，其共同构成了到达地表的总太阳辐射。

太阳辐射能的计算是太阳能利用的基础，因此，在设计安装太阳能利用系统之前，应预先计算当地可获得的太阳辐射能的量。同时，根据用户需求量及其变化情况，衡量用户需求量与可获得的太阳辐射能之间的匹配关系。基于此，初步确定太阳能及辅助能源的使用模式，并进一步预测所需太阳能集热器面积和储能设备容量等关键部件。

理想情况下，太阳辐射能的计算应基于到达集热器表面的太阳能辐射强度的实测数据，但我国对太阳辐射数据的测量台站少，测量历史短，测量项目少。另外，我国幅员辽阔，地形复杂，下垫面条件多样，使得各地辐射条件相差悬殊，导致各地的太阳辐射强度相差较大，现有的测量数据远远不能满足工程和科研需要。

本节将从大气层外的太阳辐射入手，分析给出到达地球表面的太阳辐射的计算方法和公式。然后，分别介绍代表性太阳辐射预测模型的计算原理和方法，供实际应用中太阳能利用系统的设计安装及性能评价参考使用。

1.4.1　太阳辐射能的基础

1. 太阳常数

太阳是一个巨大的炽热气体球，中心区域温度达几千万摄氏度，表面平均温度约6000K。它以电磁波的形式向宇宙空间辐射能量，总称为太阳辐射。由于太阳本身的特征以及它与地球之间的空间关系，使得地球大气层外与太阳光线垂直面上的辐射强度几乎是一个定值，"太阳常数"就是由此而来。

太阳常数是指太阳与地球之间为年平均距离时，地球大气层上边界处，垂直于太阳光线的表面上，单位面积、单位时间内所接收到的太阳辐射能量。以 I_0 表示。

太阳常数的确定始于19世纪中叶，当时不同研究学者得出的数值差别较大。引起误差的主要原因是缺乏标准的热量单位，而且每位研究者仪表的刻度也不一致。1977年，国际辐射委员会（WRC）建议将 I_0 定为 1384 W/m²。根据从高空飞机、气球、火箭以及卫星测量的数据，可以更准确地确定 I_0 值。根据美国国家航空与宇宙航行局（NASA）在人造卫星上的观测结果，塞克凯拉（Thekaekara）和德拉蒙德（Drummond）整理后提出 I_0 值为 1353W/m²，并且给出了光谱分析，他们提出的这一数值已经被广泛采用。20世纪80年代末，世界辐射计量标准（WRR）正式采用太阳常数 I_0 值为（1370±6）W/m²［约 1.95cal/（cm²·min）］。

由于太阳与地球之间的距离逐日在变化，地球大气层上边界处垂直于阳光射线表面上的太阳辐射强度也会随之变化。1月1日最大，7月1日最小，相差约7%。其各月数值见表1-1。计算太阳辐射量时，按月份采取不同数值，其精度完全可以满足工程要求。

各月大气层外边界处太阳辐射强度 I

表 1-1

月份	1	2	3	4	5	6	7	8	9	10	11	12
I (W/m²)	1419	1407	1391	l367	1347	1329	1321	1328	1343	1363	1385	1406

2. 太阳角

地球表面某处所接收到的太阳辐射能量的大小与太阳相对于地球的位置有关。为此，采用一系列的太阳角对上述位置进行描述。

（1）赤纬角 δ

地球中心与太阳中心的连线与地球赤道平面的夹角称为赤纬角 δ，也称太阳赤纬。由于地轴的倾斜角永远保持不变，地球不停地绕太阳公转，致使赤纬角随时都在变化。它与所在地区无关，世界上不同地区，只要日期相同，就具有相同的赤纬角。

用下列公式可计算出逐日的赤纬角 δ：

$$\delta = 23.45\sin\left(\frac{2\pi d}{365}\right) \tag{1-1}$$

或

$$\delta = 23.45\sin\left(365 \times \frac{284+n}{365}\right) \tag{1-2}$$

式中 δ——一年中第 n 天或离春分第 d 天的赤纬度，°；

  d——由春分日起算的日期序号；

  n——一年中日期序号。

春分和秋分日，$\delta=0°$。冬至日，$\delta=-23.5°$。夏至日，$\delta=23.5°$。

（2）时角 ω

地球自转一周为 $360°$，相应的时间为 24h，每 1 小时地球自转的角度定义为时角 ω，则 $\omega=360/24=15°$。正午时角为零，其他时辰时角的数值等于离正午的时间（h）乘以 15。上午时角为负值，下午时角为正值。

在太阳能工程计算中，所有时间值均采用太阳时间表示，也称真太阳时。真太阳时是以当地太阳位于正南向的瞬时为正午。由于太阳与地球之间的距离和相对位置随时间在变化，以及地球赤道与其绕太阳运行的轨道所处平面的不一致，因而真太阳时与钟表指示的时间（平均太阳时）之间就会有所差异，将它们的差值称为时差。真太阳时 H 可按下式计算：

$$H = H_s \pm \frac{(J - J_s)}{15} + \frac{e}{60} \qquad (1\text{-}3)$$

式中 H_s——该地区标准时间，h；

  J——当地的地理经度，°；

  J_s——当地地区标准时间位置的地理经度，°；

  e——时差，min。

式（1-3）中的"$\pm$"号，对东半球取 $+$；对西半球取 $-$。

一年中不同日期的时差值可查有关手册得到，也可按下式近似计算：

$$e = 9.87\sin 2B - 7.53\cos B - 1.5\sin B \qquad (1\text{-}4)$$

$$B = \frac{360(n - 81)}{364} \qquad (1\text{-}5)$$

上式中的 n 为一年中某一天的序号。

（3）太阳高度角

对于地球表面上某点来说，太阳的空间位置可用太阳高度角和太阳方位角来确定。太阳高度角 α 是地球表面上某点和太阳的连线与地平面之间的交角，可用下式计算：

$$\sin\alpha = \sin\varphi\sin\delta + \cos\varphi\cos\delta\cos\omega \qquad (1\text{-}6)$$

式中 φ——当地纬度，°；

  δ——赤纬角，°；

  ω——太时角，°。

从式（1-6）可以看出，太阳高度角随地区、季节和每日时刻的不同而改变。

（4）太阳天顶角 θ

地球表面上某点水平面的法线与太阳射线之间的夹角称为天顶角 θ：

$$\theta = 90° - \alpha \qquad (1\text{-}7)$$

（5）太阳方位角

太阳方位角是太阳至地面上某给定点连线在地面上的投影与南向（当地子午线）的夹角。太阳偏东时为负，偏西时为正。太阳方位角的计算公式为：

$$\sin h = \frac{\cos\delta\sin\omega}{\cos\alpha} \tag{1-8}$$

当采用上式计算出的 $\sin h$ 大于 1 时，应改用下式计算：

$$\cos h = \frac{\sin\alpha\sin\varphi - \sin\delta}{\cos\alpha\cos\varphi} \tag{1-9}$$

3. 大气质量 m

太阳辐射透过大气层时，通过的路程越长，则大气对太阳辐射的吸收、反射和散射量越多，即太阳辐射被衰减的程度越厉害，到达地面的辐射通量便越小。为了表示大气对太阳辐射衰减作用的大小，一般采用"大气质量"这一概念。大气质量 m 被定义为：太阳光线穿过地球大气层的路程与太阳在天顶时太阳光线穿过地球大气层的路程之比。规定在海平面上，当太阳处于天顶位置时，太阳光垂立照射所通过的路程为 1，所以，当太阳高度角 $\alpha \geqslant 30°$ 时，忽略地球曲率的影响（参照图 1-1）。大气质量可由式（1-10）计算。

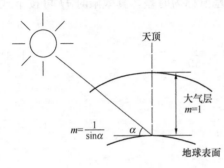

图 1-1 大气质量示意图

$$m = \frac{1}{\sin\alpha} \tag{1-10}$$

1.4.2 地球表面的太阳直射辐射计算

各种太阳能利用系统的设计和应用主要依据的是到达地球表面的太阳能辐射数值，本节将介绍穿过大气层到达地球表面的太阳辐射的计算。如前所述，由于太阳辐射穿过大气时被吸收和散射，故到达地球表面的太阳辐射包括直射和散射辐射两部分。

1. 大气透明度

太阳辐射通过大气层时会产生一定的衰减，表征其衰减程度的一个重要参数就是大气透明度，记为 L。

根据布克-兰贝特定律，波长为 λ 的太阳辐射 $I_{\lambda,n}$，经过大气层后，辐射衰减为：

$$I_{\lambda,n} = I_{\lambda,0} e^{-C_\lambda m} \tag{1-11}$$

式中　$I_{\lambda,n}$——达到地表的法向太阳辐射光谱强度，$\mathrm{cal/(cm^2 \cdot min)}$；

　　　$I_{\lambda,0}$——大气层上界面的太阳辐射光谱强度，$\mathrm{cal/(cm^2 \cdot min)}$；

　　　C_λ——大气的单色消光系数；

　　　m——大气质量。

将式（1-11）改写成：

$$I_{\lambda,n} = I_{\lambda,0} L_\lambda^m \tag{1-12}$$

式中, $L_\lambda = e^{-C_\lambda}$, 称为单色光谱透明度。

将式 (1-12) 在波长 0~∞ 的整个波段内积分就可以得到全色太阳辐射能 I_n:

$$I_n = \int_0^\infty I_{\lambda,0} L_\lambda^m d\lambda \tag{1-13}$$

采用整个太阳辐射光谱范围内的单色透明度的平均值 I_{SG}, 式 (1-13) 积分后为:

$$I_n = \gamma I_{SG} L_m^m \tag{1-14}$$

或

$$L_m = \sqrt[m]{\frac{I_n}{\gamma I_{SG}}} \tag{1-15}$$

式中 L_m ——复合透明系数;

γ ——日地距离变化所引起的太阳辐射通量修正值。

根据日射观测资料发现, 复合透明度 L_m 与大气质量 m 有明显关系。为了比较不同大气质量情况下的大气透明度值, 必须把大气透明度修正到某一给定的大气质量。例如, 将大气质量 m 的大气透明度值 L_m 订正到大气质量为 2 的大气透明度 L_2 (一般来说, 此订正值比较合适)。目前有已经编制出的大气透明度换算表可以用来订正 (由西夫科夫编制)。

大气透明度随地区、季节、时刻而变化。一般来说, 城市比农村低。一年中, 以夏季最低, 这是由于大气中水蒸气增加所致。

2. 到达地表的法向太阳直射辐射的计算

确定大气透明度后, 就可以利用它来计算到达地球表面的法线方向的太阳辐射直接辐射强度。

当 L_m 值订正到 $m=2$ 时, 式 (1-14) 可以改写为:

$$I_n = \gamma I_{SG} L_2^m \tag{1-16}$$

3. 水平面上太阳直射辐射通量及直射辐射日总量的计算

到达地表水平面的太阳直射辐射通量与垂直于太阳光线的表面的直射辐射强度的关系如图 1-2 所示, 图中 AB 代表水平面, AC 代表垂直于太阳光线的表面。在 △ABC 中, 则有:

$$|AC| = |AB| \sin\alpha_s \tag{1-17}$$

由于太阳直接辐射入射到 AB 和 AC 平面上的能量是相等的, 用 W 表示, 则 $I_n = W/|AC|$ 和 $I_b = W/|AB|$, 代入上式可得:

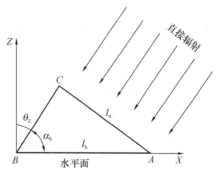

图 1-2 太阳直接辐射通量与
太阳高度角的关系

$$I_b = I_n \sin\alpha_s = I_n \cos\theta_s \tag{1-18}$$

式中 I_b ——水平面上直接辐射能量, $cal/(cm^2 \cdot min)$;

α_s ——太阳高度角, °;

θ_s ——太阳天顶角，$°$。

将式（1-14）代入式（1-18）可得：

$$I_b = \gamma I_{SG} L_m^m \sin\alpha_s \qquad (1\text{-}19)$$

如果计算日总量，可将式（1-19）从日出至日落的时间 t 积分，即

$$W_b = \int_0^t \gamma I_{SG} L_m^m \sin\alpha_s \mathrm{d}t = \gamma I_{SG} \int_0^t L_m^m \sin\alpha_s \mathrm{d}t \qquad (1\text{-}20)$$

式中　W_b ——水平面直接辐射日总量，$\mathrm{MJ/m^2}$。

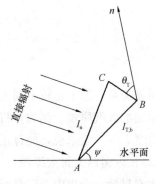

图 1-3　倾斜面上直接辐射
　　通量与入射角的关系

4. 倾斜面上太阳直射辐射通量的计算

为了充分有效地利用太阳能，太阳能收集器总是以某一倾斜角度朝向太阳的。因此，在太阳能应用中，必须确定倾斜面上的太阳辐射能量。

图 1-3 中，太阳光线垂直于表面 AC 入射，其辐射强度为 I_n，把它换算成倾斜面 AB 上的直接辐射通量 $I_{T,b}$。在 $\triangle ABC$ 中，显然有

$$\frac{I_{T,b}}{I_n} = \frac{AC}{AB} = \cos\theta_T \qquad (1\text{-}21)$$

即

$$I_{T,b} = I_n\cos\theta_T \qquad (1\text{-}22)$$

式中　θ_T ——斜面 AB 上太阳光线的入射角，$(°)$。

根据相关公式的转化，可得：

$$I_{T,b} = I_n(\cos\psi\sin\varphi\sin\delta + \cos\psi\cos\varphi\cos\delta\cos\omega + \sin\psi\sin h_n\cos\delta\sin\omega$$
$$+ \sin\psi\sin\varphi\cos\omega\cos\delta\cos h_n) \qquad (1\text{-}23)$$

式中　ψ ——倾斜面与水平面的夹角，$°$；

　　　φ ——当地纬度，$°$；

　　　δ ——太阳赤纬，$°$；

　　　ω ——时角，$°$；

　　　h_n ——斜面方位角，$°$。

式（1-23）是计算任何地区、各个季节和时间中斜面上太阳直接辐射通量与斜面的倾角和方位角关系的通用公式。

1.4.3　地球表面的散射辐射计算

太阳直射辐射透过地球大气层时，受到大气层中的氧、臭氧、水汽和二氧化碳等各种气体分子的吸收，同时还会被云层中的尘埃、冰晶等反射或折射，从而形成漫向辐射。其中，一部分辐射能返回宇宙空间，另一部分到达地球表面。人们把改变了原来辐射方向，又无特定方向的这部分太阳辐射，称为太阳散射辐射，也称散射日射。

理论上精确计算到达地球表面上的太阳散射辐射能是十分困难的。晴天时，散射辐射

的方向可以近似认为与直射辐射相同。但是，当天空布满云层时，散射辐射对水平面的入射角当作 60°处理。

1. 水平面上的散射辐射

晴天时，到达地表水平面的散射辐射通量主要取决于太阳高度和大气透明度，可以用下式表示：

$$I_d = C_1 (\sin a_s)^{C_2} \tag{1-24}$$

式中　I_d——散射辐射通量，cal/（cm²·min）；

　　　a_s——太阳高度角，°；

　C_1，C_2——经验系数。

表 1-2 中给出分别由不同人员测定的 C_1，C_2 值，虽然有些差别，用式（1-24）计算时影响不大。

系数 C_1，C_2 的值　　　　　　　　　　　表 1-2

透明度	西夫科夫		卡斯特罗夫		阿维尔基耶夫	
L_2	C_1	C_2	C_1	C_2	C_1	C_2
0.650	0.271		0.281	0.550	0.275	
0.675	0.248		0.259	0.560	0.252	
0.700	0.225		0.236	0.560	0.229	
0.725	0.204	0.50	0.215	0.580	0.207	0.53
0.750	0.185		0.195	0.570	0.188	
0.775	0.165		0.175	0.580	0.168	
0.800	0.146		0.155	0.580	0.149	

根据柏拉治（Berlage）在晴天时观测的天空日射量，假定天空是等灰度扩散的理论，得出水平面上的散射辐射：

$$I_d = \frac{1}{2} I_{SG} \frac{1 - L^{1/\sin\alpha_s}}{1 - 1.4\ln L} \sin\alpha_s \tag{1-25}$$

纽（Liu）和佐顿（Jordan）从实验结果得出下列经验式：

$$I_d = I_{SG}(0.2710 - 0.2913 L^{\frac{1}{\sin\alpha_s}}) \sin\alpha_s \tag{1-26}$$

式中　α_s——太阳高度角，°；

　　　L——大气透明度。

云量会直接影响散射辐射量，科拉德尔（Kreider）提出如下公式计算散射辐射通量：

$$I_d = 0.78 + 1.07\alpha_s + 6.17 C.C. \quad \frac{Btu}{ft^2 \cdot h} \tag{1-27}$$

式中　α_s——太阳高度角；

　$C.C.$——天空云总量，晴天时 $C.C.=0$；完全云遮时 $C.C.=10$；

1Btu/（ft²·h）=5.67826W/（m²·K）。

根据式（1-28）可以计算一天中各时间的散射辐射量，相加后可得全天的散射辐射量。此外，上式中可以代入月平均总云量，以计算月平均的小时散射辐射量。需要指出的是，式（1-27）计算的散射辐射量偏差较大。

2. 倾斜面上的散射辐射

假定天空为各向同性的散射条件下，利用角系数互换性，即：

$$A_{sky}F_{sky\text{-}G} = A_G F_{G\text{-}sky} \tag{1-28}$$

可得到达太阳能收集器斜面上单位面积的散射通量为：

$$I_{T,d} = I_d A_{sky} F_{sky\text{-}G} = I_d F_{G\text{-}sky} \tag{1-29}$$

式中　$I_{T,d}$——倾斜面上散射辐射通量，W/m^2；

I_d——水平面上散射辐射通量，W/m^2；

A_{sky}——半球天空面积，W/m^2；

A_G——倾斜面的面积，这里 $A_G = 1$；

$F_{sky\text{-}G}$，$F_{G\text{-}sky}$——半球天空（倾斜面）与斜面（半球天空）A_G 间的辐射换热角系数。

图 1-4　角系数 $F_{G\text{-}sky}$

如图 1-4 所示，集热器倾角为 ψ 的平面对天空的辐射换热角系数为：

$$F_{G\text{-}sky} = \frac{1+\cos\psi}{2} = \cos^2\left(\frac{\psi}{2}\right) \tag{1-30}$$

将式（1-30）代入式（1-29）得：

$$I_{T,d} = I_d \frac{1+\cos\psi}{2} I_d\cos^2\left(\frac{\psi}{2}\right) \tag{1-31}$$

1.4.4　太阳的总辐射

太阳的总辐射是到达地表水平面的太阳直接辐射和散射辐射的总和，即

$$I = I_b + I_d \tag{1-32}$$

式中　I——太阳总辐射，W/m^2；

I_b——水平面上直接辐射通量，W/m^2；

I_d——水平面上散射辐射通量，W/m^2。

此外，太阳的总辐射还包括从地物反射来的间接辐射能，称为反射辐射能 I_r，此处不做详细讨论。

同样地，任意倾斜表面上的总太阳辐射能量可以由倾斜表面所获得的直射辐射、散射辐射和地面反射辐射能量相叠加得到。

1.4.5　太阳辐射量计算模型及改进

太阳辐射数据是太阳能利用技术设计、暖通空调设计、建筑采光设计、城市规划和景观设计等领域的重要基础数据。实测数据是获取太阳辐射量最准确的方式，如前所述，现有实测数据远不能满足工程和科研需要。太阳辐射模型是根据相关原理构建数学模型来获取太阳辐射数据的理论计算方法。该方法不受测量条件和时空限制，是弥补太阳辐射数据不足的有效途径[13]。太阳辐射模型包括水平面总辐射模型、直散分离模型、逐时辐射模

型等，本节主要针对水平面日总辐射模型进行归纳整理。水平面日总辐射模型种类众多，根据与太阳辐射的关联方式和计算原理的不同，将其归纳为气象参数模型、空间插值模型和基于 DEM 的辐射模型三类。

1. 气象参数模型

组成气候系统的各气象要素之间相互关联，太阳辐射是气候的主动因素，它对其他气象参数产生影响，而这些参数反过来也反映了太阳辐射的特征。基于这一原理，选择与太阳辐射关联密切且便于测试的气象要素，构建其与太阳辐射之间的函数关系，就可计算出太阳辐射值。用于构建太阳辐射模型的主要气象参数有日照时数、温差、云量。此外，使用相对湿度、降雨量、露点温度等要素也能够建立水平面太阳总辐射模型，但这类气象要素与太阳辐射的关联性较弱，不能单独完成辐射的计算，必须与前 3 个要素中的一个或多个共同构建总辐射模型[14]。

（1）日照时数模型

日照时数模型是所有水平面太阳总辐射模型中使用最广泛、计算结果最准确且计算参数最容易获得的气象参数模型。在该类模型中，很多情况以日照百分率（S/S_0）为主要计算参数，日照百分率是实际日照时数与日最大日照时数的比值。日照时数模型最早由 Ångström 提出，该模型如式（1-33）所示，直观简洁地给出了月均日总辐射量与晴天日总辐射量的比值同日照百分比之间的线性关系。

$$\frac{G}{G_c} = a + b\left(\frac{S}{S_0}\right) \tag{1-33}$$

式中　G——月均日总辐射量，MJ/m^2；

　　　G_c——月均日晴天总辐射量，MJ/m^2；

　　　S——测量的月均日日照时数，h；

　　　S_0——月均日最大可能日照时数，h；

　　a，b——回归系数。

Ångström 模型中，系数 a 和 b 的取值是关键所在。在已知辐射和日照时数的情况下，可通过回归获得系数 a 和 b，然后将其用于气候相近地区，计算当地的未知辐射值。系数 a、b 不仅具有地域特性，而且具有季节特性，Solor[15] 根据欧洲 100 个气象站的辐射数据，通过回归给出了每个月不同的系数 a、b，如表 1-3 所示。

Solor 模型中各月份系数 a、b　　　　表 1-3

月份	a	b	月份	a	b
1	0.18	0.66	7	0.23	0.53
2	0.20	0.60	8	0.22	0.55
3	0.22	0.58	9	0.20	0.59
4	0.20	0.62	10	0.19	0.60
5	0.24	0.52	11	0.17	0.66
6	0.24	0.53	12	0.18	0.65

该模型的使用中，月均日晴天总辐射量较难获得。为解决这一难题，Prescott 等[16]对该模型进行了修正，如式（1-34）所示，将日晴天总辐射量用天文辐射替换。天文辐射根据纬度、赤纬角等信息便可计算。王炳忠等[13]提出采用理想大气日总辐射量代替天文辐射量，原因是理想大气辐射量的计算中考虑了海拔和纬度的因素，而海拔因素是影响辐射的重要因素。

$$\frac{G}{G_0} = a + b\left(\frac{S}{S_0}\right) \tag{1-34}$$

式中　G_0——月平均日天文总辐射量，MJ/m^2。

有学者根据当地气候特征，将日照时数模型发展为非线性关系[17~19]。日照时数模型变得越来越复杂，随着模型复杂性的提高，其地域的适用性比计算准确性的改善更为显著，即高次非线性的日照时数模型能够在更广泛的地区使用[20]。

（2）温差模型

日照时数模型准确度较高，但是日照时数并不是常用的气象参数，其数据获取有一定的局限性，这一点限制了该模型的广泛应用。气温是最常见也最方便测量的气象参数，但是研究表明，最容易获取的平均气温与水平面日总辐射之间并无有效的函数关系[21]，而日最高与最低气温之差与总辐射之间具有函数关系。

根据上述原理，Hargreaves 等[22]提出了一个温差的非线性模型，如式（1-35）所示。式中系数 a 体现了地域性差异，内陆地区 a 取值 0.16，沿海地区取值 0.19。考虑到大气压的影响，Allen[23]发展了 Hargreaves 模型，如式（1-36）所示。

$$\frac{G}{G_0} = a(T_{max} - T_{min})^{0.5} \tag{1-35}$$

$$\frac{G}{G_0} = K_{ra}\left(\frac{P_s}{P_0}\right)^{0.5} \cdot (T_{max} - T_{min})^{0.5} \tag{1-36}$$

式中　K_{ra}——经验系数；

P_s——当地大气压，kPa；

P_0——标准大气压，101.3kPa。

Bristow 等[24]提出了指数形式温差辐射模型，如式（1-37）所示。Meza 等[25]将式（1-38）中的系数 a 设为 0.75，c 设为 2，系数 b 仍为经验系数，对 Bristow 模型进行了具体化，这样可以降低计算误差。

$$\frac{G}{G_0} = a\{1 - \exp[-b \cdot (T_{max} - T_{min})^c]\} \tag{1-37}$$

陈仁生等[26]提出对数形式的温差辐射模型，如式（1-38）所示。

$$\frac{G}{G_0} = a\ln(T_{max} - T_{min}) + b \tag{1-38}$$

（3）多参数模型

除了日照时数、温差等单气象参数模型外，还有多参数构成的日总辐射模型，这类模型以日照时数或者温差为主要参数，综合考虑了云量、大气压、相对湿度等参数对太阳辐射的影响。例如，Garg 等[27]采用气温和降雨对 Ångström 模型的经验系数 a、b 进行了拟合，如式（1-39）所示。

$$a = 0.3791 - 0.0004T - 0.0176R \qquad (1\text{-}39\text{a})$$

$$b = 0.4810 + 0.0043T + 0.0097R \qquad (1\text{-}39\text{b})$$

式中　T——气温，℃；

　　　R——降雨量，cm。

陈仁生等[26]提出了温差和日照时数的非线性辐射模型，如式（1-40）所示。曹雯等[28]将该模型中参数 c 设定为 1。

$$\frac{G}{G_0} = a\ln(T_{max} - T_{min}) + b\left(\frac{S}{S_0}\right)^c + d \qquad (1\text{-}40)$$

2. 空间插值模型

在一定区域内，当气候具有较好的相似性，而获得气象参数较为困难时，空间插值模型是计算太阳辐射数据的较好途径。空间插值模型对于观测台站十分稀少而台站分布又非常不合理的地区具有十分重要的实际意义[29]。

空间位置上越靠近的点，越可能具有相似的特征值；而距离越远的点，其特征值相似的可能性越小[30]，这是"地理学第一定律的假设"，是最早的几何空间插值技术基本原理，距离权重法（Distance Weighting）属于几何空间插值法。空间统计学被引入空间插值方法，用统计的概念去研究空间中的相近性问题，提出空间相似的程度是通过点对的平均方差度量的[31]。克立格法（Kriging）属于空间统计法的空间插值。样条插值法（Spline methods）属于函数类空间插值方法，通过构造平滑的函数曲线来插值，不需要对空间结构进行预估计，也不需要做统计假设[30]。空间插值法多种多样，但将任何一种插值技术应用于太阳辐射的计算，必须充分考虑其辐射资源的相似性、插值技术理论假设和应用条件等因素。

（1）距离权重法

距离权重法较为简便，只以两地距离为依据进行插值，如式（1-41）所示[32]。该方法的实质是以插值点与采样点间距离为权重的一种加权平均法，其权重赋予离插值点越近的采样点估值权重越大。这对于与纬度、海拔等多种因素相关的太阳辐射不太合适。

$$Z = \left[\sum_{i=1}^{n} \frac{Z_i}{d_i^2}\right] - \left[\sum_{i=1}^{n} \frac{1}{d_i^2}\right] \qquad (1\text{-}41)$$

式中　Z——计算站点的太阳总辐射；

　　　Z_i——第 i 个站点的太阳总辐射；

　　　d_i——计算站点到第 i 站点的大地球面距离。

Nalder 等[32]提出了距离权重法的改进方法——梯度距离平方反比法（Gradient Plus Inverse Distance Squared）。在距离权重的基础上，该方法考虑了气象要素随海拔和经纬向的梯度变化。

（2）普通克立格法

普通克立格法来源于统计学[33]，以区域化变量理论为基础，以半变异函数为分析工具，能提供最佳线性无偏估计，但是计算复杂且计算量大。其插值公式如式（1-42）

所示。

$$Z = \sum_{i=1}^{n} \lambda_i \cdot Z(x_i) \tag{1-42}$$

式中 λ_i——气象要素的 $Z(x_i)$ 的权重；

$Z(x_i)$——测试值权重系数，由"克里格方程组"决定，如式（1-43）所示。

$$\begin{cases} \sum_{i=1}^{n} \lambda_i \cdot \mathrm{cov}(x_i, x_j) - \mu = \mathrm{cov}(x_i, X') \\ \sum_{i=1}^{n} \lambda_i = 1 \end{cases} \tag{1-43}$$

式中 $\mathrm{cov}(x_i, x_j)$——采样点间的协方差；

$\mathrm{cov}(x_i, X')$——采样点与插值点间的协方差；

μ——极小化处理时的拉格朗日乘子。

（3）样条插值法

样条插值法是根据已知点值拟合出平滑的样条函数，然后使用样条函数值作为插值结果。样条函数易操作、计算量不大，多用于气象要素的时间序列插值。该方法适用于已知点密度较大的情况，但难以对误差进行估计，点稀时效果不好。样条插值是函数逼近的方法，3 次样条函数和薄盘光滑样条函数是两类常用的样条函数。

3. 基于 DEM 的辐射模型

上述两类模型不能解决复杂地形下的辐射计算问题。众所周知，地形对太阳辐射具有重要影响，坡度、坡向以及周围地形的遮蔽都会显著影响水平地面接收到的总辐射。随着地理信息系统技术的发展，数字高程技术被用于复杂地形条件下的辐射计算。

数字高程模型（Digital Elevation Model，简称 DEM）是对地球表面地形属性为高程时的一种离散的数字表达。通过 DEM 可以直接获得地形的坡度、坡向等地形信息，用于计算地形遮挡状态下地面接收到的水平总辐射。数字高程的优势表现在坡度、坡向、地形遮蔽度的计算以及模拟结果可视化表达等方面。采用基于 DEM 的辐射模型主要是考虑地形对辐射的遮蔽作用，该遮蔽作用通过地形遮蔽因子来体现。不同的 DEM 辐射计算模型主要是地形遮蔽因子计算方法的不同。图 1-5 是采用数字高程模型进行总辐射计算的流程图。

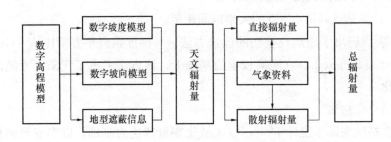

图 1-5 采用数字高程模型进行总辐射计算的流程图

Dozier[34]最早提出了利用数字高程模型模拟太阳辐射的方法。我国基于 DEM 的辐射模型起源于对山地地形辐射计算模型的研究。李新等[35]提出了依据 DEM 技术计算我国任意地形条件下太阳辐射模型，模型中利用计算机图形学的光线追踪算法生成形状因子，计算地形对坡面的反射辐射，其模型如式（1-44）所示。

$$G = G_{dir} + G_{dif} + G_{ref} \tag{1-44}$$

式中　G——水平面总辐射；

　　　G_{dir}——直射辐射；

　　　G_{dif}——散射辐射；

　　　G_{ref}——反射辐射。

其中某个坡元 j 的反射辐射计算模型为：

$$G_{ref,j} = \sum_{i=1}^{n} \rho_i^t (G_{dir,i} + G_{dif,i}) F_{ij} \tag{1-45}$$

式中　F_{ij}——坡元 i 到坡元 j 的形状因子；

　　　ρ_i^t——周围坡面第 i 个坡元的坡面反射率；

$G_{dir,i}$，$G_{dif,i}$——坡元 i 接收到的直射辐射和散射辐射。

$$F_{ij} = \frac{1}{A_i} \iint_{A_i A_j} \frac{\cos \varphi_i \cos \varphi_j}{\pi r^2} HID dA_i dA_j \tag{1-46}$$

式中　F_{ij}——坡元 i 到坡元 j 的形状因子；

　　　A_i，A_j——坡元 i，j 的面积；

　　　　r——坡元 i，j 间的距离；

　　　φ_i，φ_j——坡元 i，j 法线与它们连线的夹角。

HID 的取值为 0 或 1，取决于第 i 个坡元能否"看到"第 j 个坡元，采用光线追踪法计算。

4. 辐射模型的适用性分析

除前文介绍的气象参数模型、空间插值模型和基于 DEM 的辐射模型之外，还有概率统计模型和卫星遥感模型。这两类辐射模型尚处于发展阶段，技术有待完善，且因计算复杂，计算结果存在较大的不确定性。

太阳辐射数据在太阳能利用技术及其相关联的建筑节能技术领域具有重要作用，面对众多辐射计算模型，模型的合理选择至关重要。从计算简便性和准确性来看，气象参数辐射模型最简单，而且其计算准确度高。邓艳君等[36]采用我国实测辐射数据对三种气象参数辐射模型进行了对比，日照百分率和温差模型精度高，但经典日照模型更为稳定，而温差模型误差较大。如果测量的气象参数具有较长的时间序列，则可得到长时间序列的辐射值，这是气象参数模型的另一个优点。

日照时数等气象参数类模型主要用于晴天条件下辐射的计算，非晴天条件下该类模型误差较大[37]。当需要计算有辐射值的相近站点的辐射值时，空间插值模型是较好的选择。空间插值计算辐射有直接法和间接法两种应用方式，直接法就是对辐射数据进行插值；间接法可以对气象参数模型中的相关参数进行插值，然后再通过计算得到辐射数据。然而，在众多的气象要素空间插值方法中，并没有一种适合每一个气象要素的普适的最佳插值方法[38]。梯度距离平方反比法包含了经纬度和海拔信息，比较适合辐射的直接插值；普通克立格法能够准确控制计算误差，但计算较为复杂，研究表明在温度插值时其准确度和梯度距离平方反比法相当[38]；样条插值比较适合气温和气象要素的时间序列插值。

当缺乏用于计算辐射的气象参数，且地形对辐射的影响不可忽略时，可采用基于DEM的辐射模型。这类模型根据天文辐射和地理要素可计算出不同季节、不同时刻的辐射值，而且还便于计算直射辐射和散射辐射。对建筑能耗进行分析，或对建筑所采用的太阳能利用系统进行性能分析时，绝大多数情况需要的是建筑周围微环境的辐射数据。基于DEM的辐射模型恰好能够计算建筑周围微环境的辐射值。建筑更多地集中于城市，人为因素导致城市中出现了特殊的城市气候，而城市气候一个显著特点就是差异性，下垫面、建筑布局、绿化等众多因素导致城市不同区域具有明显不同的微气候环境，这就是城市气候的差异性。因此，准确计算建筑周围微环境的辐射数值对于太阳能利用系统性能分析具有重要意义。

本章参考文献

[1] 代彦军，葛天舒. 太阳能热利用原理与技术[M]. 上海：上海交通大学出版社，2018.

[2] 王如竹，代彦军. 太阳能制冷[M]. 北京：化学工业出版社，2007.

[3] Li Hong, Liu Hongyuan, Li Min. Review on heat pipe based solar collectors: Classifications, performance evaluation and optimization, and effectiveness improvements[J]. Energy, 2022, 244(Part A): 122582.

[4] 于祖龙. 太阳能集热系统与绿色建筑集成应用研究[D]. 北京：北京建筑大学，2019.

[5] 何梓年，周敦智. 太阳能供热采暖应用技术手册[M]. 北京：化学工业出版社，2009.

[6] 张军杰. 太阳能采暖设计探讨[J]. 制冷与空调，2013，27(3)：236-240.

[7] 刘雨曦，谢玲，罗刚. 太阳能强化自然通风的研究现状与问题探讨[J]. 土木建筑与环境工程，2011，33(增刊1)：134-138.

[8] 郑文亨. 太阳能通风在广西地区的应用潜力分析[J]. 四川建筑科学研究，2016，42(4)：134-137.

[9] 许瑾. 住宅太阳墙的原理与使用[J]. 住宅科技，2006(2)：25-29.

[10] Halozan H. Heat pump and the environment[J]. The international energy and agency conference on heat pump technologies, 2002(1): 54-65.

[11] 左潞，郑源，周建华等. 太阳能烟囱强化自然通风技术在强化室内自然通风中的研究进展[J]. 暖通空调，2008，38(10)：41-47.

[12] 白璐. 秦巴山地建筑太阳能通风设计研究[D]. 西安：西安理工大学，2017.

[13] 王炳忠. 我国的太阳能资源及其计算[J]. 太阳能学报，1980，1(1)：1-9.

[14] 刘大龙，杨柳，霍旭杰，刘加平. 建筑节能分析太阳总辐射模型研究综述[J]. 土木建筑与环境工程，2015，37(2)：101-108.

[15] Solor A. Monthly specific Rieveld's correlations [J]. Solar and Wind Technology, 1990, 7: 305-312.

[16] Prescott J A. Evaporation from water surface in relation to solar radiation [J]. Transactions of the Royal Society of Australia, 1940, 46: 114-121.

[17] Newland F J. A study of solar radiation models for the coastal region of South China [J]. Solar Energy，1988，31：227-235.

[18] Ogelman H，Ecevit A，Tasdemiroglu E. A new method for estimating solar radiation from bright sunshine data [J]. Solar Energy，1984，33：619-625.

[19] Bahel V，Bakhsh H，Srinivasan R. A correlation for estimation of global solar radtion [J]. Energy，1987，12：131-135.

[20] Besharat F，Ali A，Dehghan A R，et al. Empirical models for estimating global solar radtion：A review and case study [J]. Renewable and Sustainable Energy Reviews，2013，21：798-281.

[21] 刘大龙. 区域气候预测与建筑能耗演化规律研究[D]. 西安：西安建筑科技大学，2010.

[22] Hargreaves G H，Samani Z A. Estimating potential evapotranspiration [J]. Journal of Irrigation and Drainage Engineering，1982，108(IR3)：223-230.

[23] Allen R. Evaluation of procedures of estimating mean monthly solar radiation from air temperature [R]. Rome：FAO，1995.

[24] Bristow K L，Campbell G S. On the relationship between incoming solar radiation and daily maximum and minimum temperature [J]. Agricultural and Forest Meteorology，1984，31：159-166.

[25] Meza F，Varas E. Estimation of mean monthly solar global radiation as a function of temperature [J]. Agric. For Meteorol.，2000，100：231-241.

[26] Chen R，Ersi K，Yang J，et al. Validation of five global radiation models with measured daily in China [J]. Energy Conversion and Management，2004，45：1759-69.

[27] Gariepy J. estimation of global solar radiation [R]. International Report，Service of Meteorolgy，Government of Quebec，Canada，1980.

[28] 曹雯，申双和. 我国太阳能总辐射计算方法的研究[J]. 南京气象学院学报，2008，31(4)：587-591.

[29] 李新，程国栋，卢玲. 空间内插方法比较[J]. 地球科学进展，2000(3)：260-265.

[30] 乌仔伦，刘瑜，张晶，等. 地理信息系统原理方法和应用[M]. 北京：科学出版社，2001.

[31] Goovaerts P. Geostatistics for natural resource evaluation [M]. New York：Oxford University Press，1997.

[32] Nalder I A，Wein R W. Spatial interpolation of climate normals：test of a new method in the Canadian boreal forest [J]. Agric. For Meteorol.，1998，92：211-225.

[33] Journel A G，Huijbregts C J. Mining Geostatistics [M]. London：Academic Press，1978.

[34] Dozier J，Frew J. Rapid calculation of terrain parameters for radiation modeling from digital elevaition data [J]. IEEE Transaction on Geo-science and Remote Sensing，1990，28(5)：963-969.

[35] 李新，程国栋，陈贤章，等. 任意地形条件下太阳辐射模型的改进[J]. 科学通报，1999(9)：993-998.

[36] 邓艳君，邱新法，曾燕，等. 几种水平面太阳总辐射量计算模型的对比分析[J]. 气象科学，2013，33(4)：371-377.

[37] 孙治安，施俊荣，翁笃鸣. 中国太阳总辐射气候计算方法的进一步研究[J]. 南京气象学院学报，1992(2)：21-29.

[38] 林忠辉，莫兴国，李宏轩，等. 中国陆地区域气象要素的空间插值[J]. 地理学报，2002(1)：47-56.

第2章 太阳能集热器

太阳能集热器是一种特殊的热交换器，它通过热传导流体将太阳辐射能转化为热能，是太阳能热利用系统的核心部件。太阳能热水、太阳能供暖、太阳能空调、太阳能通风、太阳能干燥以及太阳能热发电等，都离不开太阳能集热器，都是以太阳能集热器作为系统的动力或者核心部件。因此，在分别介绍各项太阳能光热利用技术之前，本章先介绍太阳能集热器的相关知识，具体包括太阳能集热器的传热原理、分类，三种基本类型太阳能集热器的结构特点、原理、性能评价，及其相应的性能强化措施等，以便对各种太阳能热利用系统有更深入的理解。

2.1 太阳能集热器传热原理及分类

2.1.1 传热原理

从事太阳能热利用系统的研究，都会从太阳能集热器的传热过程入手。因此，太阳能集热器与传热学有着密切的联系。传热学是研究物体之间或物体内部存在温差而发生热能传递的规律。热能传递有三种基本方式：导热、对流换热、辐射换热，这三种方式在太阳能集热器中广泛存在。

1. 太阳能集热器中涉及的导热原理

导热也称热传导，依靠物体质点的直接接触来传递热量，当温度不同的物体相互接触时，热量从温度高的物体流向温度低的物体或从物体的高温部分流向低温部分。根据傅里叶定律，物体的热传导速率与温度梯度及热流通过的横截面积成比例，即：

$$q_k = -\lambda A \frac{\partial T}{\partial X} \tag{2-1}$$

式中　　q_k——热传导速率，W；

$\quad\quad T$——导体的温度，K；

$\quad\quad \lambda$——导体的导热系数，W/（m·K）；

$\quad\quad A$——横截面面积，m^2；

$\quad\quad X$——沿热流方向的距离，m。

根据微元体的热平衡，可推导出具有内热源的非稳态导热的一般关系式：

$$\frac{\partial}{\partial x}\left(\lambda \frac{\partial T}{\partial x}\right) + \frac{\partial}{\partial y}\left(\lambda \frac{\partial T}{\partial y}\right) + \frac{\partial}{\partial z}\left(\lambda \frac{\partial T}{\partial z}\right) + \dot{Q} = \rho C \frac{\partial T}{\partial t} \tag{2-2}$$

式中　　ρ——密度，kg/m^3；

$\quad\quad C$——比热容，J/（kg·℃）；

t——时间，s;

$\dot{Q}$——微元体内部单位体积生成的热量，J。

（1）平壁导热

在太阳能集热器中，平板型集热器的透明盖板、底部以及四周边框的传热问题，都可以简化为无内热源的一维稳态平壁导热问题，如图 2-1 所示。

由式（2-2）化简得平壁的一维稳态导热微分方程为：

$$\frac{\mathrm{d}^2 T}{\mathrm{d}x^2} = 0 \qquad (2-3)$$

对式（2-3）进行两次积分，可得单层平壁一维稳态导热热流密度的关系式：

$$q = \frac{\lambda}{\delta}(T_1 - T_2) \qquad (2-4)$$

同理，对 n 层平壁，有：

$$q = \frac{T_1 - T_{n+1}}{\sum_{i=1}^{n} \frac{\delta_i}{\lambda_i}} \qquad (2-5)$$

式中　δ_i——第 i 层平壁的厚度，m;

λ_i——第 i 层平壁的导热系数，W/(m·K)。

图 2-1　平壁导热

透明盖板内表面的热量会自发地传递到外表面，为了减少平板型集热器的导热损失，应选择导热系数较小的透明盖板及隔热层材料，表 2-1 是太阳能集热器中常用材料的导热系数[1]。

常用材料的导热系数　　　　　　　　　　　　　　　　表 2-1

材料名称	λ [W/(m·K)]	材料名称	λ [W/(m·K)]
纯铜	387	混凝土	1.84
纯铝	237	平板玻璃	0.76
硬铝	177	玻璃钢	0.50
铸铝	168	聚四氟乙烯	0.29
黄铜	109	玻璃棉	0.054
碳钢	54	岩棉	0.355
镍铬钢	16.3	聚苯乙烯	0.027

在实际应用中，物体的导热系数并非是一个定值。例如，太阳能集热器中常用的玻璃棉等隔热材料，其导热系数随温度的升高而迅速增大。所以，对于此类材料，在分析其导热问题时，必须要考虑导热系数随温度变化的情况。

（2）圆筒壁导热

太阳能集热器流体输送管道及真空管集热器外玻璃管的导热问题即为圆筒壁导热问题。当圆筒的长 l 与外径 d 的比值大于 5 时，可以看作 $l \gg d$，近似为"无限长"圆筒壁，如图 2-2 所示。圆筒壁一维稳态导热微分方程为：

$$\frac{d}{dr}\left(\lambda r \frac{dT}{dr}\right) = 0 \qquad (2\text{-}6)$$

对式（2-6）进行两次积分，代入边界条件 $r = r_1$，$T = T_1$；$r = r_2$，$T = T_2$，可得单层圆筒壁一维稳态导热热流量的关系式：

$$Q = \frac{2\pi\lambda l(T_1 - T_2)}{\ln\left(\dfrac{d_2}{d_1}\right)} \qquad (2\text{-}7)$$

同理，对于 n 层圆筒壁，有：

$$Q = \frac{2\pi l(T_1 - T_{n+1})}{\displaystyle\sum_{i=1}^{n}\frac{1}{\lambda_i}\ln\left(\dfrac{d_{i+1}}{d_i}\right)} \qquad (2\text{-}8)$$

（3）肋片导热

现在许多针对太阳能集热器的设计，为了强化其传热过程，流体管道大多采用肋片管结构，如图 2-3 所示。这里的通流管可以是普通金属圆管，对内部流过的工作流体直接加热；也可以是热管，将吸收的太阳辐射能转换为热能，再传送到汇流母管加热工作流体，两者的导热过程大致相同[2]。设肋片向通流管传递的热流为 q，肋端为绝热面，根据能量守恒原理，肋片的能量平衡方程为：

$$q = -\lambda\delta\frac{d^2T}{dx^2} \qquad (2\text{-}9)$$

边界条件为 $x = 0$，$\dfrac{dT}{dx} = 0$；$x = w$，$T = T_0 =$ 常数。其中，w 为肋片高度；T_0 为肋基温度，q 为肋片与环境的对流换热。由牛顿冷却定律可得：

$$q = h(T - T_a) \qquad (2\text{-}10)$$

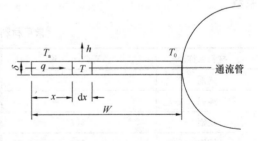

图 2-3　肋片导热

式中　h ——肋片与环境的对流换热系数，W/(m²·K)；

　　　T_a ——环境温度，K。

由式（2-9）和式（2-10）联立可得肋片导热的微分方程式：

$$\frac{d^2T}{dx^2} - \frac{h}{\lambda\delta}(T - T_a) = 0 \qquad (2\text{-}11)$$

令 $m^2 = \dfrac{h}{\lambda\delta}$，式（2-11）可改写为：

$$\frac{d^2T}{dx^2} - m^2(T - T_a) = 0 \qquad (2\text{-}12)$$

式（2-12）为二阶线性齐次微分方程，其通解为：

$$T - T_a = C_1 e^{mx} + C_2 e^{-mx} \qquad (2\text{-}13)$$

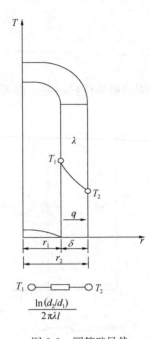

图 2-2　圆筒壁导热

将边界条件代入式（2-13），得出肋片导热微分方程的解为：

$$T = T_a + (T_0 - T_a) \frac{\mathrm{ch}(mx)}{\mathrm{ch}(mw)} \tag{2-14}$$

$$q = h(T_0 - T_a) \frac{\mathrm{th}(mw)}{mw} \tag{2-15}$$

式中　$\dfrac{\mathrm{th}(mw)}{mw}$ ——肋片效率。

2. 太阳能集热器中涉及的对流换热原理

流体各部分之间发生相对位移引起的热量传递过程称为对流。当流体微团在空间改变位置时，它们起着载热体的作用，并实现热能的传递。根据牛顿冷却定律，对流换热的热流量与固体表面与流体的温度差以及与流体接触的表面积成比例，即：

$$Q = Ah(T_w - T_f) \tag{2-16}$$

式中　h ——对流换热系数，W/（m^2·K）；

　　　T_w ——物体壁面温度，K；

　　　T_f ——流体温度，K；

　　　A ——与流体接触的表面积，m^2。

在对流换热问题中，最重要的是求出对流换热系数 h。由边界层的理论分析可知，贴近固体壁面上的流体已完全停滞，速度 $u=0$，流体与壁面之间依靠导热传递热量。由傅里叶定律和牛顿冷却公式，经过推演可得：

$$h = \frac{-\lambda_f \left. \dfrac{\partial T}{\partial y} \right|_{y=0}}{T_w - T_\infty} \tag{2-17}$$

式中　λ_f ——流体的导热系数，W/（m·K）；

　　　T_w ——物体壁面温度，K；

　　　T_∞ ——流体中心主流温度，K。

式（2-17）为对流换热系数的定义式，表明对流换热与流体流动特征密切相关。将表征换热物体表面形状的特征尺度 l_c 代入式（2-17）中，并进行无量纲化，可得：

$$\frac{hl_c}{\lambda_f} = - \left. \frac{\partial \left(\dfrac{T - T_w}{T_w - T_\infty} \right)}{\partial \left(\dfrac{y}{l_c} \right)} \right|_{\frac{y}{l_c}=0} \tag{2-18}$$

$\dfrac{hl_c}{\lambda_f}$ 是一个无量纲数，称为努塞尔数 Nu，即：

$$Nu = \frac{hl_c}{\lambda_f} \tag{2-19}$$

对流换热的问题十分复杂，不同的流动形式决定了对流换热问题的不同类别，各自求解的方法也截然不同。以下是在太阳能集热器中，一些常见的对流换热问题的求解方法。

（1）管内自然对流层流换热

由于太阳辐射能量密度低，一些太阳能集热器的集热管上的热流密度很小，管道内的工作流体依靠浮升力的作用产生自然对流，其流速很小，所以其对流换热过程通常为层流换热。对于这种对流换热过程，可采用以下实验关联式：

$$Nu = 1.86 \left(Re \cdot Pr \frac{d}{l} \right)^{\frac{1}{3}} \left(\frac{\mu}{\mu_{\mathrm{w}}} \right)^{0.14} \tag{2-20}$$

该式的适用范围为 $Re \cdot Pr \dfrac{d}{l} \geqslant 7.17$。

式中　d ——管径，m；

　　　l ——管长，m；

　　　μ ——以流体平均温度为定性温度计算的流体动力黏度，Pa/s；

　　　μ_{w} ——以管壁温度为定性温度计算的流体动力黏度，Pa/s。

流体的物性都按平均温度 T_{m} 取值：

$$T_{\mathrm{m}} = \frac{1}{2}(T_{\mathrm{in}} + T_{\mathrm{out}}) \tag{2-21}$$

式中　T_{in} ——管道入口平均温度，K；

　　　T_{out} ——管道出口平均温度，K。

若超过式（2-20）适用范围，可以认为沿管长方向的绝大部分处于流动充分发展区，可以直接采用下式：

$$Nu = 3.66 \tag{2-22}$$

若沿工作流体流动方向上管壁的热流密度恒定，对充分发展的管内层流换热，则可以直接采用下式：

$$Nu = 4.36 \tag{2-23}$$

（2）管内受迫对流湍流换热

对于管内工作流体的流动，当 $Re > 6000$ 时，流动状态从层流过渡到湍流，这时管内发生的换热过程即为管内受迫对流湍流换热。对于这种类型的对流换热，分为单相流体对流换热和沸腾流体对流换热两种情况。

1）单相流体对流换热

对于单相流体的管内湍流换热，一般采用以下关联式：

$$Nu = 0.023 Re^{0.8} Pr^{m} \tag{2-24}$$

式（2-24）的适用范围为 $Re = 10^4 \sim 1.2 \times 10^5$；$Pr = 0.7 \sim 120$；$l/d > 60$。其适用于流体与管道壁面具有中等以下换热温差的情况。一般来说，对于气体，其换热温差不超过 50℃；对于水不超过 20～30℃；对于黏性温度系数较大的油类则不超过 10℃。在加热流体时，$m = 0.4$；冷却流体时 $m = 0.3$。定性温度为流体进出口平均温度的算数平均值，特征尺寸为管道的内径。

2）沸腾流体对流换热

对于管内沸腾流体的对流换热，由于管内工作流体会发生相变，将会在流体中形成液膜以及气液交界面，热量通过液膜的导热和对流换热传给气液交界面，使得在交界面上连续不断地产生蒸汽。其对流换热系数可采用以下实验关联式：

$$\frac{h_{\mathrm{T}}}{h_1} = f\left(\frac{1}{X_{\mathrm{tt}}}\right) \tag{2-25}$$

$$X_{\mathrm{tt}} = \left(\frac{1-x}{x}\right)^{0.9}\left(\frac{\mu_1}{\mu_\nu}\right)^{0.1}\left(\frac{\rho_\nu}{\rho_1}\right)^{0.5} \tag{2-26}$$

式中　h_{T} ——管内两相流体的对流换热系数，$W/(m^2 \cdot K)$；

$\quad\quad h_1$ ——假定管道中为完全单相流体时，单相流体湍流换热的对流换热系数，$W/(m^2 \cdot K)$；

$\quad\quad X_{\mathrm{tt}}$ ——表明流动特征的马蒂内利参数；

$\quad\quad x$ ——质量含汽率；

$\quad\quad \mu_1$ ——流体液相的动力黏度，Pa/s；

$\quad\quad \rho_1$ ——流体液相的密度，kg/m^3；

$\quad\quad \mu_\nu$ ——流体气相的动力黏度，Pa/s；

$\quad\quad \rho_\nu$ ——流体气相的密度，kg/m^3。

（3）单根圆管横向绕流换热

真空管集热器的外玻璃管与周围空气之间的对流换热，就属于这种换热类型，分为有风和无风两种情况。在有风时为横向绕流受迫对流换热，在无风时为横向绕流自然对流换热。其横向绕流换热的平均换热系数可采用以下实验关联式进行计算：

$$Nu_{\mathrm{m}} = CRe_{\mathrm{m}}^{n}Pr_{\mathrm{m}}^{\frac{1}{3}} \tag{2-27}$$

式中，系数 C 和 n 的值列于表 2-2；特征尺寸为管外径 d；定性温度 $T_{\mathrm{m}} = (T_{\mathrm{w}} + T_{\mathrm{f}})/2$；特征速度为主流速度 u_∞。式（2-27）适用于空气和烟气。

C 和 n 的值　　　　　　　　　　　　　　　　　　　表 2-2

Re	C	n
0.4～4	0.989	0.330
4～40	0.911	0.385
40～4000	0.683	0.466
4000～40000	0.193	0.618
40000～400000	0.0266	0.805

（4）平板夹层有限空间自然对流换热

在太阳能集热器中，平板型集热器吸热板和透明盖板之间的对流换热问题即为平板夹层有限空间自然对流换热。夹层内流体的流动状态主要取决于以夹层厚度 δ 为特征尺寸的格拉晓夫数，即：

$$Gr_\delta = \frac{g\beta\Delta T\delta^3}{\nu^2} \tag{2-28}$$

若夹层两壁之间的温差很小，两壁之间的流体较为稳定，此时 Gr_δ 的值很小，夹层之间的换热为导热。随着温差增大，Gr_δ 逐渐增大，夹层中出现过渡状态的环流，直到变成湍流状态。夹层的纵横比对夹层中的换热过程有一定的影响。平板夹层主要分为倾斜有限

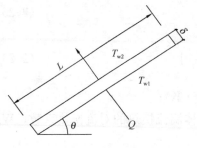

图 2-4　倾斜有限空间夹层

空间夹层、竖直有限空间夹层和水平有限空间夹层三种情况。

1) 倾斜有限空间夹层

绝大多数的平板型集热器，其放置的位置会有一定的倾角，以便吸收更多的太阳辐射能，其吸热板与透明盖板之间的夹层即为倾斜有限空间夹层，如图 2-4 所示。在 $L/\delta > 10$ 的情况下，根据倾斜角度的不同又分为以下几种情况。

当 $0 \leqslant \theta < 60°$ 时，有：

$$Nu_m = 1 + 1.44\left(1 - \frac{1708}{Ra_\delta \cos\theta}\right)\left[1 - \frac{1708(\sin 1.8\theta)^{1.6}}{Ra_\delta \cos\theta}\right] + \left[\left(\frac{Ra_\delta \cos\theta}{5830}\right)^{\frac{1}{3}} - 1\right]$$

(2-29)

$$Ra_\delta = \frac{g\beta(T_{w1} - T_{w2})\delta^3}{\nu a}$$

(2-30)

式（2-29）、式（2-30）的适用范围为 $0 < Ra_\delta < 10^5$。

当 $\theta = 60°$ 时，有：

$$Nu_{m,60°} = \max\{Nu_1, Nu_2\}$$

(2-31)

$$Nu_1 = \left\{1 + \left[\frac{0.0936 Ra_\delta^{0.314}}{1 + \{0.5/[1 + (Ra_\delta/3160)^{20.6}]^{0.1}\}}\right]^7\right\}^{1/7}$$

(2-32)

$$Nu_2 = \left(0.104 + \frac{0.175}{\dfrac{L}{d}}\right)Ra_\delta^{0.283}$$

(2-33)

式（2-31）～式（2-33）的适用范围为 $0 < Ra_\delta < 10^7$。

当 $60° < \theta < 90°$ 时，有：

$$Nu_m = \left(\frac{90° - \theta}{30°}\right)Nu_{m,60°} + \left(\frac{\theta - 60°}{30°}\right)Nu_{m,90°}$$

(2-34)

当 $\theta = 90°$ 时，有：

$$Nu_{m,90°} = \max\{Nu_1, Nu_2, Nu_3\}$$

(2-35)

$$Nu_1 = 0.0605 Ra_\delta^{\frac{1}{3}}$$

(2-36)

$$Nu_2 = \left\{1 + \left[\frac{0.104 Ra_\delta^{0.293}}{1 + (6310/Ra_\delta)^{1.36}}\right]^3\right\}^{1/3}$$

(2-37)

$$Nu_3 = 0.242\left(\frac{Ra_\delta}{\dfrac{L}{\delta}}\right)^{0.272}$$

(2-38)

式（2-35）～式（2-38）的适用范围为 $10^3 < Ra_\delta < 10^7$。对于 $Ra_\delta \leqslant 10^3$，有 $Nu_{m,90°} \approx 1$。

2) 竖直有限空间夹层

对于竖直有限空间夹层，假设壁高为 L，两壁之间的间隔为 δ，两端处于绝热。可以得到如下平均努塞尔数的实验关联式：

当 $2 < L/\delta < 10$ 时，有：

$$Nu_m = 0.22 \left(\frac{Pr}{0.2 + Pr} Ra_\delta \right)^{0.28} \left(\frac{L}{\delta} \right)^{-\frac{1}{4}} \qquad (2-39)$$

式（2-39）的适用范围为 $Ra_\delta < 10^{10}$。

当 $1 < L/\delta < 2$ 时，有：

$$Nu_m = 0.18 \left(\frac{Pr}{0.2 + Pr} Ra_\delta \right)^{0.29} \qquad (2-40)$$

式（2-40）的适用范围为 $10^3 < [Pr/(0.2 + Pr)]Ra_\delta$。

这样，根据牛顿冷却定律，就可以求得通过竖直有限空间夹层传递的热流密度：

$$q = Nu_m \frac{\lambda}{\delta} (T_{w1} - T_{w2}) \qquad (2-41)$$

式中 λ——夹层内流体的导热系数，W/（m·K）。

由此可知：

$$Nu_m \lambda \equiv \lambda_e \qquad (2-42)$$

这里的 λ_e 定义为夹层内等值视在导热系数。这表明在间隔为 δ 的竖直夹层内的自然对流换热，相当于导热系数为 λ_e 的平壁导热。根据这一理论，对于有限空间夹层内自然对流换热计算，在求得其等值视在导热系数后，其换热量可按照导热公式进行计算。

3）水平有限空间夹层

对于水平有限空间夹层，研究表明，当 $Gr_\delta < 1700$ 时，两水平板之间的换热主要是导热，且有 $Nu_m = 1$。随着两板温差的加大，两板之间逐渐开始出现自然对流，大约维持在 $1700 < Gr_\delta < 50000$ 范围内。当 $Gr_\delta \geqslant 50000$ 时，开始出现湍流。其等值视在导热系数 λ_e 可按下式计算：

当 $10^4 < Gr_\delta < 4 \times 10^5$ 时，有：

$$\frac{\lambda_e}{\lambda} = 0.195 Gr_\delta^{\frac{1}{4}} \qquad (2-43)$$

当 $Gr_\delta \geqslant 4 \times 10^5$ 时，有：

$$\frac{\lambda_e}{\lambda} = 0.068 Gr_\delta^{\frac{1}{3}} \qquad (2-44)$$

（5）平板外掠受迫对流换热

周围空气以一定的速度流过平板型集热器的透明盖板，即为平板外掠受迫对流换热。下面给出有风和无风情况下平板外掠受迫对流换热过程的平均努塞尔数 Nu_m 和局部努塞尔数 Nu_x 的实验关联式。假设不考虑流体的黏性摩擦，特征尺寸为从平板前沿起的距离，定性温度为平板表面温度与流体流动主流温度的平均值。

1）对于无风的层流换热，有以下几种情况：

当 $Pr \leqslant 0.6$ 时，有：

$$Nu_x = 0.564(Re_x \cdot Pr)^{0.5} \qquad (2-45)$$

$$Nu_m = 1.13(Re \cdot Pr)^{0.5} \qquad (2-46)$$

当 $0.6 < Pr < 15$ 时，有：

$$Nu_x = 0.332Re_x^{0.5} \cdot Pr^{\frac{1}{3}} \tag{2-47}$$

$$Nu_m = 0.664Re^{0.5} \cdot Pr^{\frac{1}{3}} \tag{2-48}$$

当 $Pr \geqslant 15$ 时，有：

$$Nu_x = 0.339Re_x^{0.5} \cdot Pr^{\frac{1}{3}} \tag{2-49}$$

$$Nu_m = 0.678Re^{0.5} \cdot Pr^{\frac{1}{3}} \tag{2-50}$$

2）对于有风的湍流换热，有：

$$Nu_x = 0.0294Re_x^{0.8} \cdot Pr^{\frac{1}{3}} \tag{2-51}$$

$$Nu_m = 0.037Re^{0.8} \cdot Pr^{\frac{1}{3}} \tag{2-52}$$

在目前的实际应用中，求解有风情况下平板外掠受迫对流换热系数 h，大多采用以下近似公式计算：

$$h = 5.7 + 3.8v \tag{2-53}$$

式中　　v——风速，m/s。

3. 太阳能集热器中涉及的辐射换热原理

与导热和对流换热不同的是，辐射换热过程不需要介质，在真空中也可以进行，到达地面的太阳辐射就是其中一例。

通常，把物体因有一定的温度而发射的辐射能称为热辐射。热辐射所包括的波长范围近似为 $0.3 \sim 50\mu m$，在这个波长范围内有紫外、可见和红外三个波段。其中，$0.4\mu m$ 以下为紫外波段，$0.4 \sim 0.7\mu m$ 为可见波段，$0.7\mu m$ 以上为红外波段。热辐射的绝大部分集中在红外波段，太阳光能到热能的转化实质就是将短波长的光转化为长波长的光，以热的形式输出，又称斯托克斯过程。

当辐射能投射在一个物体上时，部分辐射能被吸收，部分辐射能被反射，其余的辐射能透过物体。根据能量守恒定律，应有

$$\alpha + \rho + \tau = 1 \tag{2-54}$$

式中　　α——太阳吸收比；

　　　　ρ——太阳反射比；

　　　　τ——太阳透射比。

太阳光由不同波长的可见光和不可见光组成，不同物质和不同颜色对不同波长的光的吸收和反射能力是不一样的。物体的吸收、反射和透射特性在太阳能集热器中非常重要，集热器不同部件的要求不同。例如，平板型集热器中的透明盖板以及真空管集热器的外玻璃管，τ 越大越好，而 α 和 ρ 则越小越好；对于吸热体上的吸收涂层，则要求 α 尽可能大，ρ 和 τ 尽可能小；对于聚焦型集热器中的反射镜，则 ρ 越大越好。从物理角度来讲，黑色几乎能将可见光线全部吸收，吸收的光能即转化为热能。因此为了最大限度地吸收太阳的辐射热量，似乎用黑色的涂层材料就可满足要求了，但实际情况并非如此，因为材料本身还有一个热辐射问题。从量子物理的理论可知，黑体辐射的波长范围在 $2 \sim 100\mu m$ 之间，

黑体辐射的强度分布只与温度和波长有关，辐射强度的峰值对应的波长在 $10\,\mu m$ 附近[3]。

由此可见，太阳光谱的波长分布范围基本上与热辐射不重叠，因此要尽可能地吸收太阳辐射热量，所采用的吸热材料必须满足两个条件：一是在太阳光谱内吸收光线程度高，即有尽量高的吸收率；二是在热辐射波长范围内有尽可能低的辐射损失，即有尽可能低的发射率。

在平板型集热器中，透明盖板与吸热体之间的辐射换热、天空与透明盖板外表面的辐射换热可用辐射换热的基本计算式表示。

（1）透明盖板与吸热体之间的辐射换热

假设透明盖板与吸热体均为无限大平板，面积相等，为 A，且离开一个平板的辐射全部到达另一个平板，则两个平板的辐射换热量为：

$$Q_{1,2} = \frac{\sigma A(T_1^4 - T_2^4)}{\dfrac{1}{\varepsilon_1} + \dfrac{1}{\varepsilon_2} - 1} \tag{2-55}$$

式中　σ——斯蒂芬－玻尔兹曼常数，其值为 $5.669 \times 10^{-8}\,m^2 \cdot K^4$；

　　　A——换热面积，m^2；

T_1，T_2——两平板的温度，K；

ε_1，ε_2——两平板的辐射率。

式（2-55）只适用于两个无限大的平板，此时角系数为 1。但在实际中，太阳能集热器不可能无限大，应在此式的基础上乘以角系数 $\varphi_{1,2}$。

（2）天空与透明盖板外表面的辐射换热

把天空看作某一当量天空温度下的黑体，此时天空与透明盖板外表面的辐射换热量可用下式计算：

$$Q = \varepsilon \sigma A(T_{tk}^4 - T^4) \tag{2-56}$$

式中　ε——透明盖板外表面辐射率；

　　　A——透明盖板外表面面积，m^2；

　　　T——透明盖板外表面温度，K；

　　T_{tk}——天空温度，K。

2.1.2　太阳能集热器分类

太阳能集热器是太阳能热利用系统中最为重要的设备，了解并掌握太阳能集热器的类型和特点，对于完成太阳能热利用系统的合理设计和设备选型非常必要。太阳能集热器可按以下多种方法进行分类。

（1）按是否有真空空间，主要分为平板型集热器和真空管集热器。平板型集热器是吸热体表面基本上为平板形状的太阳能集热器；真空管集热器是外玻璃管和吸热体之间有真空空间的太阳能集热器，吸热体可以由一个内玻璃管组成，也可以由另一种用于转移热能的元件组成。

（2）按传热介质种类，主要分为液体型集热器和空气型集热器。液体型集热器采用液体作为工作流体，其常用的工作流体主要为水，其他还包括油、纳米流体等；空气型集热器采用空气作为工作流体，其又分为直流型空气集热器、渗透型空气集热器、挡板绕流型空气集热器和翅片型空气集热器等。

（3）按进入采光口的太阳辐射是否改变方向，主要分为聚焦型集热器和非聚焦型集热器。聚焦型集热器是利用反射器、透镜或其他光学器件将进入采光口的太阳辐射改变方向并会聚到吸热体上的太阳能集热器，如槽式集热器、塔式集热器、碟式集热器等；非聚焦型集热器是进入采光口的太阳辐射不改变方向也不集中射到吸热体上的太阳能集热器，如平板型集热器、真空管集热器。

（4）按是否跟踪太阳运行，主要分为跟踪型集热器和非跟踪型集热器。跟踪型集热器是以绕单轴或双轴旋转方式全天跟踪太阳视运动的太阳能集热器，如槽式集热器、菲涅尔式集热器、塔式集热器、碟式集热器等；非跟踪型集热器是全体都不跟踪太阳视运动的太阳能集热器，如平板型集热器、真空管集热器、复合抛物面集热器等。

（5）按工作温度的范围，主要分为低温型集热器、中温型集热器、高温型集热器三种。低温型集热器是工作温度在80℃以下的太阳能集热器，其通常不需要跟踪和聚焦；中温型集热器是工作温度在80～250℃的太阳能集热器；高温型集热器是工作温度在250℃以上的太阳能集热器。

以上各种分类的太阳能集热器实际上是相互交叉的。例如：一个以空气作为工作流体的太阳能集热器，可以是平板型集热器，同时也属于非聚焦型集热器和非跟踪型集热器，同时还是低温型集热器。

上述分类的各种太阳能集热器还可以进一步细分。如图2-5所示，平板型集热器可以进一步划分为四类。其中，太阳能平板热水器以水作为工作流体；平板空气集热器以空气

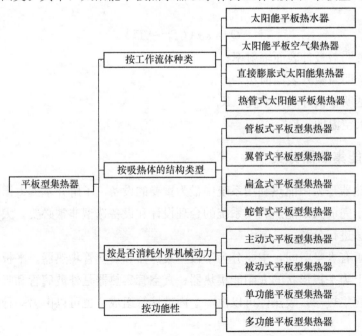

图2-5　平板型集热器分类示意图

作为工作流体；直接膨胀式太阳能集热器以制冷工质作为工作流体；热管式太阳能平板集热器则以低沸点工质为工作流体。主动式平板型集热器是利用外加的风机或者水泵驱动集热循环，而被动式平板型集热器仅依靠热浮升力或者重力驱动循环。单功能平板型集热器仅具有单一功能，如供暖、供热水、发电或者干燥等；多功能平板型集热器可根据用户的需要同时或分时段供暖、供热水或者发电，如空气/热水双效集热器、PV/T 等[4]。

如图 2-6 所示，真空管集热器可以按以下方法进行详细划分：全玻璃真空管集热器采用玻璃作为吸热体，玻璃—金属结构真空管集热器则采用金属作为吸热体，这两种集热器的传热介质不发生相变；热管式真空管集热器也采用金属作为吸热体，但其内传热介质发生相变。

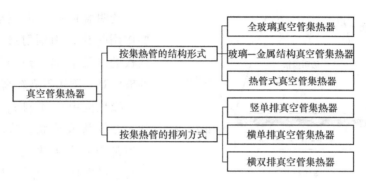

图 2-6 真空管集热器分类示意图

聚焦型集热器的详细分类如图 2-7 所示。成像聚焦型集热器是使太阳辐射聚焦，在接收器上形成焦点（焦斑）或焦线（焦带）的聚焦型集热器；非成像聚焦型集热器是使太阳辐射会聚到一个较小的接收器上而不使太阳辐射聚焦，即在接收器上不形成焦点（焦斑）或焦线（焦带）。槽型抛物面集热器又称抛物槽集热器，它是通过一个具有抛物线横截面的槽形反射器来聚集太阳辐射的线聚焦集热器；旋转抛物面集热器又称抛物盘集热器，它是通过一个由抛物线旋转而成的盘型反射器来聚集太阳辐射的点聚焦集热器。

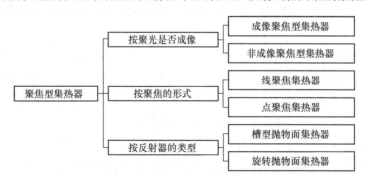

图 2-7 聚焦型集热器分类示意图

上述分类涉及的太阳能集热器种类较多，本章主要针对平板型集热器、真空管集热器以及聚焦型集热器三种最常用的集热器进行详细介绍。

2.2 平板型集热器

2.2.1 结构及原理

1. 结构及基本工作原理

平板型集热器是太阳能低温热利用系统中应用最广泛的一种装置。图 2-8 所示是一种典型的平板型集热器的示意图，主要由透明盖板、吸热板、流体通道、隔热层、外壳五部分构成[5]。

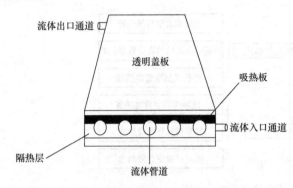

图 2-8 平板型集热器结构示意图

透明盖板通常由玻璃制成，其主要作用是让太阳辐射透过，并减少吸热板的对流和辐射热损失，含铁量低的玻璃对太阳辐射有较高的透射率。

吸热板由金属制成，可以是扁平状、波纹状或槽状。管、翅片和流体通道都附着在吸热板上，吸热板表面涂有选择性高吸收率涂层。

流体通道是将被加热的工作流体从吸热板输送到流体管道的通道。工作流体的类型是影响其设计的重要因素之一。其中，空气流道最适合放置在吸热板下方，这样可以减少热量的散失；液体流道是放置在一根连接吸热板的管子当中。不同的流道设计目的都是为了加强传热过程。

隔热层由绝缘材料制成，通常放置在吸热板的背面和侧面，目的是为了减少吸热板向环境散失热量。玻璃纤维材料是一种常见的绝缘材料。

外壳提供了一个合适的框架，将集热器的组件放在一起，并保护它们避免灰尘及湿气的腐蚀。

太阳辐射投射到集热器的透明盖板上，绝大部分辐射能通过透明盖板到达吸热板，小部分被透明盖板吸收和反射到天空中。到达吸热板上的辐射能，大部分被吸热板吸收并转化为热能，吸热板上的热能又以导热的形式传向与其接触的流体通道管壁，从而加热进入到上升管中的工作流体，小部分被吸热板反射回透明盖板。进入到上升管中的工作流体，吸收来自吸热板传递的热量后，温度逐渐升高，带着有用能从集热器出口端流出。与此同时，透明盖板和外壳不断地向环境散失热量，构成集热器的热损失。这样的换热循环过程一直持续进行，直到集热温度到达某个平衡点为止。这就是平板型集热器的全部工作过程，也就是其基本工作原理[6]。

2. 能量平衡关系

平板型集热器的能量平衡关系如图 2-9 所示。由图可知，投射到透明盖板的太阳辐射量分为三部分：一是工作流体输出的有用能量；二是集热器向环境散失的能量；三是集热

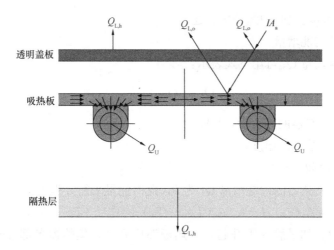

图 2-9　平板型集热器能量平衡关系

器的内能增量。假设投射到透明盖板的太阳辐射总量为 Q_A，其中大部分被工作流体所吸收，构成集热器的有用能量收益 Q_U，集热器向环境散失的能量为 Q_L，集热器的内能增量为 Q_S，由热力学第一定律，能量平衡方程表示为：

$$Q_A = Q_U + Q_L + Q_S \tag{2-57}$$

（1）投射到透明盖板的太阳辐射量

投射到透明盖板的太阳辐射量可用式（2-58）计算：

$$Q_A = A_a (\tau\alpha)_{el} I \tag{2-58}$$

式中　A_a——透明盖板面积，m^2；

　　　I——透明盖板单位面积所接收到的太阳辐射强度，W/m^2。

　　$(\tau\alpha)_{el}$——吸热板透明盖板系统的透过率—吸收率有效乘积。

（2）集热器的有用能量收益

集热器的有用能量收益即为工作流体吸收的热量，可用式（2-59）表示：

$$Q_U = c_p q_m (T_{out} - T_{in}) \tag{2-59}$$

式中　c_p——工作流体的定压比热容，$J/(kg \cdot K)$；

　　　q_m——工作流体的质量流量，kg/s；

　　T_{out}——工作流体在管道内的出口温度，K；

　　T_{in}——工作流体在管道内的进口温度，K。

（3）集热器向环境散失的能量

集热器向环境散失的能量即为集热器的热损失，可用式（2-60）表示：

$$Q_L = A_a U_L (T_{f,i} - T_a) \tag{2-60}$$

式中　U_L——集热器的总热损失系数，$W/(m^2 \cdot K)$；

　　　$T_{f,i}$——吸热板温度，K；

　　　T_a——环境温度，K。

只要吸热板温度高于环境温度，集热器必定会有热量散失到环境中，这部分散失到环境中的热量就是集热器的热损失。吸热板的温度是集热器各部件中最高的，所以集热器的热损失以吸热板和环境之间的温差来表述。

（4）集热器的内能增量

集热器的内能增量 Q_s 可用下式表示：

$$Q_s = (mc) \frac{\mathrm{d}T}{\mathrm{d}t} \tag{2-61}$$

式中　　(mc)——集热器的热容量，J/K；

　　　　T——集热器的温度，K；

　　　　t——时间，s。

稳态工况时，集热器的内能增量 Q_s 为 0，此时能量平衡方程为：

$$A_a (\tau\alpha)_{\mathrm{el}} I = c_p q_m (T_{\mathrm{out}} - T_{\mathrm{in}}) + A_a U_L (T_{\mathrm{f,i}} - T_a) \tag{2-62}$$

非稳态工况时，如早晨太阳升起，吸热板温度升高，集热器各部件将不断地吸热储能；反之，傍晚太阳落山，吸热板温度下降，集热器各部件将不断地放热释能。非稳态工况的能量平衡方程为：

$$A_a (\tau\alpha)_{\mathrm{el}} I = c_p q_m (T_{\mathrm{out}} - T_{\mathrm{in}}) + A_a U_L (T_{\mathrm{f,i}} - T_a) + (mc) \frac{\mathrm{d}T}{\mathrm{d}t} \tag{2-63}$$

2.2.2　性能评价

热性能是评价和选择集热器的一个重要依据，研究者们对集热器的研究基本上都围绕集热器热性能评价而展开。目前，对平板型集热器热性能的评价主要从能量性能、㶲性能两方面进行。

1. 能量性能分析

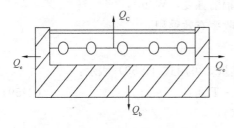

图 2-10　平板型集热器热损失示意图

基于热力学第一定律，依据式（2-62）的能量平衡方程，围绕平板型集热器的总热损失系数、效率因子、热转移因子及集热效率等主要指标参数，对其能量性能进行分析评价。

（1）总热损失系数

如图 2-10 所示，平板型集热器的总热损失由顶部、边缘及底部热损失三部分组成，即：

$$Q_L = Q_c + Q_e + Q_b \tag{2-64}$$

其中：

$$Q_c = A_c U_c (T_{\mathrm{f,i}} - T_a) \tag{2-65}$$

$$Q_e = A_e U_e (T_{\mathrm{f,i}} - T_a) \tag{2-66}$$

$$Q_b = A_b U_b (T_{\mathrm{f,i}} - T_a) \tag{2-67}$$

式中　　A_c、A_e、A_b——集热器的顶部、边缘及底部面积，m²；

　　　　U_c、U_e、U_b——集热器的顶部、边缘及底部热损失系数，W/(m²·K)。

1）底部及边缘热损失

平板型集热器的底部及边缘热损失通过隔热层及外壳以导热的方式传给环境，可简化为一维平壁导热：

$$Q_b = \frac{A_b \lambda}{\delta}(T_{f,i} - T_a)$$ (2-68)

由式（2-67）和式（2-68）联立得到：

$$U_b = \frac{\lambda}{\delta}$$ (2-69)

同理可得：

$$U_e = \frac{\lambda}{\delta}$$ (2-70)

边缘热损失的大小与平板型集热器的集热面积有关。对于 $30m^2$ 的集热面积，其边缘热损失只占底部和顶部热损失的 1%；对于 $2m^2$ 的集热器，则占 3%。所以，对较大型的平板型集热器可忽略其边缘热损失[7]。

2）顶部热损失

平板型集热器的顶部热损失主要是吸热板与透明盖板之间的辐射热损失和对流热损失、透明盖板与周围环境的对流热损失以及与天空的辐射热损失。顶部热损失系数可用下式表示：

$$U_c = \frac{1}{\dfrac{1}{h_{p\text{-}c} + h_{r,p\text{-}c}} + \dfrac{1}{h_w + h_{r,w\text{-}c}}}$$ (2-71)

式中　$h_{p\text{-}c}$ ——吸热板与透明盖板之间的对流换热系数，$W/(m^2 \cdot K)$；

$h_{r,p\text{-}c}$ ——吸热板与透明盖板的辐射换热系数，$W/(m^2 \cdot K)$；

h_w ——透明盖板与周围空气的对流换热系数，$W/(m^2 \cdot K)$；

$h_{r,w\text{-}c}$ ——透明盖板与天空的辐射换热系数，$W/(m^2 \cdot K)$。

（2）效率因子

集热器的效率因子定义为：在任意给定的位置上，集热器实际有用能量收益与设想集热器吸热板温度为工作流体温度时的有用能量收益之比。可用下式表示：

$$F' = \frac{1/U_L}{1/U_0} = \frac{U_0}{U_L}$$ (2-72)

式中　$1/U_L$ ——吸热板与环境之间的传热热阻，$m^2 \cdot K/W$；

$1/U_0$ ——工作流体与环境之间的传热热阻，$m^2 \cdot K/W$；

U_L ——吸热板到环境空气的散热系数，$W/(m^2 \cdot K)$；

U_0 ——工作流体到环境空气的散热系数，$W/(m^2 \cdot K)$。

不同结构的集热器，其效率因子是不一样的，对于一给定的设计良好的集热器，效率因子基本上是一个常数，如管板式平板型集热器，其效率因子为：

$$F' = \frac{1/U_L}{W\left[\dfrac{1}{U_L[D+(W-D)F]} + \dfrac{1}{c_b} + \dfrac{1}{\pi D_i h_{f,i}}\right]}$$ (2-73)

由上式可以看出，管板式平板型集热器的效率因子随管间距 W 的增大而减小，随材料的导热系数 λ 及厚度 δ 的增大而增大，随热损失系数 U_L 的增大而减小，随工作流体与

管壁的换热系数 $h_{f,i}$ 的增大而增大。

（3）热转移因子

由平板型集热器的能量平衡方程可得：

$$Q_U = c_p q_m(T_{out} - T_{in}) = A_a F_R[(\tau\alpha)_{el}I - U_L(T_{f,i} - T_a)] \tag{2-74}$$

式中，定义 F_R 为热转移因子：

$$F_R = \frac{c_p q_m}{A_a U_L}\left[1 - \exp\left(-\frac{A_a U_L F'}{c_p q_m}\right)\right] \tag{2-75}$$

热转移因子是集热器工作流体流经流体通道时温度不断升高情况下的有用能与工作流体处于流体通道入口温度下的有用能的比值，也可称为两者等量关系的修正系数，即假设工作流体处于流体通道入口温度情况下得到的有用能，将其修正到实际工作流体流经上升管时温度不断升高情况下得到的有用能。

由式（2-75）可以看出，平板型集热器的热转移因子不仅与平板型集热器的几何结构和传热特性有关，而且还受到工作流体的质量流量、比热容以及集热器面积的影响。热转移因子是综合反映吸热板的传热性能和工作流体对流换热对集热器热性能影响的无量纲参数。式（2-75）是评价平板型集热器热性能的一个很方便的计算式，因为工作流体的质量流量、进出口温度以及环境温度在实验中是很容易测得的。

（4）集热效率

平板型集热器的集热效率定义为：集热器的有用能量收益与投射到透明盖板的太阳辐射量之比。它是评价集热器热性能的一个重要指标，分为瞬时效率和平均效率两种。

1）瞬时效率

集热器的瞬时效率是针对真实时间而言的，用以考察集热器某一瞬间的热性能。根据定义，有：

$$\eta = \frac{Q_U}{A_a I} \tag{2-76}$$

将式（2-76）带入能量平衡方程可得平板型集热器的瞬时效率为：

$$\eta = F_R\left[(\tau\alpha)_{el} - U_L\frac{T_{f,i} - T_a}{I}\right] \tag{2-77}$$

集热器的瞬时效率是评价其热性能的主要依据。从公式中可以看出，平板型集热器的瞬时效率与透射率—吸收率乘积、总热损失系数、环境温度等密切相关，也就是说平板型集热器的热性能主要受这些参数的影响。

2）平均效率

集热器的瞬时效率只能反映其瞬时热性能。实际上，一段时间内的集热器效率才更能反映其热性能，这就需要用到平均效率，其定义式为：

$$\eta_m = \frac{\int_0^t Q_U \mathrm{d}t}{\int_0^t A_a I \mathrm{d}t} \tag{2-78}$$

通常情况下，集热器的平均效率是由实测数据求得的。例如，为了求得集热器的日平均效率，将试验当天划分为很多个时间段，测量每个时间段内集热器的有用能量收益和太阳辐射总能量。最后，采用求和的方法计算其平均日效率，即：

$$\eta_m \approx \frac{\sum_{i=0}^{n} \bar{Q}_{U,i}}{A_a \sum_{i=0}^{n} \bar{I}_i} \tag{2-79}$$

2. 㶲性能分析

能量性能是基于热力学第一定律，从量的方面评价集热器的性能，其从数量上表示了能量转换的水平，可以考虑利用㶲性能从质的方面来评价集热器。

㶲作为一种评价能量价值、衡量做功能力的参数，可以对热力过程和循环进行全面的热力学分析。基于热力学第二定律，下面根据㶲平衡方程来分析平板型集热器的㶲性能，给出平板型集热器的㶲效率表达式。

㶲定义为当系统或物质流或能量流与所处参考环境达到平衡时所能产生的最大功[8]。㶲平衡方程的一般形式为：

$$\dot{E}_{in} + \dot{E}_s + \dot{E}_{out} + \dot{E}_l = 0 \tag{2-80}$$

式中　$\dot{E}_{in}$、$\dot{E}_s$、$\dot{E}_{out}$、$\dot{E}_l$——分别为输入㶲、储存㶲、输出㶲、㶲损。

（1）输入㶲

输入㶲包括随工作流体流动的进口㶲和吸收的太阳辐射㶲两部分。工作流体流动的进口㶲为：

$$\dot{E}_{in,f} = q_m c_p \left[T_{in} - T_a - T_a \ln\left(\frac{T_{in}}{T_a}\right) \right] + \frac{q_m \Delta p_{in}}{\rho} \tag{2-81}$$

式中　Δp_{in}——集热器进口处与环境之间的压差，Pa。

吸收的太阳辐射㶲是基于 Petela 效率而言的，如式（2-82）所示：

$$\dot{E}_{in,Q} = Q_A \left[1 - \frac{4}{3}\left(\frac{T_a}{T_s}\right) + \frac{1}{3}\left(\frac{T_a}{T_s}\right)^4 \right] \tag{2-82}$$

式（2-82）中括号内是 Petela 效率 η_p，但是这个方程违反了太阳能系统的热力学第二定律。假设太阳是一个无限热源，修正后的方程为：

$$\dot{E}_{in,Q} = Q_A \left(1 - \frac{T_a}{T_s} \right) = (\tau\alpha)_{el} I A_a \left(1 - \frac{T_a}{T_s} \right) \tag{2-83}$$

式中　T_s——视在太阳温度，为 5770K，相当于太阳黑体温度的 75%。

（2）储存㶲

在稳态条件下，储存㶲为 0。

（3）输出㶲

输出㶲仅为工作流体流动的出口㶲：

$$\dot{E}_{out,f} = -q_m c_p \left[T_{out} - T_a - T_a \ln\left(\frac{T_{out}}{T_a}\right) \right] - \frac{q_m \Delta p_{out}}{\rho} \tag{2-84}$$

式中　Δp_{out}——集热器出口处与环境之间的压差，Pa。

（4）㶲损

㶲损由两部分构成，第一部分是由于吸热板向环境散热而损失的㶲：

$$\dot{E}_{l,\Delta T_a} = -U_L A_a (T_{f,i} - T_a) \left(1 - \frac{T_a}{T_{f,i}}\right) \tag{2-85}$$

第二部分是由于系统内部各个传热过程的不可逆而损失的㶲，由三个方面引起。一是由吸热板表面与太阳的温差所引起的：

$$\dot{E}_{l,\Delta T_s} = -Q_A T_a \left(\frac{1}{T_{f,i}} - \frac{1}{T_s}\right) = -(\tau\alpha)_{el} I A_a T_a \left(\frac{1}{T_{f,i}} - \frac{1}{T_s}\right) \tag{2-86}$$

二是由工作流体管道内的压降所引起的：

$$\dot{E}_{l,\Delta P} = -\frac{q_m \Delta P}{\rho} \frac{T_a \ln\left(\dfrac{T_{out}}{T_a}\right)}{T_{out} - T_{in}} \tag{2-87}$$

三是由吸热板表面与工作流体的温差所引起的：

$$\dot{E}_{l,\Delta T_f} = -q_m c_p T_a \left[\ln\left(\frac{T_{out}}{T_{in}}\right) - \frac{T_{out} - T_{in}}{T_{f,i}}\right] \tag{2-88}$$

（5）㶲效率

集热器的㶲效率定义为工作流体的㶲增与太阳辐射的输入㶲之比。从㶲效率的定义出发，结合以上方程，导出平板型集热器的㶲效率方程：

$$\eta_{ex} = \frac{\dot{E}_{out,f} - \dot{E}_{in,f}}{\dot{E}_{in,Q}} = \frac{q_m \left\{c_p \left[T_{out} - T_{in} - T_a \ln\left(\dfrac{T_{out}}{T_{in}}\right)\right] - \dfrac{\Delta P}{\rho}\right\}}{(\tau\alpha)_{el} I A_a \left(1 - \dfrac{T_a}{T_s}\right)} \tag{2-89}$$

2.2.3 平板型集热器的性能强化

传统平板型集热器普遍存在热效率低、热损失大等缺点，因此国内外学者针对这种集热器的效率提高开展了许多工作。当前，围绕平板型集热器的改进措施主要包括集热器结构的优化设计以及材料的合理选择。结构的优化设计涉及流道、工作流体、吸热板以及透明盖板四个方面。材料的选择包括选择高性能的吸收涂层和盖板涂层材料。

1. 集热器内流道的改进

（1）空气型集热器流道改进

平板空气集热器内部的换热效果是集热器热性能的重要影响因素，如何强化内部的换热成为提高集热器热效率的一大研究方向。目前，多数研究主要通过增加空气在集热器腔内的驻留时间、延长吸热板对空气的加热时间、提高集热器出口空气温度等方式改善该类集热器光热效率[9]。

将单通道集热器优化为双通道或多通道是一种常见的延长空气驻留时间的方法，如图 2-11 所示[10]。在该结构的基础上，通过加设换热翅片，可进一步提升集热器的热效率，

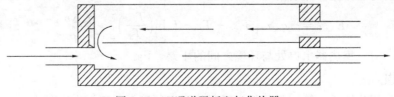

图 2-11 双通道平板空气集热器

如图 2-12 所示。该集热器在吸热板空气流道侧焊接翅片，通过传热翅片的设计强化空气与吸热板之间的换热性能，以降低平均板温，减小集热器热损，提升集热器性能[11]。

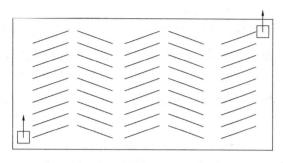

图 2-12　多流道式平板空气集热器

此外，对多通道集热器的进出口气流组织和翅片结构的优化可以改善其阻力性能和传热性能。如图 2-13 所示，将多流道式平板空气集热器的进出口改为联集箱加配风管的配风结构，原有的 S 折流式翅片结构改为平行直通式翅片结构，从而进一步强化了集热器的传热特性和气流的均匀性。

笔者胡建军对折流板型太阳能空气集热器（图 2-14）内部流动和传热特性进行了详细的数值模拟研究[12,13]，探讨了结构参数对集热效率的影响[14]，研究结果表明，折流板的引入可有效提高集热效率。但同时也发现，气流在挡流板末端发生 180°偏转时背侧形成显著分离涡，在背侧 90°内拐角处形成角隅涡，这两种类型的旋涡致使对应位置气流被持续加热，集热板温度分布产生明显不均，旋涡区域对应位置热损失严重，这已经成为限制该类型集热器效率提高的瓶颈。

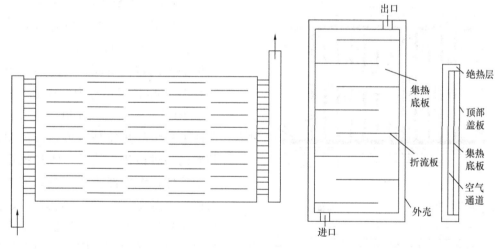

图 2-13　改进后的多流道式平板空气集热器　　　图 2-14　折流板型平板空气集热器

为了克服折流板引入带来的这一不利影响，进一步提升折流板型太阳能空气集热器性能，在不改变集热器整体结构的前提下，胡建军等[15]进一步提出在折流板上开设小孔，其目的：一是利用开孔射流加强折流板背侧空气的扰动和混合，吹除折流板后局部漩涡，抑制局部高温区形成，减少热损失；二是开孔形成的射流可以强化空气与集热板对流换热，致使更多热量进入空气，进而达到提高集热效率的目的。课题组采用正交数值试验的方法研究了开孔参数和入口流量参数对集热器效率的影响。结果表明：各开孔因素之间无明显交互作用，入口流量和开孔大小对集热器效率影响显著。最优折流板开孔参数组合与入口流量大小有关[16,17]。

但是，课题组随后研究又发现，集热器首腔因存在入口射流附壁效应，在首腔内形成大范围的旋涡，而该旋涡无法通过折流板开孔进行有效吹除，这成为制约集热效率进一步提高的重要因素。为改善首腔流动状况，胡建军等[18,19]提出在原始模型的基础上以窄化集热器首腔为核心，重新布置折流板位置，从而抑制首腔内旋涡生成，以期获得更高的集热效率。数值模拟与实验研究表明，该方法具有较稳定的优化效果，适合向不同应用领域、不同气候地区推广。此外，该课题组在腔内引入风扇用以消除腔室内的涡流区，通过制造旋流破坏涡流区，加强流体微团混合，抑制热斑的生成，以获得更高的集热效率[20,21]。

太阳能空气集热器工作一段时间后，含尘气流从内部通过，内部积灰不可避免。胡建军等人[22]提出将脉动流引入平板型太阳能空气集热器，通过增加壁面切应力延缓集热器内部积灰速率，提升其长期工作性能。数值模拟结果表明，脉动流的引入，延缓了积灰速率、减小了积灰厚度，对集热效率的提升有显著的作用。

在夏季，建筑中的空气型平板集热器经常被闲置；而水型集热器在冬季则会出现结冰现象。因此，一些研究者通过对平板型集热器内部结构的改进，使集热器实现同时加热水和空气两种功能。季杰等[23]提出一种新型的平板型集热器，该集热器内部采用新型"L"形翅片结构，通过对吸热板两侧流道的设计，将两种功能有效结合在一个集热器中，形成双效平板型集热器，如图2-15所示。

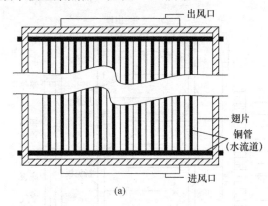

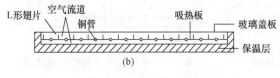

图2-15　双效平板型集热器
(a) 集热器俯视图；(b) 集热器横截面

（1）空气流体

针对空气流体，有多种改进措施，包括采用冲击射流和设置外加电场等。Choudun等[24]提出新思路，即利用射流冲击作用可以改善集热器的热性能。结果表明，喷射集热器的效率优于传统的集热器，并获得了集热器的最佳几何形状和运行参数。

Wang等[25]设计了一种平面网格电极，研究了均匀直流电场下液氮的沸腾。了解到在

（2）液体型集热器流道改进

一些研究者发现，当流体通道的水力直径在3mm以下或以上时，内部流体的流动特性不同，因此将水力直径小于3mm的通道称为微通道，大于3mm的通道称为宏观通道。微通道太阳能平板型集热器是对传统液体型集热器的一种改进，其吸热体和流道为一个整体，无外部肋片。微通道结构可以减小传统管板式流道的截面尺寸，使流体速度减慢，从而延长了工作流体吸收热能的时间。同时，微通道矩形截面能增大吸热板与工作流体的热传导面积，具有较好的热性能。

2. 工作流体的改进

电场作用下，沸腾传热系数比没有电场时高了 50%。池内的沸腾程度在 40kV 时，沸腾传热的临界热流密度提高后也能改善沸腾滞后现象。

（2）液体流体

液体流体的改进措施主要包括在集热器中加入热管元件以及采用纳米流体替代传统流体等。

为解决传统平板型热水集热器在寒冷地区应用时的冻结问题，众多学者提出了将其与热管相结合的热管式平板型集热器，有效扩大了太阳能集热器的应用范围，提高了太阳能的综合利用效率。传统的平板型热水集热器的传热方式仅仅是管内的对流传热，而加入热管后，其传热过程变成了蒸发—凝结—对流的复杂相变传热过程。研究表明，相较于传统的平板型热水集热器，热管式平板型热水集热器具有显著的优势，包括工作流体流量稳定、集热器出口温度较高、热效率高、防冻性能好等。热管的结构和工作原理对热管式平板型集热器的性能和应用有很大影响。根据结构不同，热管可分为整体式热管、环路热管、脉动热管等，不同的热管与平板型集热器的结合构成不同类型的热管式平板型集热器。

除了与热管技术相结合，另有一些学者提出用纳米流体替代传统流体。纳米流体具有优良的太阳辐射吸收特性，通过调控太阳能与纳米粒子的相互作用过程，可有效提高太阳能的吸收能力，强化太阳能的利用效率。Tyagi 等[26] 研究了粒子体积浓度为 $0.1\% \sim 5\%$ 的 $Al-H_2O$ 纳米流体的平板型集热器效率。结果表明，粒子体积浓度小于 1% 时，集热器的效率明显提高。与传统的平板型集热器相比，纳米流体集热器热效率提高了 10%。

3. 吸热板的改进

吸热板是平板型集热器的关键部件，其几何结构、表面涂层等特性参数均会影响集热器的吸热和热损特性，进而对集热器的整体热性能产生影响。因此，国内外学者主要针对这两方面对吸热板进行改进。

（1）吸热板涂层的改进

吸热板的选择性吸收涂层是太阳能光热转化技术的核心，其主要作用是使吸热板最大限度地吸收太阳辐射能并将其转换成热能。为了提高集热器的热效率，需要选择合适的吸收涂层，许多国家都在努力研究制备成本低廉、工艺简单、稳定性好、耐候性强、吸收率高、热发射率低的吸收涂层。

金属陶瓷作为由陶瓷结构中的金属颗粒组成的材料，被广泛用作太阳能选择性吸收材料。Yin 等[27] 利用直流溅射法沉积 $Cr-Cr_2O_3$ 陶瓷作为选择性吸收涂层，研究表明，该涂层具有较高的热性能，太阳能吸收率在 $0.92 \sim 0.96$ 之间，发射率在 $0.05 \sim 0.08$ 之间。

Ding D 等[28] 采用磁控溅射法制备了一种新型 $Cu-CuAl_2O_4$ 选择性吸收涂层，其特点是从表面到底部存在折射率不断增加的梯度层。该涂层在 24h、200℃ 处理后吸收率由 0.923 降到 0.86。同样，Antonaia A 采用磁控溅射法在不锈钢基底上镀 W 涂层，然后镀 W 含量渐变的 W/Al_2O_3 涂层，最后在表面镀 Al_2O_3 减反射陶瓷层。该涂层经过 2d、580℃ 真空退火后，吸收率由 93.9% 下降到 93.7%。研究表明，涂层吸收率下降是由于冷凝造成的，冷凝会导致涂层表面开裂，从而导致涂层吸收率下降，但采用磁控溅射法制备的涂层在冷凝后仍具有较高的吸收率。

（2）吸热板结构的改进

近年来，对吸热板结构的改进也是学者们研究的重点之一。传统的平板型集热器吸热板为平板状，后期一些学者研发出 V 形、波纹形、凹槽形等多种吸热板形状，以增加集热腔内的空气扰动，提高换热性能。研究表明，这些吸热板结构可以使太阳光线在吸热板内多次反射，使得吸热板中的太阳吸收率增加。

Li 等[29]对采用正弦波纹、V 形和普通板式吸热板的平板型空气集热器进行了比较研究。实验是在相同辐射时间下进行的，测定了集热器的效率并进行了比较。结果表明，吸热系数、压降和性能系数随吸热板表面积的增大而增大。Karim 等[30]具体研究了 V 形槽平板空气集热器的热工性能。其实验结果表明，与传统平板型集热器相比，V 形槽集热器的热效率更高。

渗透式平板空气集热器采用冲击射流原理破坏层流底层、提高湍流强度，从而延长了空气与吸热板的接触时间，提高了吸热板的表面传热系数，大大增强了对流换热效果，提高了其热效率。但吸热板大多采用圆孔结构，这种结构的吸热板往往存在空气流动阻力大等问题。

上述结果证明了适当变化吸热板的形式的确可以改善集热器的热性能，并且改善的程度主要取决于腔内空气流速，不同的空气流速在不同的吸热板形式下也具有不同的最佳值[31]。

此外，增加吸热板的人工粗糙度也可以强化吸热板与空气之间的换热。为了获得较高的对流换热系数，换热面上的流动最好是紊流流动。但在产生紊流破坏层流底层的同时，不应扰动芯流，以免造成过大的损失，这可以通过增加吸热板的人工粗糙度来实现。增加人工粗糙度可以减小流体黏滞底层的厚度，使传热阻力降低，进而提高吸热板与空气之间的换热。

有关粗糙度的研究，国内外学者做出许多工作。Saini[32]将金属网铺设在吸热板表层，然后对集热器矩形管道中的流体流动进行了实验研究。其结果显示，相比较于光滑管道，铺设金属网的集热器的传热量可以提高 4 倍。Li 等[33]则提出了一种新颖的正弦波纹与凸包相结合的复合吸热板。在研究过程中，他们提出了四种类型的集热器、分别为传统平板型集热器、正弦波纹板集热器、凸包板集热器，带有凸包的正弦波纹状板集热器。经过分析和实验研究，其结果显示带有凸包的正弦波纹状板集热器由于具有较大的换热面积，大大增加了传热，并且凸包的存在提高了吸热板的粗糙度，进一步提高了对流换热，所以其热效率最高。Kumar 等[34]为提高吸热板粗糙度，将吸热板上设置 S 形肋，经过实验研究，发现相较于光滑的吸热板，通过在太阳能集热器中设置人为的粗糙度，可以显著提高传热和摩擦系数。

4. 透明盖板的改进

大多数平板型集热器向外界环境的散热损失中有 70%～80%都是由集热器顶部热损失形成的。传统的平板型集热器普遍存在透明盖板热损失大的缺点，严重影响了集热器的性能。为了提高透明盖板的热性能，研究者从透明盖板涂层和结构两个方面分别对其进行了改进。

（1）透明盖板涂层的改进

这方面主要是在透明盖板上使用低发射率、高透射率涂层。适用于透明盖板的涂层主要有银、铜和金等金属以及氧化锡或氧化锌等金属氧化物。Foste 等[35]研究了两种涂层材料（掺铝氧化锌 AZO 和掺锡氧化铟 ITO）对双层透明盖板的平板型集热器性能的影响。他们发现 ITO 比 AZO 具有更高的耐化学性和更低的发射率，但 AZO 具有较好的生态特性和经济效益。

Giovannetti 等[36]设计了一种由透明导电氧化物（TCO）制成的低发射率和高透射率的新型玻璃涂层。研究发现，这种涂层提高了单层和双层透明盖板集热器的热效率。Yoldas[37]在透明盖板表面使用多孔氧化铝膜，研究表明该膜可显著降低盖板的反射率。此外，孔隙的存在还降低了折射率。

（2）透明盖板结构的改进

为了提升透明盖板的保温性，降低其与吸热板间的热损失，众多学者提出了针对盖板结构的一系列改进措施。首先是通过改变透明盖板的导热特性来减少集热器腔体的散热。这方面包括通过变化集热器盖板层数以及向盖板之间填充介质以减少腔体通过盖板向外界的散热。Dowson M 等[38]将填充有高性能气凝胶隔热材料的轻质聚碳酸酯盖板代替传统的玻璃盖板，即通过降低集热器盖板的传热系数进而减少散热，最终提高集热器的热性能。

另外，PCM-蜂窝结构盖板及蓄热结构同样可以有效减少集热器通过盖板向外散失的热量，蜂窝结构可以为百叶窗状或方形。张志强等[39]设计了薄壁玻璃管为蜂窝单元的透明玻璃蜂窝盖板，通过对玻璃管孔径、高宽比等参数的变化，探讨对集热器效率提高最显著的一种结构的蜂窝盖板。其实验结果显示，蜂窝高宽比小则光透过率高，因此集热器效率高，反之亦然。同样，MesutAbuşka 等[40]利用 PCM 蜂窝结构作为集热器的蓄热材料以提高集热器的热效率。实验过程中，分别对比无蓄热材料、仅以 PCM 作为蓄热材料以及以 PCM 蜂窝结构作为蓄热材料的集热器的性能。实验结果显示，利用 PCM 蜂窝结构作为集热器的蓄热材料可以有效提高集热器的光热性能。

2.3　真空管集热器

2.3.1　结构及原理

1. 结构及基本工作原理

早在 20 世纪初，就有人提出采用抽真空的双层玻璃管制作高效率的太阳能集热器。随着真空技术的发展，这一设想最终得以实现，并得到长足发展。真空管集热器由平行的真空玻璃管构成，每个真空管由两个管组成，一个是内管，一个是外管。内管的管壁涂有选择性吸收涂层，外管为透明玻璃，其结构如图 2-16 所示。

太阳辐射穿过外玻璃管，到达

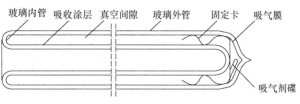

图 2-16　真空管集热器结构示意图

吸热管外表面，外表面上的吸收涂层吸收太阳辐射热量后通过导热传递给吸热管内表面，内表面与工作流体进行对流热交换，内管与外管都具有低反射特性。为了使热量尽可能多地存在于内管内，内外管之间抽成真空，允许太阳辐射通过，但不允许热量通过对流向外传递。内管外表面与外管内表面之间的辐射换热、外管内外表面的导热、外管外表面与周围环境的对流及辐射换热等构成集热器的各种热损失[41]。

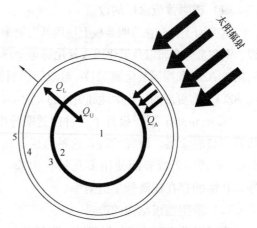

图 2-17 真空管集热器能量平衡关系
1—工作流体；2—吸热管内壁；3—吸热管外壁；
4—玻璃管内壁；5—玻璃管外壁

2. 能量平衡关系

真空管集热器能量平衡关系如图 2-17 所示，和平板型集热器大致相同。真空管集热器的外玻璃管相当于平板型集热器的透明盖板，而内吸热管相当于平板型集热器的吸热板。根据能量守恒定律，单根集热管的能量平衡方程为：

$$Q_A = Q_U + Q_L + Q_S \qquad (2-90)$$

式中　Q_A ——投射到集热管上的太阳辐射量，W；

$\quad\quad Q_U$ ——集热管的有用能量收益，W；

$\quad\quad Q_L$ ——集热管向环境散失的能量，W；

$\quad\quad Q_S$ ——集热管的内能增量，W。

（1）投射到集热管上的太阳辐射量

投射到集热管的太阳辐射量由入射太阳直射辐射、直射辐射的反射辐射、散射辐射以及散射辐射的反射辐射四个部分构成。

1）入射太阳直射辐射

入射太阳直射辐射可由式（2-91）得到：

$$I_{BT} = (\tau\alpha)_{el} C(\Omega) I_{BN} \cos\theta_i \qquad (2-91)$$

式中　I_{BN} ——法线直射辐射强度，W/m²；

$\quad\quad \theta_i$ ——直射辐射对集热管的入射角，°；

$\quad C(\Omega)$ ——屏遮系数，即考虑相邻集热管之间对入射阳光的遮挡。

入射角 θ_i 的计算与集热管的布置方式密切相关。若集热管南北向布置，有：

$$\cos\theta_i = \{1 - [\sin(\beta-\varphi)\cos\delta\cos\omega + \cos(\beta-\varphi)\sin\delta]^2\}^{\frac{1}{2}} \qquad (2-92)$$

若集热管东西向布置，则有：

$$\sin\theta_i = |\cos\delta\sin\omega| \qquad (2-93)$$

屏遮系数 $C(\Omega)$ 取决于屏遮角 Ω。如图 2-18 所示，屏遮角 Ω 定义为阳光入射线在集热管横截面上的投影与集热器板面法线方向的夹角。随着入射角的增大，当 $\Omega > \Omega_0$ 时，相

邻集热管之间开始产生入射阳光的遮挡，Ω_0
称为临界屏遮角，有：

$$|\Omega_0| = \arccos\left(\frac{D_3 + D_5}{2B}\right) \quad (2\text{-}94)$$

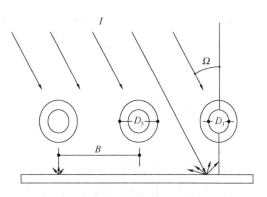

图 2-18　真空管集热器横截面示意图

由此可知，Ω 的计算也与集热管的布置
方式有关。若集热管南北向布置，有：

$$\Omega = \arccos\left(\frac{\cos\theta_c}{\cos\theta_i}\right) \quad (2\text{-}95)$$

式中　θ_c——太阳直射辐射对集热板面的
　　　　入射角，°。

若集热管东西向布置，则有：

$$\Omega = \left|\arccos\left(\frac{\sin\alpha}{\cos\theta_i}\right) - \beta\right| \quad (2\text{-}96)$$

式中　α——太阳高度角，°；

β——集热器的安装倾角，°。

当 $|\Omega| \leqslant |\Omega_0|$ 时，$C(\Omega) = 1$；当 $|\Omega| > |\Omega_0|$ 时，$C(\Omega) = \dfrac{B}{D_3}\cos\Omega + \dfrac{1}{2}\left(1 - \dfrac{D_5}{D_3}\right)$。

2）直射辐射的反射辐射

直射辐射的反射辐射是指太阳直射辐射从管隙间投射到集热板底面漫反射板上，再经
反射到达集热管上的太阳辐射，有：

$$I_{BR,t} = (\tau\alpha)_{60°}\frac{W}{D_5}\rho_d F_{d,t}\, I_{BN}\cos\theta_c \quad (2\text{-}97)$$

式中　$(\tau\alpha)_{60°}$——散射辐射的平均入射角取 $60°$ 时的 $(\tau\alpha)$ 值；

$F_{d,t}$——光带对集热管的角系数，当 $B = 2D_5$ 时，$F_{d,t} = 0.6 \sim 0.7$；

ρ_d——集热器底面漫反射的反射率；

W——太阳直射辐射通过集热管间隙入射到反射板上的光带宽度，且有：

$$W = B - \frac{D_5}{\cos\Omega} \quad (2\text{-}98)$$

3）散射辐射

集热管上表面接收到的散射辐射强度为：

$$I_{D,t} = \pi(\tau\alpha)_{60°} F_{t,s}\, I_D \quad (2\text{-}99)$$

式中　$F_{t,s}$——集热管对天空的角系数，当 $B = 2D_5$ 时，$F_{t,s} \approx 0.43$；

I_D——太阳散射辐射强度，W/m^2。

4）散射辐射的反射辐射

散射辐射的反射辐射是指太阳散射辐射从管隙间投射到集热器底面漫反射板上，再经
反射到达集热管上的太阳散射辐射，有：

$$I_{DR,t} = \pi(\tau\alpha)_{60°}\rho_d\, F_{t,s}F_{d,t}\, I_D \quad (2\text{-}100)$$

式中　$F_{d,t}$——太阳散射辐射光带对集热管的角系数，当 $B = 2D_5$ 时，$F_{d,t} \approx 0.34$。

这样，投射到集热管上的太阳总辐射强度为以上四部分之和，即：

$$I_{te} = (\tau\alpha)_{el} C(\Omega) I_{BN} \cos\theta_i + \left[\frac{W}{D_5} \rho_d F_{d,t} I_{BN} \cos\theta_c + \pi F_{t,s} (1 + \rho_d F_{d,t}) I_D \right] (\tau\alpha)_{60°}$$

(2-101)

所以，投射到单根集热管上的太阳辐射总量为：

$$Q_A = \pi D_3 L I_{te}$$

(2-102)

式中　L——集热管长度，m。

（2）集热管的有用能量收益

吸热管内的工作流体吸收的太阳辐射量即为集热管的有用能量收益，可由下式确定：

$$Q_U = KA(T_2 - T_3)$$

(2-103)

式中　Q_U——吸热管中工作流体吸收到的热量，W；

　　　K——吸热管的传热系数，W/(m^2·K)；

　　　A——吸热管的表面积，m^2；

　T_2、T_3——吸热管内外层表面的温度，K。

这个传热过程包括吸热管外表面到内表面、内表面到工作流体两个环节。在稳态工况下，每个传热环节的热量 Q_U 是固定不变的。每个环节的温度差可用以下公式表示：

$$T_3 - T_2 = \frac{Q_U}{2\pi\lambda_{2\text{-}3} l} \ln\frac{D_3}{D_2}$$

(2-104)

$$T_2 - T_1 = \frac{Q_U}{h_{1\text{-}2} \pi D_2 l}$$

(2-105)

将两式进行联立可得到：

$$Q_U = \frac{\pi L (T_3 - T_1)}{\dfrac{1}{h_{1\text{-}2} D_2} + \dfrac{1}{2\lambda_{2\text{-}3}} \ln\dfrac{D_3}{D_2}}$$

(2-106)

式中　T_1——吸热管内工作流体的平均温度，K；

　　$\lambda_{2\text{-}3}$——吸热管的导热系数，W/(m·K)；

　D_2、D_3——吸热管的内径与外径，m；

　　　L——集热管长度，m；

　　$h_{1\text{-}2}$——吸热管内表面与工作流体的对流换热系数，W/(m^2·K)。

$$h_{1\text{-}2} = \frac{\lambda_f}{D_2} Nu_f$$

(2-107)

Nu_f 在计算时，定性温度采用工作流体的平均温度，特征长度取吸热管内径 D_2。

集热管的有用能量收益也可以由工作流体的进出口温度得到：

$$Q_U = q_m c_p \Delta T = q_m c_p (T_{out} - T_{in})$$

(2-108)

式中　q_m——工作流体的质量流量，kg/s；

　　　c_p——工作流体的定压比热容，J/(kg·K)；

　T_{in}、T_{out}——集热管中工作流体的进出口温度，K。

（3）集热管向环境散失的能量

根据前文所述，集热管向环境散失的能量包括内外管之间的辐射换热、外管内外表面的导热、外管外表面与周围环境的对流及辐射换热几个方面。下面分别对各方面进行阐述。

1）内外管之间的辐射换热

内吸热管与外玻璃管之间的辐射换热量可由下式计算：

$$Q_{3,4} = \frac{\sigma(T_3^4 - T_4^4)}{\dfrac{1}{\varepsilon_3} + \dfrac{D_3}{D_4\left(\dfrac{1}{\varepsilon_4} - 1\right)}} \cdot \pi D_3 L = \frac{T_3 - T_4}{R_r} \tag{2-109}$$

式中　σ——斯蒂芬—玻尔兹曼常数，$\sigma = 5.67 \times 10^{-8}\,\mathrm{W/(m^2 \cdot K^4)}$；

　　　D_3——内吸热管外径，m；

　　　ε_3——内吸热管外表面的发射率，$\varepsilon_3 = 0.00042\,T_3 - 0.0995$；

　　　ε_4——外玻璃管内表面的发射率；

　　　T_3——内吸热管外表面的温度，K；

　　　T_4——外玻璃管内表面的温度，K；

　　　R_r——内外管之间的辐射换热热阻。

$$R_r = \left[\pi D_3 L \sigma (T_3^2 + T_4^2)(T_3 + T_4)\right]^{-1} \left[\frac{1}{\varepsilon_3} + \frac{D_3}{D_4\left(\dfrac{1}{\varepsilon_4} - 1\right)}\right] \tag{2-110}$$

2）外管内外表面的导热

外玻璃管内外表面之间的导热量可由下式计算：

$$Q_{4,5} = \frac{2\pi L \lambda_g}{\ln\left(\dfrac{D_5}{D_4}\right)}(T_4 - T_5) = \frac{T_4 - T_5}{R_g} \tag{2-111}$$

式中　T_4——外玻璃管内表面温度，K；

　　　T_5——外玻璃管外表面温度，K；

　　　λ_g——$(T_4 + T_5)/2$ 温度下外玻璃管的导热系数，$\mathrm{W/(m \cdot K)}$；

　　　D_4——外玻璃管内径，m；

　　　D_5——外玻璃管外径，m；

　　　R_g——外管内外表面导热热阻。

$$R_g = \frac{\ln\left(\dfrac{D_5}{D_4}\right)}{2\pi L \lambda_g} \tag{2-112}$$

3）外管外表面与周围环境的对流及辐射换热

外玻璃管外表面与周围环境的对流及辐射换热量可由下式计算：

$$Q_{5,a} = \pi D_5 L\left[\bar{h}(T_5 - T_a) + \sigma \varepsilon_5 (T_5^4 - T_a^4)\right] = \frac{T_5 - T_a}{R_c} \tag{2-113}$$

其中：

$$\bar{h} = \frac{\lambda_a}{D_5} Nu \tag{2-114}$$

式中　$\bar{h}$ ——外管与环境的对流换热系数，W/(m²·K)；

$\quad\quad \lambda_a$ ——空气的导热系数，W/(m·K)；

$\quad\quad Nu$ ——努塞尔数；

$\quad\quad \varepsilon_5$ ——外玻璃管外表面的发射率；

$\quad\quad R_c$ ——外管外表面与周围环境的对流及辐射换热热阻。

$$R_c = \{\pi D_5 L[\bar{h} + \sigma\varepsilon_5(T_5^2 + T_a^2)(T_5 + T_a)]\}^{-1} \tag{2-115}$$

集热管通过这三部分向环境散失能量，一般计算式为：

$$Q_L = \pi D_3 L U_L (T_3 - T_a) \tag{2-116}$$

式中　U_L ——集热管的热损失系数，W/(m²·K)。

(4) 集热管的内能增量

集热管的内能增量与平板型集热器相同，可用下式表示：

$$Q_S = (mc)\frac{\mathrm{d}T}{\mathrm{d}t} \tag{2-117}$$

稳态工况时，集热管内能增量 Q_S 为 0，此时能量平衡方程为：

$$\pi D_3 L I_{te} = q_m c_p (T_{out} - T_{in}) + \pi D_3 L U_L (T_3 - T_a) \tag{2-118}$$

非稳态工况时，能量平衡方程为：

$$\pi D_3 L I_{te} = q_m c_p (T_{out} - T_{in}) + \pi D_3 L U_L (T_3 - T_a) + (mc)\frac{\mathrm{d}T}{\mathrm{d}t} \tag{2-119}$$

2.3.2　性能评价

真空管集热器的结构及换热方式与平板型集热器不同，因此其能量和㶲性能计算方法显著不同。

1. 能量性能分析

(1) 总热损失系数

根据上一节的能量平衡方程，集热管通过三部分向环境散失能量，相当于从内管外壁经过三个串联热阻 R_r、R_g、R_c 向环境散热，于是有：

$$Q_L = \frac{T_3 - T_a}{R_r + R_g + R_c} \tag{2-120}$$

将式 (2-120) 与式 (2-116) 联立可得：

$$U_L = \frac{1}{\pi D_3 L (R_r + R_g + R_c)} \tag{2-121}$$

(2) 集热器效率

根据定义，集热器的效率为集热器的有用能量收益与入射太阳辐射总量之比，即：

$$\eta = \frac{Q_U}{BLI} = \frac{D_3}{B}\frac{I_{te}}{I} - \frac{\pi D_3 U_L}{B}\frac{T_3 - T_a}{I} \tag{2-122}$$

式中　B ——真空管集热器中集热管的节距。

式 (2-122) 等号右边第一项为真空管集热器的光学效率，第二项为热效率。真空管集热器中的集热管在理论上可以是东西向布置，也可以是南北向布置。由于布置方式的不同，在一天中不同的时区，集热管对入射太阳辐射的吸收显然有很大的不同。为了研究不同布置方式对集热器效率的影响，假设工作流体的入口温度为环境温度，即 $T_{in} = T_a$，在不同的 θ_c 下，实测两种不同布置方式的真空管集热器的效率，比较其结果，引入一个新的比例常数 $K_{(\tau\alpha)}$，有：

$$K_{(\tau\alpha)} = \frac{\eta_c}{\eta_0} \tag{2-123}$$

式中　η_0——正午（$\theta_c = 0$）时实测的集热器效率；

η_c——任意时刻实测的集热器效率。

结果表明，当集热管南北向布置时，早晚时段效率相对高一些，这是因为集热管为圆面，有自跟踪特性；相反，东西向布置时，则要低一些，这时阳光为倾斜入射，集热管上接收的太阳辐射强度要低不少。一般 10：00 过后，不管哪种布置，实测结果都逐渐趋于一致。应该说，在其他条件不变的情况下，上、下午的集热状态是完全对称的。

以上分析表明，通常情况下，南北向布置的真空管集热器，其平均集热效率要高于东西向布置的。但反映到真空管热水器上，这种差别要小得多。因为，集热管东西向布置的太阳能热水器有其特有的优点，即在相同的情况下，其每天实际的有用能量收益要比南北向布置的热水器高出 $10\% \sim 15\%$，这是一个可观的数字，此外其防冻性能更好。

2. 烟性能分析

基于热力学第二定律，真空管集热器的烟性能分析可以参考平板型集热器。

根据烟平衡方程 [式 (2-80)]，太阳辐射的输入烟为：

$$\dot{E}_{in,Q} = \pi D_3 L I_{te} \left(1 - \frac{T_a}{T_s} \right) \tag{2-124}$$

吸热管外表面向环境散热所引起的烟损为：

$$\dot{E}_{l,\Delta T_a} = -U_L \pi D_3 L (T_3 - T_a) \left(1 - \frac{T_a}{T_3} \right) \tag{2-125}$$

吸热管外表面与太阳之间的温差所引起的烟损为：

$$\dot{E}_{l,\Delta T_s} = -\pi D_3 L I_{te} T_a \left(\frac{1}{T_3} - \frac{1}{T_s} \right) \tag{2-126}$$

吸热管与工作流体之间的温差所引起的烟损为：

$$\dot{E}_{l,\Delta T_f} = -q_m c_p T_a \left[\ln\left(\frac{T_{out}}{T_{in}} \right) - \frac{T_{out} - T_{in}}{T_3} \right] \tag{2-127}$$

根据烟效率的定义，结合平板型集热器的烟效率方程，得出真空管集热器的烟效率方程为：

$$\eta_{ex} = \frac{q_m \left\{ c_p \left[T_{out} - T_{in} - T_a \ln\left(\frac{T_{out}}{T_{in}} \right) \right] - \frac{\Delta P}{\rho} \right\}}{\pi D_3 L I_{te} \left(1 - \frac{T_a}{T_s} \right)} \tag{2-128}$$

2.3.3 真空管集热器的性能强化

随着真空管集热器在太阳能热水系统的普遍应用，集热器热效率的提高及其参数的优化就越来越重要。因此，国内外学者在真空管集热器性能提高方面做了很多改进。目前，围绕真空管集热器的改进措施主要包括吸热管、工作流体、引入蓄热手段三个方面。

1. 吸热管的改进

真空管集热器的吸热管相当于平板型集热器的吸热板，是集热器的关键部件，其结构与表面涂层特性会直接影响集热器吸收的太阳辐射量。因此，国内外学者主要从结构和表面吸收涂层两个方面进行改进。

(1) 结构的改进

传统的真空管集热器的吸热管传热速率低、热效率较差。有学者将吸热管改为多种形式，如热管式、U形管式、直通式等。

热管式真空管集热器是在吸热管中插入热管。太阳辐射穿过真空管集热器外玻璃管，投射在内吸热管表面的选择性吸收涂层上并转化为热能，热管蒸发段内的传热介质受热气化，介质蒸汽蒸发进入到热管冷凝段，通过套管导热将热量传递给集热器联集箱内的工作流体，热管内介质蒸汽冷凝成液体依靠自身重力流回热管蒸发段，集热器周而复始重复上述过程。热管式真空管集热器在传统真空管集热器的基础上进一步提高了集热温度和热效率，国内外学者对其进行了大量研究。

在热管式真空管集热器的基础上，Wang 等[42]开发了一种微热管阵列的真空管集热器。该集热器采用微热管阵列作为吸收元件，并将吸收涂层涂覆到含有导热胶的微热管阵列上，微热管阵列的高导热性和真空管的隔热性可显著提高集热器的平均热效率，降低其压力损失。

传统的真空管集热器承压能力较低，且单管破裂会影响系统整体运行。一些学者提出一种U形管式真空管集热器，如图 2-19 所示。这种集热器是在吸热管内安装了一根U形铜管，由于吸热管内无水，不会因为一支真空管破损而影响系统的运行，从而大大提高了系统运行的可靠性，更适用于闭式承压系统。

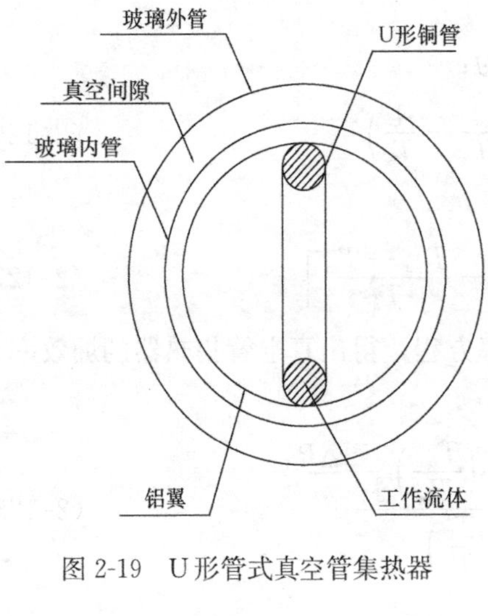

童逸杰[43]在 U 形管式真空管集热器的基础上设计了一种新型的 U 形管集热器。常规的 U 形管集热器的 U 形管只有小部分处在恒定热流之下，而该新型集热器使得 U 形管被铜翅片包围，从而使其 U 形管完全处于恒定的热流之下。研究表明，该新型集热器能够充分收集太阳辐射能，在低耗费的情况下能提供更高的工作效率，且可以减少环境污染。

直通式真空管集热器是一种新型的真空管集热器，与传统的真空管集热器的不同之处在于其内吸热管和外玻璃管的两端均熔封在一起，没有

图 2-19 U形管式真空管集热器

自由端。这种结构的两端便是工作流体管道接口，可以灵活地进行组合和安装。

除了上述结构的改进，在集热器内部加入各种元件同样可以提高集热器的性能。Teles 等[44]在玻璃外管的内表面插入反射膜，且将内吸热管置于外玻璃管内偏心位置。研究数据表明，加设反射膜有助于保持吸热管温度均匀，并降低热应力。偏心率的引入产生了聚焦效应，有助于提高工作流体的出口温度，降低集热系统的质量。

真空管集热器内部的真空可阻止内吸热管与外玻璃管之间的对流换热，但无法阻挡吸热管与外玻璃管之间的辐射热损失。为减少吸热管与外玻璃管之间的辐射热损失，有研究者提出在集热器内部加设遮热板。钟帅等[45]采用㶲分析的方法对有无遮热板的热管式真空管集热器进行研究。研究表明，增加遮热板可显著提高集热器的㶲效率，主要原因是增加遮热板使得吸热管和外玻璃管的辐射不可逆性损失大幅下降。

更有研究者通过在真空管集热器内部加设复合抛物面聚光器（CPC）的方式，以采集更多的太阳辐射能，进而提高真空管集热器的集热效率。CPC 型热管真空管集热器，由于接受体和 CPC 反光板之间存在缝隙而造成大量漏光损失，王俊等[46]设计了一种可以减少漏光损失和热损的新 V 形 CPC 反光板，从而开发出一种新 V 形 CPC 热管式真空管集热器。

（2）吸收涂层的改进

对吸热管吸收涂层的改进也是进一步提升真空管集热器性能的一种有效方式。真空管集热器的热量来源于真空内吸热管涂层吸收太阳辐射的能量转换，涂层的物理特性直接影响了集热器的热效率。Ssz A 等[47]提出了 $TiC-TiN/Al_2O_3$ 作为真空管集热器吸收涂层，研究表明，这种涂层在 82℃时具有较高的吸收率和较低的发射率，能量转换效率较高，且具有较强的热稳定性。

针对丙烯酸树脂制成的非玻璃真空管集热器，Chen 等[48]在塑料管表面涂覆一层很薄的阻气氧化锌涂层，以减少气体渗透。他们比较了非玻璃真空管集热器和玻璃真空管集热器的稳态温度，以评价在太阳能集热器中使用塑料管的可能性。他们发现，对于非玻璃等材料的真空管集热器，在连续流动状态下，其自然对流换热量可提高 15%。

2. 工作流体的改进

除了对吸热管结构以及吸收涂层的改进以外，工作流体热物性对真空管集热器的性能也有很大影响。真空管集热器最常用的工作流体为水，导热系数相对较低。因此，采用纳米流体替代传统工作流体是一种提高集热器性能的措施。

目前，真空管集热器中大多数纳米流体都是水基的，含有 TiO_2、CuO 和 Al_2O_3 纳米颗粒，其他类型的纳米颗粒包括 CeO_2、WO_3、Ag、GNP 和 Cu 等也有被使用[49]。

3. 储热方式的改进

为了应对太阳能供应与用户需求间的不匹配问题，热能储存是一种有效的解决方式。当前，太阳能集热系统大多采用显热储热的方式，即采用储热水箱作为储热装置。传统储热水箱储热密度低、容积大且热损失严重。相比之下，相变储热因其单位体积储热量大、储释热过程中温度变化小等优点逐步被研究者重视。

真空管集热器中常用的相变材料包括石蜡、硬脂酸、十二水硫酸铝铵、赤藓糖醇等。

研究表明，采用相变材料可显著提高集热器的热效率。在实际工程中应根据使用温度范围选择合适的相变材料，但部分相变材料存在导热系数低、稳定性差、具有腐蚀性和过冷度，以及泄漏等问题。

2.4 聚焦型集热器

2.4.1 结构及原理

传统的平板型集热器和真空管集热器的特点是可直接采集太阳辐射，但由于太阳辐射的能量密度低，所以平板型集热器和真空管集热器适用于中低温太阳能热利用系统。为了适应较高应用温度的要求，就必须提高入射太阳光的能量密度，使之聚焦在较小的集热面上，从而提高太阳能利用的效率，因此需要采用聚焦型集热器。

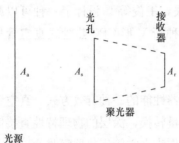

图 2-20　聚焦集热系统示意图

聚焦型集热器可以看成是由光源（太阳）、聚光器、接收器三部分组成的光学系统，如图 2-20 所示，接收器上涂有选择性吸收涂层。光聚焦是通过反射或折射元件来实现的，这些元件将入射到光孔的太阳辐射能集中到接收器上，接收器上的吸收涂层将太阳辐射能转换为工作流体的热能。

研究聚焦型集热器的基本问题就是如何使投射到聚光器光孔的太阳辐射集中到面积较小的接收器上，以得到适当的聚光比而达到较高的集热温度和收集尽可能多的能量，所以聚焦型集热器的基本原理就是其聚光理论。

如图 2-20 所示，聚光器的光孔面积 A_a 与接收器上接收辐射的表面面积 A_r 之比称为聚焦型集热器的几何聚光比，简称聚光比，以 C 表示，即：

$$C = \frac{A_a}{A_r} \tag{2-129}$$

它反映了聚焦型集热器使能量聚集的程度，是聚焦型集热器的几何特征参数。

设系数 f_{12} 表示表面 1 的辐射通过直射、反射或折射到达表面 2 的百分数，根据辐射传热理论，在太阳和光孔之间、太阳和接收器之间以及光孔和接收器之间存在下列一组关系式：

$$A_s f_{sa} = A_a f_{as} \tag{2-130}$$

$$A_s f_{sr} = A_r f_{rs} \tag{2-131}$$

$$A_a f_{ar} = A_r f_{ra} \tag{2-132}$$

式中，脚标 s 表示太阳，r 表示接收器，a 表示光孔。于是聚光比可以表示为：

$$C = \frac{A_a}{A_r} = \frac{f_{sa} f_{rs}}{f_{sr} f_{as}} \tag{2-133}$$

对于理想的聚焦型集热器，进入光孔 A_a 的辐射全部聚焦到接收器 A_r 上，即：

$$f_{sa} = f_{sr} \tag{2-134}$$

将式 (2-134) 代入式 (2-133) 可得：

$$C \equiv \frac{f_{rs}}{f_{as}} \tag{2-135}$$

由于 $f_{rs} \leqslant 1$，所以：

$$C \leqslant \frac{1}{f_{as}} \tag{2-136}$$

大气层外太阳辐射的光谱与温度为 5760K 的黑体辐射光谱基本一致。设光孔与光源中心的距离为 R，如图 2-21 所示。假设系统是一个无限的真空空间或由绝对零度的黑体壁面构成的封闭体系，则系数 f_{as} 实质上就是两黑体表面之间的辐射角系数 F_{as}，因此由式 (2-136) 可得：

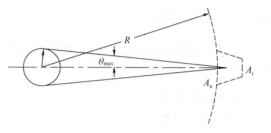

图 2-21　辐射系统示意图

$$C \leqslant \frac{1}{F_{as}} \tag{2-137}$$

$$C_{max} = \frac{1}{F_{as}} \tag{2-138}$$

式 (2-138) 表示理想聚焦型集热器的最大聚光比为辐射角系数 F_{as} 的倒数，C_{max} 称为理论聚光比。

定义 $2\theta_{max}$ 为聚光器的最大采光角，即在此角度内均匀投射到光孔上的太阳辐射全部都能到达接收器上，由式 (2-130) 可得：

$$F_{as} = F_{sa} \frac{A_s}{A_a} \tag{2-139}$$

对于点聚焦型的三维集热器，辐射系统为三维空间，太阳辐射分布在球面为 $4\pi R^2$ 的面积上，其中部分到达光孔 A_a，即：

$$F_{sa} = \frac{A_a}{4\pi R^2} \tag{2-140}$$

因此可得：

$$C_{max,3D} = \frac{1}{\sin^2 \theta_{max}} \tag{2-141}$$

同理，对于线聚焦的二维集热器，有：

$$F_{sa} = \frac{A_a}{2\pi R} \tag{2-142}$$

因此可得：

$$C_{max,2D} = \frac{1}{\sin \theta_{max}} \tag{2-143}$$

$\theta_{\max}$ 称为聚焦型集热器的采光半角，表示太阳辐射可被接收器接收到的角度范围的一半。

对所有的聚焦型集热器，实际的采光角数值范围可由太阳圆面张角 32′180° 得到，采光角为 180° 时，即为平板型集热器。对于跟踪型聚焦集热器，将太阳圆面张角代入式（2-141）和式（2-143）中，即可分别求得点聚焦和线聚焦的理论聚光比；对于不跟踪型聚焦集热器，在指定每天采光时数的条件下，可以根据以上所述，求得该聚光器的最小聚光比。

2.4.2 性能评价

目前，聚焦型集热器的性能评价也主要针对其能量性能及㶲性能展开。其中，能量性能又包括光学性能及热性能。

1. 能量性能分析

（1）光学性能

聚焦型集热器的光学性能是评价聚焦型集热器性能的一个重要指标。其中光学损失、采集因子是光学性能的重要影响因素。

1）光学损失

投射到聚焦型集热器光孔上的太阳辐射在聚焦过程中的光学损失可以分为散射分量损失、反射损失、聚焦损失三部分。如果聚焦型集热器只能利用太阳的直射分量，而散射分量全部损失，则在集热器的能量平衡中，投射到光孔的太阳辐射只考虑直射辐射。复合抛物面聚光器（CPC）可以收集部分散射辐射，这些有效的散射辐射也需考虑在内。

反射损失的大小通常用镜反射率 ρ 来评定，当投射光经历多次反射时，还要考虑反射次数的影响。例如 CPC 的反射损失要考虑其平均反射数的影响。

影响聚焦损失的因素有很多，如聚光器的几何参数、反射面的光学质量、接收器的形状、尺寸与安装质量及运行条件等。

当接收器具有盖层时，盖层的影响仍然可以通过透过率 τ 来描述。接收器表面的性能也仍然用吸收率 a 来表示。τ 和 a 都与太阳辐射对于盖层和接收器表面的平均入射角有关。反射光束对于接收器的入射角取决于光束在镜面上反射点的位置和接收器的形状。因此，乘积 (τa) 的值是通过对盖层和镜面各点反射到接收器上的辐射进行积分所得的平均值，上述损失可能很大。接收器的形状应要求所有的入射角都小于 $60°^{[50]}$。

2）采集因子

由镜面反射的辐射通常会有一部分不能投射到接收器上，特别是当镜面和接收器配合不当时。这种反射损失的大小可以用采集因子 γ 来表示。采集因子表示镜面反射的辐射落到接收器上的百分率。

接收器表面接收到的太阳辐射强度是不均匀的，如图 2-22 所示，通常可以用正态分布来近似表示。分布曲

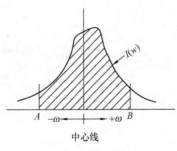

图 2-22 聚光器在接收器上的
辐射强度分布

线下的总面积是镜面反射的总能量，可以用乘积（$\tau\rho I_D A_a$）确定，I_D 为太阳辐射的直射分量。如果接收器的尺寸为由 A 到 B 的宽度，则阴影面积表示落到接收器上的能量。于是，采集因子表示为：

$$\gamma = \frac{\int_A^B I(w)\,\mathrm{d}w}{\int_{-\infty}^{+\infty} I(w)\,\mathrm{d}w} \tag{2-144}$$

式中　w——从接收器中心量起的距离。

当聚光器的光学性能一定时，增大接收器的尺寸可以减小光学损失，但会增大热损失。因此，接收器的尺寸应以热损失和光学损失的总和最小为宜。

聚焦型集热器的光学精密程度也会影响采集因子的大小。通常考虑的因素有：聚光器反射表面的光洁度不理想引起的散焦、聚光器反射表面的线型误差产生的太阳像变形、接收器相对于反射表面的定位误差引起太阳像的放大和位移、集热器定向误差引起太阳像的放大和位移。

3）光学效率

定义聚焦型集热器的光学效率 η_0 为：

$$\eta_0 = \frac{Q_r}{I A_a} \tag{2-145}$$

式中　Q_r——接收器得到的能量，W；

　　　I——垂直投射到光孔上的太阳辐射强度，$\mathrm{W/m^2}$；

　　　A_a——聚光器光孔的面积，$\mathrm{m^2}$。

光学效率 η_0 表示聚焦型集热器的光学性能，它反映了在聚集太阳辐射的光学过程中，由于聚光器不可能达到理想化的程度（如形状、表面的光学精度、反射率等各方面）和接收器表面对太阳辐射的吸收也不可能达到理想化程度而引起的光学损失。聚焦型集热器的光学损失要比平板型集热器显著，而且一般只能利用太阳辐射的直射分量，只有聚光比较低的集热器才能利用一部分散射分量。因此，在聚焦型集热器中，必须考虑散射分量的损失和光学损失。

如果以垂直于太阳光的平面上的直射辐射为基数，则槽型抛物面集热器的光效率可以表示为：

$$\eta_0 = \tau a \rho \gamma f_i \left[(1 - a_i \tan\theta_i)\cos\theta_i\right] F(\theta_i) \tag{2-146}$$

式中　a——接收面对太阳辐射的吸收率；

　　　θ_i——光孔上太阳光的入射角；

　　　γ——理想定向系统的采集因子；

　　　f_i——镜面不受接收器及支架遮光而有效利用的面积百分率；

$a_i\tan\theta_i$——当入射角为 θ_i 时的光孔面积不利用率，即考虑作为接收器的吸热管两端受到遮影或反射光超出管端而引起的能量损失系数。

对复合抛物面集热器的光学效率分析，还需要求得直射和散射辐射的透过率、吸收率以及反射系数随入射角变化的函数关系。但是，在大多数工程设计中，它们随入射角的变化可以忽略不计。因此，复合抛物面集热器的光学效率可以表示为：

$$\eta_0 = \tau \rho \bar{n} a \gamma \qquad (2\text{-}147)$$

式中　$\bar{n}$——平均反射数，表示进入光孔的全部辐射在到达接收器途中平均经历的反射次数，其取决于入射角、聚光器高度和聚光比。

（2）热性能

与平板型集热器以及真空管集热器一样，聚焦型集热器的热性能也是通过能量平衡方程来描述的。聚焦型集热器能量平衡方程为：

$$Q_U = Q_r - Q_L \qquad (2\text{-}148)$$

式中　Q_U——聚焦型集热器的有用能量收益，W；

　　　Q_r——接收器得到的热量，W；

　　　Q_L——接收器散失到环境中的热量，W；

聚焦型集热器的瞬时效率 η_c 可表示为：

$$\eta_c = \frac{Q_U}{I A_a} - \eta_0 \frac{Q_L}{I A_a} \qquad (2\text{-}149)$$

由前文的聚光比的定义，可以得到：

$$\eta_c = \eta_0 - \frac{U_L (T_r - T_a)}{I} \frac{1}{C} \qquad (2\text{-}150)$$

式中　T_r——接收器表面的温度，K；

　　　T_a——环境温度，K；

　　　U_L——接收器的热损失系数，W/（m² · K）。

对于聚焦型集热器来说，由于 C 恒大于 1，说明接收器向环境散热的面积总是小于聚光器的光孔面积，这有利于减少集热器的热损失。

聚焦型集热器的热损失不像其他集热器那样简单，因为其接收器形状多样，表面温度高，边缘影响较为严重，热损失较大。由于接收器表面的辐射强度不均匀，因而可能存在显著的温度梯度。因此，必须针对具体的接收器形状进行讨论，下面以槽式聚焦型集热器为例。

槽式聚焦型集热器常用圆管接收器，圆管接收器单位面积的热损失表示如下：

$$q_L = \frac{A_k}{\pi D_r L R_k}(T_r - T_a) + \sigma \varepsilon_r \frac{A_r}{\pi D_r L}(T_r^4 - T_c^4) \qquad (2\text{-}151)$$

式中　T_c——透明管表面温度，K；

　　　D_r——接收器圆管直径，m；

　　　ε_r——圆管对透明管的有效发射率；

　　　A_k——接收器两端导热部件的横截面积，m²；

　　　R_k——接收器两端的导热热阻，W/（m · K）。

聚焦型集热器在一定运行条件下的最佳性能，可以通过计算其设计参数的变化对集热器性能的影响而得到。反射表面的光学性能确定后，主要设计参数就是接收器的尺寸，它既影响光学效率，也影响接收器的散热损失。

2. 㶲性能分析

聚焦型集热器的㶲性能分析和平板型集热器以及真空管集热器类似。同理，根据㶲平衡方程［式（2-80）］，太阳辐射的输入㶲为：

$$\dot{E}_{\mathrm{in,Q}} = I A_{\mathrm{a}} \left(1 - \frac{T_{\mathrm{a}}}{T_{\mathrm{s}}} \right) \tag{2-152}$$

㶲损与平板型集热器不同，聚焦型集热器第一部分㶲损包括聚光器的光学误差以及接收器向环境散热损失两部分。因此，聚焦型集热器第一部分的㶲损为：

$$\dot{E}_{l,\Delta T_{\mathrm{a}}} = - \left[(1 - \eta_0) \, \dot{E}_{\mathrm{in,Q}} + U_{\mathrm{L}} A_{\mathrm{r}} (T_{\mathrm{r}} - T_{\mathrm{a}}) \left(1 - \frac{T_{\mathrm{a}}}{T_{\mathrm{r}}} \right) \right] \tag{2-153}$$

接收器表面与太阳之间的温差所引起的㶲损为：

$$\dot{E}_{l,\Delta T_{\mathrm{s}}} = - \eta_0 I A_{\mathrm{a}} \left(\frac{1}{T_{\mathrm{r}}} - \frac{1}{T_{\mathrm{s}}} \right) \tag{2-154}$$

接收器表面与工作流体之间的温差所引起的㶲损为：

$$\dot{E}_{l,\Delta T_{\mathrm{f}}} = - q_{\mathrm{m}} c_{\mathrm{p}} T_{\mathrm{a}} \left[\ln \left(\frac{T_{\mathrm{out}}}{T_{\mathrm{in}}} \right) - \frac{T_{\mathrm{out}} - T_{\mathrm{in}}}{T_{\mathrm{r}}} \right] \tag{2-155}$$

根据㶲效率定义，得出聚焦型集热器㶲效率方程为：

$$\eta_{\mathrm{ex}} = \frac{q_{\mathrm{m}} \left\{ c_{\mathrm{p}} \left[T_{\mathrm{out}} - T_{\mathrm{in}} - T_{\mathrm{a}} \ln \left(\frac{T_{\mathrm{out}}}{T_{\mathrm{in}}} \right) \right] - \frac{\Delta P}{\rho} \right\}}{I A_{\mathrm{a}} \left(1 - \frac{T_{\mathrm{a}}}{T_{\mathrm{s}}} \right)} \tag{2-156}$$

2.4.3　聚焦型集热器的性能强化

针对聚焦型集热器的改进，可分为两大类：一类是针对光学性能的改进，一类是针对热性能的改进。

1. 光学性能的改进

聚焦型集热器的光学性能是评价聚焦型集热器好坏的重要因素，针对光学性能的改进，主要是针对接收器表面涂层的改进，包括吸收涂层以及防反射涂层。

（1）吸收涂层改进

研究者们在增强聚焦型集热器选择性表面的吸收率和减小发射率方面已经进行了大量的工作。选择性涂层的合成比反射镜、玻璃以及保护涂层的合成要繁琐得多，因为吸收率和发射率是材料表面性质，依赖于温度和波长，也受微观结构的影响。选择性涂层材料需要在工作温度下具有良好的化学和结构稳定性、耐久性等[51]。

聚焦型集热器的选择性吸收涂层包括半导体金属、金属陶瓷或金属介电复合材料等。Selvakumar 等[52]对气相沉积法选择性吸收涂层进行研究发现，在铝表面涂覆 Ni-NiO 后，其吸收率最大可达到 0.96；在铜、镍、钛和银表面涂覆石墨，其发射率最小可达到 0.01～0.02。他们还发现金属钒具有良好的吸收率和发射率，其吸收率和发射率分别可达到 0.96 和 0.02。

Dan 等[53]对吸收涂层的老化机制做了大量研究，包括扩散、氧化、化学成分变化、晶粒尺寸变化和微缺陷引起的老化等。他们研究了不同的吸收涂层后发现，电介质—金属—电介质（DMD）结构的涂层具有优良的性质，金属可采用 Cr、Zr、Mo、Al、Pt、Ni 等，电介质可采用 Cr_2O_3、MgO、Al_2O_3、MgF_2、HfO_2 等。

（2）防反射涂层的改进

除了在接收器表面涂覆选择性吸收涂层，防反射涂层同样可以增强集热器的光学性能。近年来，防反射涂层已广泛应用于光学行业，用来提高图像的质量和减少玻璃的眩光。在太阳能应用中，防反射涂层的主要作用是提高集热器表面的透射率，增强吸收太阳辐射的能力。研究表明，在硼硅酸盐玻璃管接收器表面涂覆防反射涂层，可以使透射率从92%提高到96%。

在防反射涂层上加设增透膜可以进一步提升接收器表面的透射率。研究表明，将平均反射率为1.5%的增透膜涂覆到防反射涂层上，可使接收器表面在565nm波长下的透过率达到95.02%，比传统玻璃高3.36%[54]。

在制备防反射涂层方面，一种新型的方法是采用碱/酸两步催化溶胶—凝胶工艺。研究表明，采用这种工艺可以有效控制纳米多孔二氧化硅防反射涂层的结构。通过在二氧化硅表面引入一定的孔隙率，可以使太阳透过率从0.915提高到0.970[55]。

2. 热性能改进

热性能的改进主要是针对聚焦型集热器内的传热过程，目的是为了增强工作流体与接收器之间的对流换热或减少接收器向环境的热损失，包括工作流体和接收器结构两个方面。

（1）工作流体的改进

针对工作流体，主要是采用纳米流体替代传统流体。在传统工作流体中加入纳米颗粒，可以增强工作流体的传热性能。纳米颗粒的加入增加了流体的传热系数和导热性能，并降低了热边界层厚度，从而提高了系统的热效率。一般聚焦型集热器常用的纳米流体有 Fe_3O_4/H_2O，TiO_2/H_2O，CuO/H_2O，SiO_2/热敏酚 VP-1，Al_2O_3/合成油等。纳米颗粒的体积浓度比不应过大，否则纳米颗粒会堆积成块状，降低工作流体的热特性[56]。

（2）接收器结构的改进

为了提升聚焦型集热器的热效率，许多研究人员对接收器的结构进行了细致的研究。聚焦型集热器大多采用腔式接收器，工作流体通过腔式接收器吸收有用能量。Zhai 等[57]研究了圆形、半圆形、正方形和三角形四种结构腔式接收器的热性能，结果表明三角形腔式接收器具有最好的热性能，在90～150℃入口温度范围，热损失可以降至20～40W。研究还发现，半圆形腔式接收器不如真空管接收器。另外，采用线性腔式接收器同样可以提高集热器的热性能。

一些研究者用内翅片管、不对称外凸波纹管以及改进的铰链叶片接收器代替传统槽式抛物面集热器的圆管接收器。研究表明，内翅片管和不对称外凸波纹管结构的接收器热性能显著提高。

除了改变接收器的几何结构外，在接收器内部加入元件也是提高热性能的一种有效方法。近年来，一些学者在接收器中插入多孔结构用来强化集热器的换热。多孔结构包括方形、三角形、梯形和圆形等形状的多孔圆盘和多孔嵌件、多孔环、多孔介质和多孔板等。研究显示，这些多孔结构中，梯形多孔插入物表现出更好的热性能，多孔环也表现出良好的传热性能，而多孔介质的传热性能仅略有增加。位于接收器中央的多孔板可将热效率提高到 1.2%～8%。

本章参考文献

[1]　罗运俊主编. 太阳能利用技术[M]. 北京：化学工业出版社，2005.

[2]　刘鉴民主编. 太阳能利用原理・技术・工程[M]. 北京：电子工业出版社，2010.

[3]　李灿主编. 太阳能转化科学与技术[M]. 北京：科学出版社，2020.

[4]　季杰主编. 基于平板集热的太阳能光热利用新技术研究及应用[M]. 北京：科学出版社，2018.

[5]　Ali H. A. Al-Waeli・Hussein A. Kazem. Photovoltaic/Thermal(PV/T)Systems Principles，Design，and Applications[M]. Switzerland：Gewerbestransse，11，6330 cham，2019.

[6]　高腾. 平板太阳能集热器的传热分析及设计优化[D]. 天津：天津大学，2012.

[7]　岑幻霞主编. 太阳能热利用[M]. 北京：清华大学出版社，1996.

[8]　Farahat S，Sarhaddi F，Ajam H. Exergetic optimization of flat plate solar collectors[J]. Renewable Energy，2009，34(4)：1169-1174.

[9]　Jianjun Hu & Guangqiu Zhang. Performance improvement of solar air collector based on airflow reorganization：A review[J]. Applied Thermal Engineering，2019，155：592-611.

[10]　Alam T，Kim M H. Performance improvement of double-pass solar air heater-A state of art of review[J]. Renewable and Sustainable Energy Reviews，2017，79：779-793.

[11]　洪亮，原郭丰，李兴，徐立，李志伟，王志峰. 几种太阳能空气集热器热性能测试与改进实验研究[J]. 太阳能学报，2015，36(2)：467-472.

[12]　胡建军，孙喜山，徐进良. 折流板型太阳能空气集热器数值优化[J]. 燕山大学报，2011，35(5)：44-49.

[13]　胡建军，孙喜山，黄超，等. 折流板型太阳能空气集热器内部流动与传热分析[J]. 热能动力工程，2011，26(5)：615-620.

[14]　Hu Jianjun，Sun Xishan，Xu Jinliang，et al. Numerical analysis of mechanical ventilation solar air collector with internal baffles[J]. Energy and Buildings，2013，62：230-238.

[15]　胡建军，马龙，刘凯彤，孙喜山. 开孔型折流板太阳能空气集热器参数优化[J]. 农业工程学报，2016，32(14)：227-231.

[16]　胡建军，马龙，刘凯彤，孙喜山. 开孔折流板型太阳能空气集热器流动传热特性研究[J]. 热能动力工程，2017，32(10)：108-113，146-147.

[17]　Jianjun Hu，Kaitong Liu，Long Ma，Xishan Sun. Parameter optimization of solar air collectors with holes on baffle and analysis of flow and heat transfer characteristics[J]. Solar Energy，2018，174：878-887.

[18]　胡建军，刘凯彤，褚中良，李萌蒙，郭萌. 利用首腔窄化强化折流板型太阳能集热器性能研究[J]. 太阳能学报，2020，41(09)：257-264.

[19]　Jianjun Hu，Kaitong Liu，Meng Guo，Guangqiu Zhang，Zhongliang Chu，Meida Wang. Performance improvement of baffle-type solar air collector based on first chamber narrowing[J]. Renewable Energy，2019，135：701-710.

[20] 胡建军，郭萌，张广秋，张士英，郭金勇，陈立娟. 利用旋流效应强化平板型太阳能空气集热器性能[J]. 农业工程学报，2020，36(06)：188-195.

[21] Jianjun Hu, Meng Guo, Jinyong Guo, Guangqiu Zhang, Yuwen Zhang. Numerical and experimental investigation of solar air collector with internal swirling flow[J]. Renewable Energy, 2020, 162: 2259-2271.

[22] 胡建军，李萌蒙，王美达，褚中良. 入口脉动对太阳能空气集热器性能影响研究[J]. 热能动力工程，2019，34(08)：147-155.

[23] 季杰，马进伟，孙炜，张杨，范雯，何伟，张爱凤. 一种新型双效太阳能平板集热器的光热性能研究[J]. 太阳能学报，2011，32(10)：1470-1474.

[24] Choudun C, Galg H P. Evaluation of a jet plane solar air heat[J]. Solar Energy, 1991, 4(2): 199-209.

[25] Wang P, Lewin P L, Swaffield D J, et al. Electric field effects on boiling heat transfer of liquid nitrogen[J]. Cryogenics, 2009, 49(8): 379-389.

[26] TyagiH, PhelanP, PrasherR. Predicted efficiency of alow-tempera-turenano fluid based direct absorptionsolarcollector[J]. Journal of Solar Energyneering, 2009, 131(4): 041004.

[27] Yin Y, Pan Y, Hang LX, McKenzie DR, Bilek MMM. Direct current reactive sputtering Cr-Cr_2O_3 cermet solar selective surfaces for solar hot water applications[J]. Thin Solid Films, 2009; 517: 1601-1606.

[28] Ding D, Cai W, Long M , et al. Optical, structural and thermal characteristics of Cu-$CuAl_2O_4$ hybrids deposited in anodic aluminum oxide as selective solar absorber[J]. Solar Energy Materials & Solar Cells, 2010, 94(10): 1578-1581.

[29] Li, S. L. , Wang, H. , Meng, X. R. , Wei, X. L. . Comparative study on the performance of a new solar air collector with different surface shapes[J]. Applied Thermal Engineering. 2017, 114, 639-644.

[30] Karim M A, Hawlader M N A. Performance evaluation of a v-groove solar air collector for drying applications[J]. Applied Thermal Engineering, 2006, 26: 121-130.

[31] 张广秋. 自驱动机械通风型太阳能空气集热器设计及其性能研究[D]. 秦皇岛：燕山大学，2020.

[32] Saini R P, Saini J S. Heat transfer and friction factor correlations for artificially roughened ducts with expanded metal mesh as roughened element[J]. International Journal of Heat and Mass Transfer, 1997, 40 (4): 973-986.

[33] Li S, Wang H, Meng X, Wei X. Comparative study on the performance of a new solar air collector with different surface shapes[J]. Applied Thermal Engineering, 2017, 114: 639-644.

[34] Kumar K, Prajapati D R, Sushant S. Heat transfer and friction factor correlations development for solar air heater duct artificially roughened with 'S' shape ribs[J]. Experimental Thermal and Fluid Science, 2017, 82: 249-261.

[35] Foste F, Ehrmann N, Giovannetti F, Rockendorf G. Basics for the development of a high efficiency flat-plate collector with a selectively coated double glazing[J]. Proc ISES Sol World Congr, 2011, 3: 82-87.

[36] Giovannetti F, Foste S, Ehrmann N, Rockendorf G. High transmittance, low emissivity glass covers for flat plate collectors: applications and performance[J]. Sol Energy, 2014, 104: 52-59.

[37] Yoldas EB. Investigations of porous oxides as an antireflective coating for glass surfaces[J]. Appl Phys，1980，19(9)：1425-1429.

[38] Dowson M, Pegg I, Harrison D, Dehouche Z. Predicted and in situ performance of a solar air collector incorporating a translucent granular aerogel cover[J]. Energy and Buildings，2012，49：173-187.

[39] 张志强，左然，李平，苏文佳. 采用玻璃管蜂窝盖板的太阳能空气集热器的性能研究[J]. 中国科学杂志社：技术科学，2008，38(5)：781-789.

[40] Mesut A, SeyfiŞevik, ArifKayapunar. Experimental analysis of solar air collector with PCM-honeycomb combination under the natural convection[J]. Solar Energy Materials and Solar Cells Volume，2019，195：299-308.

[41] 郭建宏. 太阳能真空管热水器加装反射板提升集热效率的研究[D]. 石家庄：河北科技大学，2020.

[42] Wang T Y，Zhao Y H，Diao Y H，et al. Performance of a new type of solar air collector with transparent-vacuum glass tube based on micro-heat pipe arrays[J]. Energy，2019，177(15)：16-28.

[43] 童逸杰. 新型 U 型管式真空管太阳能集热器研究[J]. 绿色科技，2016(12)：212-214.

[44] Teles M D P R，Ismail K A R，Arabkoohsar A. A new version of a low concentration evacuated tube solar collector：Optical and thermal investigation[J]. Solar Energy，2019，180：324-339.

[45] 钟帅，裴刚，王其梁，杨洪伦. 带遮热板热管式真空管集热器的分析[J]. 太阳能学报，2021，42(5)：295-301.

[46] 王俊，王军，李开创，张博文. 新 V 型内聚光 CPC 热管式真空管集热器的热性能[J]. 电力与能源，2012，33(6)：577-583.

[47] Ssz A，Xhg B，Xlq B，et al. A novel TiC-TiN based spectrally selective absorbing coating：Structure, optical properties and thermal stability-Science Direct[J]. Infrared Physics & Technology，2020，110.

[48] Chen K，Oh R J，Kim R J，et al. Fabrication and testing of a non-glass vacuum-tube collector for solar energy utilization[J]. Energy，2010，35(6)：2674-26807.

[49] Ho A，Ssma B，Me C. Development on evacuated tube solar collectors：A review of the last decade results of using nanofluids-ScienceDirect[J]. Solar Energy，2020，211：265-282.

[50] 李申生主编. 太阳能热利用导论[M]. 北京：高等教育出版社，1989.

[51] Manikandan G K，Iniyan S，Goic R. Enhancing the optical and thermal efficiency of a parabolic trough collector——A review[J]. Applied Energy，2019，235(1)：1524-1540.

[52] Selvakumar N，Barshilia H C. Review of physical vapor deposited (PVD) spectrally selective coatings for mid-and high-temperature solar thermal applications[J]. Solar Energy Materials & Solar Cells，2012，98(5)：1-23.

[53] Dan A，Barshilia H C，Chattopadhyay K，et al. Solar energy absorption mediated by surface plasma polaritons in spectrally selective dielectric-metal-dielectric coatings：A critical review[J]. Renewable & Sustainable Energy Reviews，2017，79：1050-1077.

[54] Xin C，Peng C，Xu Y，Wua J. A novel route to prepare weather resistant，durable antireflective films for solar glass[J]. Sol Energy，2013，93，121-126.

[55] Bautista MC，Morales A. Silica antireflective films on glass produced by the sol-gel method[J]. Sol Energy Mater Sol Cells，2003，80：217-225.

［56］ Sandeep HM, Arunachala UC. Solar parabolic trough collectors: A review on heat transfer augmentation techniques [J]. Renewable and Sustainable Energy Reviews, 2017, 69: 1218-1231.

［57］ Zhai Hui, Dai Yanjun, Wu Jingyi, Wang Ruzhu. Study on trough receiver for linear concentrating solar collector[C]//Proceedings of ISES Solar World Congress, 2007.

第3章　太阳能 PV/T 集热器

太阳能 PV/T 集热器是太阳能光伏光热综合利用的基本形式。按照结构原理的不同，可以分为普通型和热管型。按传热介质的不同，普通型 PV/T 集热器又可以分为空气型和液体型。热管型则包含整体热管型和环路热管型。除了上述基本类型，采用新型工作介质、结合相变储热等新型 PV/T 集热器也相继出现。本章将分别介绍上述各类太阳能 PV/T 集热器的原理结构、分类及相应改进措施等。

3.1　空气型 PV/T 集热器

空气型 PV/T 集热器一般是利用风机等动力设备，驱动空气在集热器内流动，在带走热量的同时，也增大了集热器的发电量，产生的热空气可应用于工农业中的加热和烘干过程，还可以作为建筑供暖的预热部分。这种集热器结构简单，无防冻问题，还可以提供新风，适用于包括商业、学校、体育馆等建筑，特别适用于空间较大或者纵深较长的工业建筑。

3.1.1　结构及原理

空气型 PV/T 集热器的结构如图 3-1 所示，具体包括玻璃盖板、空气层、光伏电池、吸热板、空气流道、保温层和质量较轻的铝合金框架。

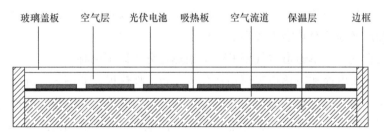

图 3-1　PV/T 空气集热器结构图

结构最上层的玻璃盖板宜采用低铁钢化玻璃，具有高透和减反的光学性质，同时对集热器起到保护作用。玻璃盖板与光伏电池和吸热板组成空气层，厚度一般为 10～20mm，其主要功能是隔热。吸热板上铺设光伏电池，作为光伏光热模块。光伏电池多采用单晶硅或者多晶硅，吸热板多采用导热性较好的金属，比如铝板。吸热板下面是空气流道，可以允许空气通过，并根据要求可以在里面加设扰流板或翅片，在吸热板的背面有一层保温棉，用来阻止集热器背部的热量损失。

在太阳辐射的作用下，大部分太阳辐射透射过玻璃盖板到达光伏电池和没有光伏电池的吸热板。光伏电池上的能量一部分转化为电能输出，一部分通过对流换热以及热辐射传递给玻璃盖板，还有一部分通过热传递到达吸热板；吸热板上的能量一部分通过热辐射向下传递给保温层，一部分通过对流换热向下传递给流道中的空气；空气在流道内流动，带走热量并输出热空气；热空气可以用于供热或者输送到对热有需求的场所。

3.1.2 分类

空气型 PV/T 集热器有许多分类方法，按照太阳能电池的不同一般分为单晶硅、多晶硅和非晶硅空气型 PV/T 集热器。按照有无盖板可分为无盖板式、单盖板式和多盖板式空气型 PV/T 集热器。根据流道布置的不同，则可分为单通道式和双通道式[1]。

从电池分类的角度看，单晶硅空气型 PV/T 集热器在低温下转换效率较高，最高的太阳能电池效率达到了 24.7%，商用硅太阳能电池组件的转换效率高达 18%，但其缺点是成本较高。多晶硅是多个微小的单晶组合，有缺陷，杂质多，成本相对较低，但光电转换效率也较低，由多晶硅制成的电池转换效率在 10%～14% 之间。在太阳能 PV/T 集热器实际应用研究中，晶硅电池构成的太阳能 PV/T 热水器占有最大的市场份额，占了近 59%[2]。非晶硅太阳电池是 1976 年出现的新型薄膜式太阳电池，它与单晶硅和多晶硅太阳电池的制作方法完全不同，硅材料消耗很少，电耗更低，并且非晶硅电池在高温下运行相对于晶硅电池更稳定，但目前非晶硅太阳电池存在的问题是光电转换效率偏低。近些年还出现了一些新型太阳电池，如砷化镓电池，这种电池的优点是具有高水平的吸收率和耐高温性强，常用在聚光式 PV/T 集热器中。

玻璃盖板对 PV/T 集热器性能影响显著，无盖板式光电效率会较高，热效率和出口流体温度较低，这类集热器适用于温和地区电需求高于热需求的用户。有盖板式则恰恰相反，因为盖板会降低太阳光的透过率，从而降低光电效率，但是光热效率明显增大，且盖板层数越多，光热效率越高，研究表明一般盖板最多要限制在 3 层以内，这类集热器多用于寒冷地区和严寒地区对热需求较高的用户[3]。

根据有无空气层，单通道空气型 PV/T 集热器分为以下两种：

第一种是光伏电池和吸热板表面相结合组成光伏吸热板，如图 3-2 所示，光伏吸热板附着在保温层上面，并且玻璃盖板和光伏吸热板之间构成单空气流道，此种为无空气层的单通道空气型 PV/T 集热器。在该集热器中，太阳辐射一部分由光伏板转化为电量输出，另一部分由流经通道的空气吸收，输出热空气。

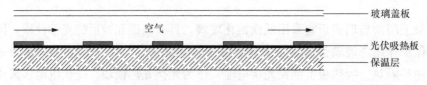

图 3-2　无空气层的单通道空气型 PV/T 集热器

第二种是有空气层的单通道空气型 PV/T 集热器，其结构可参考图 3-1。由玻璃盖板、光伏吸热板构成上空腔，光伏吸热板和绝热层组成下空腔，上层空腔间距较小，并且保持封闭，作为空气层，减少热损失，同时可以避免空气流动在光伏电池表面积灰而影响光伏转换效率,下部空腔作为空气流道,光伏吸热板吸收太阳能并加热空气流。

根据空气出口方向的不同,双通道空气型 PV/T 集热器可分为以下两类:

第一类为空气同方向流动,如图 3-3 所示,光伏吸热板位于中间位置,上侧空气流道相对于下侧空气流道来说相对窄一点,空气可以从上下流道分别进入,使得更多的空气与光伏吸热板接触,带走更多的热量,以此提升太阳能转换效率。

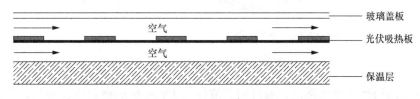

图 3-3 同方向双通道空气型 PV/T 集热器

第二类为变方向双通道空气型 PV/T 集热器,如图 3-4 所示,其与第一类结构相似,区别是将空气进口和空气出口放在集热器的同一端,气流从上流道进入,到达另一端后由下流道折回,受热距离为常规集热器的两倍,这种结构可以更好地使空气吸收光伏吸热板的热量,利于提高系统的光热及光电效率。

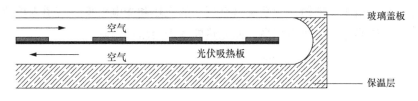

图 3-4 变方向双通道空气型 PV/T 集热器

3.1.3 性能强化措施

由于空气的导热系数和比热容较低,与吸热板之间的换热效果差,故其热效率往往较低。因此,许多学者在传统空气型 PV/T 集热器的基础上,通过一些改进措施增强了空气型 PV/T 集热器的综合效率,使得空气型 PV/T 集热器有了更好的性能表现。目前,这一方面的主要改进措施包括:改进流道结构以增强换热;改变聚光方式和改进流道结构,这样既增强了对太阳辐射的接收能力,又增大了空气的换热面积。

1. 流道结构的改进

对集热器流道结构的改进主要包括在集热器外部增加渐缩、渐扩通道和对集热器内部空气流道结构的改进等措施。

鲁朝阳等人[4]在空气型 PV/T 集热器的进出口端增加了渐缩、渐扩通道,如图 3-5 所示。他们采用实验和数值模拟相结合的方法研究了渐扩通道进/出口尺寸及风速对集热器效率的影响。研究结果显示,无论空气质量流量增大还是减小,集热器的综合效率与渐扩通道进/出口面积比均呈正相关,适当增大渐扩、渐缩通道的进口管径,利于集热器综合效率的提升;与空气质量流量相比,空气通道进/出口面积比对集热器综合效率的影响更大。

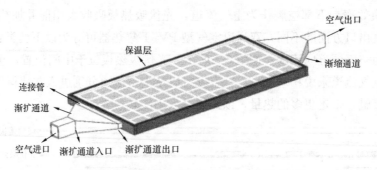

图 3-5　带渐缩渐扩通道的 PV/T 空气集热器

　　内部流道结构改进的思路是：通过增大流体与 PV 模块的接触面积和接触时间，吸收更多 PV 模块热量，进一步降低其工作温度，提升其光电、光热效率。当前，空气型 PV/T 集热器内部流道结构的改进主要包括在空气流道内增加翅片和改变流体结构两种方式。

　　Kumar 研究了带玻璃盖板的双通道空气型 PV/T 集热器[5]。他们在变方向双通道空气型 PV/T 集热器的基础上，在下通道增设了垂直翅片，其结构如图 3-6 所示。通过添加垂直翅片，增大了空气和集热器内部流道的接触面积和传热速率。数值模拟结果表明，与不添加翅片的系统相比，带翅片的系统具有更高的光热和光电效率。流道内单位面积增加的翅片越多，集热器的光电效率越高，而光热效率则会略微下降。

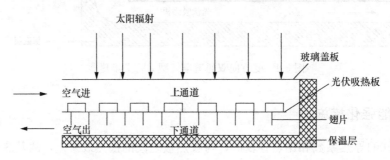

图 3-6　添加垂直翅片的空气型 PV/T 集热器

　　Hussain 等人[6]对无盖板单通道空气型 PV/T 集热器的流道进行了改进。他们将常规流道改为蜂窝状流道。蜂窝状的流道结构可以使得空气与光伏吸热板的接触面积增大，并且可以增大空气流速，增强了空气与光伏电池板之间的传热能力。通过实验测试发现，改进后对光电效率影响较小，而光热效率增幅较大。与传统流道结构相比，改进后空气进出口温差提高了 4℃。因此，该种集热器适合农作物的干燥和空气预热。由于是平板结构，易于实现建筑一体化。

　　胡建军等人[7,8]将折流板型太阳能空气集热器的结构设计引入 PV/T 空气集热器，提出了一种光伏自驱动平板式太阳能空气集热器（图 3-7），并进行了相应的结构设计、电气设计和性能实验。实验结果表明，在典型气象条件下，集热器的工作过程可分为 5 个阶段（上升阶段、前过渡阶段、准恒温阶段、后过渡阶段、下降阶段），存在一个持续时间约 2h 的准恒温阶段，在这个阶段自驱动集热器的出口温度、空气流量几乎维持恒定。在光伏组件 45°置于首腔的情况下，集热器的光电转换效率在准恒温阶段达到最大值为

5.4%，光热转换效率最大值为 74.2%，工作日平均热效率约为 49.2%。

2. 流道结构和聚光方式同时改进

Othman 对变方向双通道空气型 PV/T 集热器进行了改进[9]。首先在集热器的上通道加设复合抛物面聚光镜，同时在下通道加装翅片，如图 3-8 所示。在聚光镜的作用下，光伏电池可以吸收更多的太阳辐射能，在下通道翅片的作用下，光伏电池板可以和通道内空气进行充分换热。模拟研究表明：随着空气温度的升高，光电效率有所下降。因此，应该保持尽可能低的空气温度。电力输出受流体速度和空气温度影响较大；同时使用复合抛物面聚光镜和翅片可以显著改善该集热器的电力生产，并且可以降低光伏发电成本。

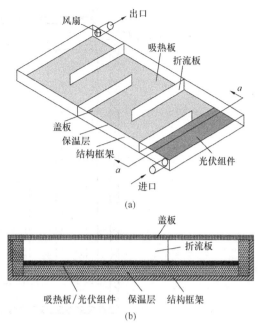

图 3-7　光伏自驱动平板式太阳能空气集热器原理图
（a）结构图；（b）a-a 剖面图

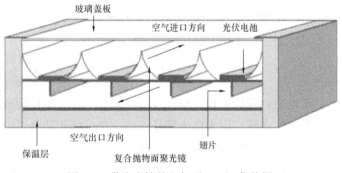

图 3-8　带聚光镜的空气型 PV/T 集热器

3.2　液体型 PV/T 集热器

空气型 PV/T 集热器虽然结构简单，不需要经常维护，但是由于空气的比热容较低，单位体积吸收的热量较少，在大负荷的项目中使用空气型 PV/T 集热器往往会体积过大，而液体型 PV/T 集热器可以避免这一问题。液体型 PV/T 集热器常常选用水作为循环介质，由于水的比热容远远大于空气，使用水作为循环工质不仅可以带走更多热量，使 PV 模块温度降低，而且使得液体型 PV/T 集热器有了更高的稳定性，整体效率更高。

3.2.1　结构及原理

如图 3-9 所示，液体型 PV/T 集热器的结构与平板型太阳能集热器结构类似，不同的是它将光伏电池与吸热板相结合，组成了光伏热水集热模块。

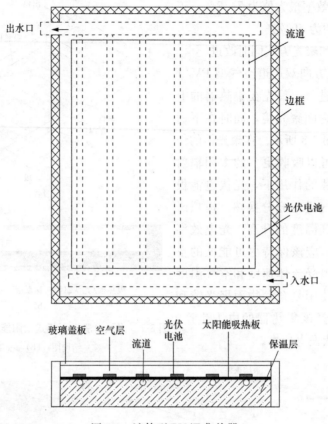

图 3-9　液体型 PV/T 集热器

集热器结构层主要包括：玻璃盖板、空气夹层、光伏电池、太阳能吸热板、流体流道以及保温层。工作过程中，多数使用水作为循环工质，单位体积的水可以带走更多光伏模块的热量，并且这些被加热之后的水可储存于储热水箱，用于生活热水或者区域供暖，流经负荷末端后，完成一个循环，然后重新流回模块，持续带走 PV 模块的热量。

3.2.2　分类

液体型 PV/T 集热器按照有无盖板，可分为无盖板式和有盖板式。与空气型 PV/T 集热器一样，有盖板式的保温效果较好，热效率较高；无盖板式因为没有玻璃盖板，顶部散热损失大，光伏电池温度较低，故光电效率较高。

液体型 PV/T 集热器的核心部件是光伏热水集热模块。制作光伏热水集热器的关键在于确保光伏电池与吸热板之间良好的热传导和电绝缘性。故光伏热水集热模块的结构至关重要[10]，按照流道和吸热板的结合方式又可分为：管翅式、扁盒式和管板式。

1. 管翅式

管翅式液体型 PV/T 集热器是将流道镶嵌进吸热板中，如图 3-10 所示。这类集热器具有水流量小、承压性能好和加工灵活等优点，常见的有铜铝复合管翅式吸热板。铜铝复合管翅式吸热板一般采用复合碾压、吹胀成型工艺，肋管与吸热板之间的接触面积较大，能够有效传递热量，但存在一个问题：沿肋片方向温度分布不均。

图 3-10　管翅式液体型 PV/T 集热器

由于管翅式吸热板表面非平整表面，与 PV 电池的结合要通过传统粘结工艺，不能使用效果较好的层压工艺，这样一来，增大了光伏电池与吸热板间的热阻，从而导致光伏光热模块的光电效率和光热效率都较低，且加工制作过程容易受到人为因素影响，不利于流水线生产，故应用较少。

2. 扁盒式

扁盒式液体型 PV/T 集热器的流道为扁盒状，流道直接和光伏吸热板结合，如图 3-11 所示，因流道上表面是平整的，故吸热板与液体的接触面积大，传热性能好，效率因子高，肋片效率近似为 1。

这种集热器的吸热板可采用塑料或者金属材料制作。扁盒式塑料吸热板耐腐蚀性好、重量轻、易于加工。但是，塑料等非金属材料做吸热板，受限于导热系数小、传热性能差等问题。相比之下，金属材质的吸热板具有传热效果好、横向温度分布均匀、表面平整等一系列优点，比较适于作平板型 PV/T 热水系统中光伏电池的底板。

与其他液体型 PV/T 集热器相比，扁盒式集热器中的吸热流体与吸热板的接触面积较大，其传热效果较好；此外，其吸热板表面光滑、平整，更容易与光伏电池进行层压连接。但需要注意的是，由于集热板型条与集水管槽采用胶垫＋铆接方式，这种吸热板的承压能力较差，不适用于高压系统。

3. 管板式

管板式液体型 PV/T 集热器是将圆形流道与吸热板以相切的方式结合，如图 3-11 所示。管板式液体型 PV/T 集热器和管翅式的优点类似，同样具有水容量小、承压性好的优点，而且它结构简单，较容易制造，更适合大规模的推广与应用。与管翅式吸热板相比，管板式吸热板表面平整，适合于光伏电池的层压加工；与扁盒式吸热板相比，管板式吸热板承压性能好，但肋管与吸热板之间为线连接接触面积小，传热能力略差。

图 3-11　管板式液体型 PV/T 集热器

3.2.3　性能强化措施

为进一步提升液体型 PV/T 集热器性能，国内外学者提出一系列改进措施，改进的主要方向包含如何接收更多的太阳辐射能、增大流体与光伏吸热板的换热面积以及减少热损失等。

1. 加设反射器

现有研究表明，加设各种反射器可以显著增加接收到的太阳辐射能。Lj[11]等人在管板式液体型 PV/T 集热器的基础上增加了可移动的反射器，如图 3-12 所示。

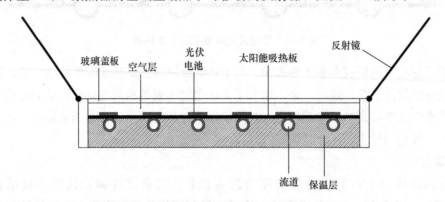

图 3-12　带可移动反射器的液体型 PV/T 集热器

具有漫反射功能的铝板反射器，安装在集热器两端。在不同时间，反射器可调整位置以吸收最大的太阳辐射。该研究团队通过模拟和实验对比了带反射器和不带反射器的液体型 PV/T 集热器的性能。研究结果表明，带反射器的集热器节能效率稍低于不带反射器的，但是在夏季通过添加铝制反射器可以多获取 20.5%～35.7% 的太阳辐射能，在最佳位置产生的总热能和电能显著高于不带反射器的。

Kabeel 等人[12]提出在 PV/T 热水集热器顶部添加一单面反射镜。结果证实，与传统光伏发电组件相比，该集热器净电输出功率提高了 29.4%，发电成本有所降低。

2. 流道结构的改进

流道结构的改进有利于增加光伏吸热板和循环工质的接触面积，进而改善其能量传输和转换效果。如图 3-13 所示，Ahmad 等人[13]对传统流道进行了三种改进，即网流式、直流式和螺旋流式，并针对这三种不同的流道结构开展了相关研究。

三种流道均由圆形不锈钢钢管组成，采用钨极惰性气体焊接方法连接。以螺旋流道为例，流道由一根不锈钢圆管组成，并布置成螺旋流的形状，安装在吸收板下方，末端采用硅酮密封，并将顶部吸收板与流道粘合到位，如图 3-13（c）所示。该流道结构共有两个通道口，一个为冷水进口，一个为热水出口，螺旋状的流道布置可以使得流道覆盖整个 PV 模块，使其与换热介质间形成更多接触面积。针对上述三种不同流道结构的室内实验和模拟研究表明，相同运行工况下，螺旋流液体型 PV/T 集热器运行性能最佳。

3. 加设真空玻璃盖板

液体型 PV/T 集热器在寒冷季节或者寒冷地区使用时，由于室外温度低，且系统停止运行时水管内的水无法全部排空，容易发生冻结导致水管破裂。另外，在白天运行至温度较高时，向环境中散失大量热量导致集热器的光热效率降低。为了改善平板式光伏热水集热器的冻结问题，减少光伏热水集热器的热损失，有学者提出了一种真空玻璃盖板光伏热水集热器[14]，即将具有优良保温隔热性能的真空玻璃与传统平板式光伏热水集热器结合起来，代替玻璃盖板，其结构参照图 3-8。

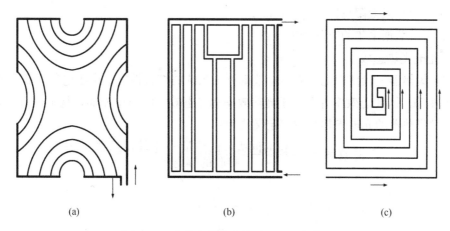

图 3-13　改进流道的液体型 PV/T 集热器

（a）网流式；（b）直流式；（c）螺旋式

通过与单层玻璃液体型 PV/T 集热器的对照实验发现，传统液体型 PV/T 集热器的平均顶部热损失是真空玻璃盖板型的 4 倍，可以看出真空玻璃盖板在减少顶部热损失方面效果显著。该集热器全年性能模拟结果显示，其综合效率显著高于单层玻璃液体型 PV/T 集热器。故此类液体型 PV/T 集热器更适合应用于寒冷和严寒地区。

3.2.4　PV/T 集热器性能评价

PV/T 集热器可同时产生电能和热能，因此，其性能评价指标除了太阳能光热转换效率外，还包括光电转换效率、光电光热总效率等。

1. 能量效率分析

（1）光热转换效率

PV/T 集热器光热转换效率定义及算法与平板型集热器一致，常用性能指标也包含瞬时效率、平均效率等，具体算法可参照第 2 章相关内容。但需要注意 PV 模块的铺设对于吸热板有效采光面积的影响。

（2）光电转换效率

光伏电池输出电功率除以光伏电池板接收的太阳总辐照就是光电效率 η_{pv}：

$$\eta_{pv} = \frac{UI}{GA_{pv}} \tag{3-1}$$

式中　U——光伏电池的输出电压，V；

I——光伏电池的输出电流，A；

A_{pv}——光伏电池总面积，m^2；

G——太阳总辐照，W/m^2。

集热器全天的光电效率 $\overline{\eta}'_{pv}$ 可定义为集热器全天电力输出与集热器全天接收到的总太阳辐射量之比：

$$\overline{\eta}'_{pv} = \frac{\sum UI\Delta t}{HA_{pv}} \tag{3-2}$$

式中　H ——全天太阳总辐照量，J/m^2；

　　　Δt ——数据采集的时间间隔，s。

（3）光电光热总效率

PV/T 集热器一般使用光电光热总效率评价系统的综合性能。由于电池面积和集热器面积并不相等，因此总效率并不等于光热效率和光电效率的简单相加，基于热力学第一定律，PV/T 集热器的光电光热总效率定义式为：

$$总效率 = \frac{单位时间吸收的热量 + 电输出功率}{接收的辐射量} \tag{3-3}$$

即：

$$\eta_o = \eta_{th} + \xi \eta_{pv} \tag{3-4}$$

$$\xi = \frac{A_{pv}}{A_c} \tag{3-5}$$

式中　η_{th} ——光热转换效率；

　　　ξ ——光伏电池覆盖率；

　　　A_c ——集热器的采光面积，m^2

但是，相对于热能，电能是一种更高品位的能量。因此，Huang 等[15]提出了光电光热综合性能效率 η_f，作为 PV/T 集热系统的综合性能评价指标：

$$\eta_f = \eta_{th} + \xi \frac{\eta_{pv}}{\eta_{power}} \tag{3-6}$$

式中　η_{power} ——普通热电厂的发电效率，一般取值为 38%。

PV/T 集热器的光热转换效率主要受流体质量流量、环境温度等因素影响，在实验条件下，其数值一般在 30%～60% 之间；光电转换效率主要受光伏电池材料以及电池表面温度的影响，其数值一般在 6%～15% 之间；PV/T 集热器可同时产生电能和热能，故其光伏光热总效率一般可达到 60% 以上。

2. 㶲效率分析

除了能量性能评价，㶲性能评价也越来越多地应用于 PV/T 集热系统的性能评价中。太阳能 PV/T 集热器的㶲平衡方程如下式所示：

$$\sum \dot{E}x_{in} = \sum \dot{E}x_{out} + \sum \dot{E}x_{dcst} \tag{3-7}$$

式中　$\sum \dot{E}x_{in}$ ——流入㶲能，W；

　　　$\sum \dot{E}x_{out}$ ——流出㶲能，W；

　　　$\sum \dot{E}x_{dcst}$ ——损失㶲能，W；

流入㶲能包括入口热㶲能和太阳辐射㶲能两部分，由下式表示：

$$\sum \dot{E}x_{in} = \sum \dot{E}x_{in,air/water} + \sum \dot{E}x_{in,sun} \tag{3-8}$$

式中　$\sum \dot{E}x_{in,air/water}$ ——PV/T 集热器的入口热㶲能，W；

　　　$\sum \dot{E}x_{in,sun}$ ——入口太阳辐照度㶲能，W；

其中入口热㶲能可由下式得出：

$$\dot{E}\,x_{\text{in air/water}} = \int_{t_1}^{t_2} \dot{m}\,c_{\text{f}}\Big[\,(T_{\text{in}} - T_{\text{a}}) - T_{\text{a}}\ln\Big(\frac{T_{\text{in}}}{T_{\text{a}}}\Big)\Big]\mathrm{d}t \qquad (3\text{-}9)$$

式中　$\dot{m}$——流体介质质量流量，kg/s；

c_{f}——流体介质比热容，J/(kg·K)；

T_{in}——集热器进口温度，K；

T_{a}——环境温度，K。

太阳辐射㶲能可由下式得到：

$$\dot{E}_{\text{in, sun}} = \int_{t_1}^{t_2} A_{\text{c}} \times G \times (\tau\alpha)_{\text{pv}} \times \Big[\,1 + \frac{1}{3}\Big(\frac{T_{\text{a}}}{T_{\text{sun}}}\Big)^4 - \frac{4}{3}\Big(\frac{T_{\text{a}}}{T_{\text{sun}}}\Big)\Big]\mathrm{d}t \qquad (3\text{-}10)$$

式中　$(\tau\alpha)_{\text{pv}}$——光伏电池层有效吸收率；

T_{sun}——太阳表面温度，为 5777K；

流出㶲能由出口热㶲能和电㶲能组成：

$$\Sigma\dot{E}\,x_{\text{out}} = \dot{E}x_{\text{out air/water}} + \dot{E}x_{\text{out,electrical}} \qquad (3\text{-}11)$$

两部分流出㶲能的计算如下：

$$\dot{E}x_{\text{out,air/water}} = \int_{t_1}^{t_2} \dot{m}C_{\text{a}}\Big[\,(T_{\text{out}} - T_{\text{a}}) - T_{\text{a}}\ln\Big(\frac{T_{\text{out}}}{T_{\text{a}}}\Big)\Big]\mathrm{d}t \qquad (3\text{-}12)$$

$$\dot{E}x_{\text{out,electrical}} = \int_{t_1}^{t_2} UI\,\mathrm{d}t \qquad (3\text{-}13)$$

PV/T 集热器的热㶲效率、电㶲效率以及总㶲效率可分别由下式计算：

$$\varepsilon_{\text{th}} = \frac{\dot{E}x_{\text{out,air/water}}}{Ex_{\text{in,air/water}} + E_{\text{in,sun}}} \qquad (3\text{-}14)$$

$$\varepsilon_{\text{c}} = \frac{\dot{E}x_{\text{out,electrical}}}{Ex_{\text{in,air/water}} + \xi E_{\text{in,sun}}} \qquad (3\text{-}15)$$

$$\varepsilon_{\text{total}} = \frac{\dot{E}x_{\text{out,air/water}}}{Ex_{\text{in,air/water}} + E_{\text{in,sun}}} + \frac{\dot{E}x_{\text{out,electrical}}}{Ex_{\text{in,air/water}} + \xi E_{\text{in,sun}}} \qquad (3\text{-}16)$$

现有研究表明，PV/T 集热器的总㶲效率在 10%～30%，大多数实验研究的 PV/T 集热系统总㶲效率一般集中于 10%～20%。

3.3　热管型 PV/T 集热器

传统太阳能 PV/T 集热器运行过程中，太阳能光伏电池的工作温度沿冷却流体的流动方向逐渐增加，导致太阳能光伏电池冷却效果不均，有时甚至产生热斑效应，不利于太阳能 PV/T 系统光电转换效率的提高。同时，由于太阳能光伏电池工作温度的不均匀性，对太阳能 PV/T 系统工作温度的调节也带来了不便。

基于热管的太阳能 PV/T 集热器，热管管壳内的负压状态利于降低工质沸点，使低沸点介质在太阳光的直接照射下即可蒸发，达到利用工质的汽化潜热高效利用太阳能的目的，同时避免了换热工质的泄漏问题。此外，热管具有良好的防冻性能和超导热性能，间接地将 PV/T 模块内的热量传给冷却水，解决了 PV/T 模块的防冻问题，还可避免由于长期直接通水冷却而导致模块板芯遭受杂质的腐蚀，大大延长了模块的使用寿命。因此，热管型 PV/T 集热器有望克服传统 PV/T 集热器存在的问题，成为新一代太阳能 PV/T 利用技术。目前，多数研究聚焦于整体热管型 PV/T 集热器、环路热管型 PV/T 集热器和微通道热管型 PV/T 集热器。

3.3.1 整体热管型 PV/T 集热器

1. 结构及原理

整体热管型 PV/T 集热器由玻璃盖板、PV 电池层、PV 基板、热管层、绝缘层和热水流道组成。首先，PV 电池层通过 EVA 胶装的方式与 PV 基板连接；然后将这一整体放入真空层压机中层压成型，用激光焊接的工艺将热管的蒸发段直接焊接在电池基板的背面，其结构可参考图 3-11 所示管板式液体型 PV/T 集热器，不同的是热管型的流道采用的是热管的蒸发端，如图 3-14 所示；之后，在 PV 基板的背面铺设隔热材料组成隔热层；最后，用铝合金边框进行固定，同时在其上表面用高透光率的玻璃盖板进行封装。热管的冷凝端则插入一个流道换热器中，通过工作介质冷凝换热，制备热水。

系统开始运行后，热管型 PV/T 集热器接收太阳辐射。一部分短波太阳辐射能被太阳能电池吸收，转化为电能，输送到蓄电池或直接供给负载。其他辐射能被集热器吸收，转化为热能，电池中的热能通过导热的方式传递到吸热板，被热管蒸发端吸收。在热管内部，液体工作介质通过热对流从蒸发端吸收热量蒸发。产生的蒸汽向热管冷凝端移动。热量通过与冷凝端相连的换热器释放到管道中的液体介质中。冷凝后的工作介质在重力作用下返回蒸发端，重新吸收热量，开始下一个循环。同时，液体介质通过传热将热量储存在水箱回路中，达到电池冷却和余热利用的双重效果。

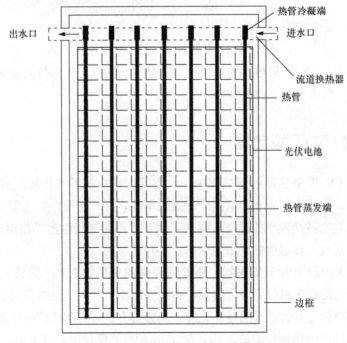

图 3-14　整体热管型 PV/T 集热器

2. 整体热管型 PV/T 集热器的性能分析及优化

近年来，一些学者对整体热管型 PV/T 集热器进行了系统的实验和理论研究，结果表明热管间距、集热器安装倾角、工质流量等因素均会对集热器性能产生重要影响。基于此，研究者进一步针对上述关键影响参数进行了优化研究。

通过室外实验测试，朱绘娟等人[16]对不同热管间距进行了优化研究。实验结果表明，热管型 PV/T 系统的性能表现较好，小管间距的光电和光热转换效率比大管间距的高，减小热管间距对光电性能的影响更显著。

采用实验和数值模拟研究的方法，符慧德等人[17]对安装倾角及循环水流量的影响进行了优化分析。研究结果表明，热管型系统具有良好的光电、光热性能，增大循环水流量有助于提高系统的光电光热综合性能；对于合肥地区，32°安装倾角下系统综合性能更优。

基于天津的气象条件，Zhang 等人[18]研究分析了储热水箱和安装倾角对系统运行性能的影响规律。研究发现，热水量和发电量都随着水箱容积的增大而增大，水箱体积与温升成反比，体积小会导致整体 PV/T 系统的发电效率低。不同季节，集热器最优安装倾角不同。

3.3.2　环路热管型 PV/T 集热器

1. 结构及原理

环路热管是一种高效的两相传热装置，其蒸发段和冷端是相互分开的，使得其能够在小温差、长距离的情况下传输大量热量。环路热管型 PV/T 集热器是将环路热管与 PV/T 集热器结合所得。如图 3-15 所示，环路热管型 PV/T 集热器由蒸发器、蒸汽集热管、环路热管冷凝段（水箱）和冷凝液集热管等组成。

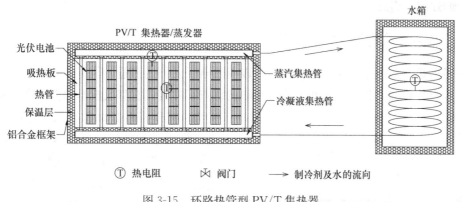

图 3-15　环路热管型 PV/T 集热器

当太阳辐射照射到 PV/T 组件表面后，一部分短波辐射到达光伏电池表面，被光伏组件转化为电能输出，其余部分则通过电池基板，以导热方式将热量传递给背部的吸热板，板内循环工质受热发生相变，由液态转变为气态，密度降低，在密度差的驱动下向上流动并持续吸热，逐渐由饱和状态进入过热状态，经蒸汽管道进入储热水箱内（环路热管冷凝段），气态工质在水箱内冷凝放热，将热量传递给水，并由气态转变为液态，沿水箱内螺旋盘管向下流动，从而达到将热量从蒸发端转移、降低 PV/T 组件温度以及提高水温的目的。液态循环工质离开水箱后，经液体管道回流至 PV/T 组件底部，重新开始吸热蒸发，完成循环。

2. 环路热管型集热器的性能分析及优化

在寒冷、严寒地区，传统平板型太阳能热水系统存在冬季结冰、太阳能光热效率较低等问题，环路热管型 PV/T 集热系统可以克服上述问题。国内外研究者通过数值模拟、搭建试验台等研究方法开展了一系列研究工作，研究证实，环路热管型 PV/T 热水系统是对传统太阳能热水系统的拓展，其光热、光电转换效率均有一定程度的提升，更有利于推进建筑节能减排目标的实现。

Zhuang 等人[19]设计并制作了一个具有多种安装形式的环路热管太阳能热水系统，该系统可在近似水平或水平角度放置集热器时获得较高集热效率。台湾大学新能源中心[20]发明了一种新型太阳能热水器，这种热水器将环路热管敷设在热虹吸管背面，将热量从虹吸管传至水箱。

王璋元等人[21]设计的新型环路热管太阳能热水系统，将吸热热管镶嵌在聚苯乙烯泡沫板内，外部覆双层真空玻璃板，与传统太阳能热水系统相比具有一定节能减排效果。

笔者李洪等人[22]通过试验研究的方式，对自主设计的一套太阳能光伏环路热管热水系统进行光电光热性能的测试研究，并进一步分析制冷剂充注量对系统性能的影响。冬季、春秋季和夏季三种典型工况下的运行性能研究表明，夏季工况下系统的光热效率和综合能源效率最高，日平均值均超过 60%；而冬季工况下光电效率和综合㶲效率最优。三种工况下所研究系统运行性能均与传统太阳能 PV/T 热水系统可比。由循环工质充注量的影响分析可知，从热力学第一定律的角度出发，30%充注量的工况更有利于系统光热效率和综合能源效率的提高；从热力学第二定律的角度出发，40%充注量的工况更有利于系统综合㶲效率的提高。

3.3.3 微通道热管型 PV/T 集热器

微通道热管多用于电子和电信系统，以消除电子元件的热量，与传统热管相比，微通道热管具有传热能力强、压差小、充液率小的优点，并且具有降低成本和消除产品厚度的优势。有学者根据微通道热管这些显著优点，将微通道热管应用在热管型 PV/T 集热器上，其设计目的是增强集热器内部通道的传热能力，加快热量的传递速度。

1. 微通道整体热管型 PV/T 集热器

微通道整体热管型 PV/T 集热器的基本结构可参照图 3-14，该集热器从上到下依次由玻璃盖板、光伏电池模块、微通道热管、保温层和背板，以及集热器上方位置的水管等组成。微通道整体热管型 PV/T 集热器是采用扁平状的微通道热管代替传统的圆形热管，如图 3-16 所示。扁平状的

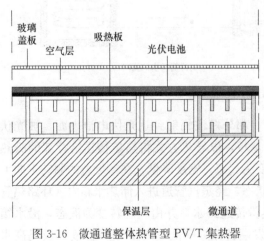

图 3-16 微通道整体热管型 PV/T 集热器局部截面图

微通道热管可以更快地将热量从光伏电池中传导出去，并将热量传输到热水中，以增大系统的电力输出。在真空条件下向微通道注入规定量的制冷剂后，微通道热管的两端密封，以提高热传输效率和性能。

中国科学技术大学季杰教授研究团队[23]对微通道整体热管型 PV/T 系统和常规热水 PV/T 系统做了对比实验。该实验在我国合肥市（北纬 31°，东经 117°）进行，实验时间分别选用了在 1 月份寒冷的一天和 4 月份温暖的一天。实验结果显示，微通道热管型 PV/T 系统的光热效率明显高于常规热水 PV/T 系统，并且冬季防冻性能较好。从结果可以看出，相对于传统的热水 PV/T 系统，微通道热管型 PV/T 系统的光电效率稍低，而光热效率有了显著提高，综合效率也得到了提高。该研究团队进一步的研究指出：采用铜制的微通道热管比铝制的性能更优。

2. 微通道环路热管型 PV/T 集热器

现有的太阳能环路热管型 PV/T 集热器在技术上尚不够成熟，其热性能仍然存在提升潜力。有研究者提出同时采用微通道和 PCM 两项措施对环路热管型 PV/T 集热器进行改进。微通道热管应用于环路热管型 PV/T 集热器的蒸发端有利于增强其传热，保持较低的 PV/T 板工作温度；将 PCM 应用在冷凝端则利于减少热损，进而从两方面提升集热器的光电光热综合效率。

带 PCM 蓄热的微通道环路热管型 PV/T 集热器如图 3-17 所示。

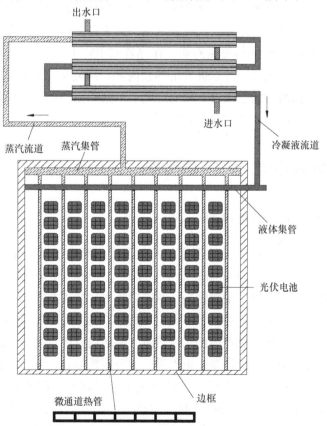

图 3-17　带 PCM 蓄热的微通道环路热管型 PV/T 集热器

该集热器包括：光伏集成微通道管阵列作为光伏/蒸发端，同轴管式热交换器作为冷凝端，冷凝端由三根管组成，分别是中心管、中间管和外管。其中，中心管装有制冷剂，中间管装有水，外管含有有机 PCM 材料；在微通道的侧壁上开有许多小孔，作为液体分配器和液体/蒸汽分离器；作为蒸汽收集器的上端蒸汽集管，液体输送线和蒸汽输送线。

微通道吸收热量使得蒸发端内的流体转化为蒸汽，蒸汽聚集在上端蒸汽集管处，然后通过蒸汽的浮力效应上升至冷凝器。在冷凝器内，内部通道中的蒸汽将热量传递到中间通道处的冷却水，导致蒸汽逐渐冷凝。在通道末端，蒸汽完全冷凝，冷凝液在重力作用下落入液体集管。与此同时，冷却水在通道末端被加热至 40～50℃，将其输送至建筑物，用于供暖或热水供应。当内部通道流体携带的热量超过中间通道中水的实际需要时，外部通道处的 PCM 颗粒起到吸收额外热量的作用，当内部通道流体携带的热量低于实际需要时，PCM 颗粒将部分热量排放到中间通道中。

Yu 等人[24]对这一集热器进行了实验研究，并和传统环路热管型 PV/T 集热器进行了比较，结果表明，较低的太阳辐射和环境空气温度、较高的风速和填充系数、较低的冷水入口温度以及较小的覆盖层数量利于提高集热器的光电效率，但会使集热器的光热效率有所降低；光电效率和光热效率随着流体质量流量和微通道热管数量的增加而增加。与普通环路热管型 PV/T 及传统 PV/T 集热器相比，其总效率均有大幅提高。

综上所述，热管型 PV/T 集热器具有良好的防冻性，因此可以在高纬度寒冷地区使用，进而使得与建筑相结合的 PV/T 系统得以在北方地区进一步推广。采用热管传导的方式代替传统的直接通水的冷却方式，有效避免了由于自来水存在杂质而对集热板电池板芯造成腐蚀，大大延长了系统的使用寿命。在热管型 PV/T 集热器中，冷却水直接从集热板顶部的流道换热器中流过，并未进入集热板内部，因此大大缩短了系统的水路长度，减少了储存在系统管路内部的热水量，从而降低了泵的功耗，提高了热水的可用率。上述优点将进一步推动热管型 PV/T 集热器的应用。

3.4 其他类型太阳能 PV/T 集热器

3.4.1 双效太阳能 PV/T 集热器

传统空气型和液体型 PV/T 集热器在使用过程中仍存在一些问题，亟待解决。液体型 PV/T 集热器，在冬季夜晚环境温度低于零度时，模块对天空有红外辐射，有可能会使管路内的水冻结而导致管路及集热器损坏，所以热水集热器在寒冷条件下必须提前排空以保证安全。对于空气型 PV/T 集热器，其空气集热功能在非供暖季往往处于闲置状态。同时，由于没有传热工质将集热器内的热量带走，模块内温度过高会导致光伏电池发电效率下降，甚至影响其使用寿命。但是，可以看到两种集热器在全年适宜使用时间上存在互补关系。有学者就根据这种时间上的互补性开发了一种新型太阳能 PV/T 集热器，即双效太阳能 PV/T 集热器，在传统管板式热水集热器的基础上，在吸热板背面引入空气流道，提出一种可以实现水集热和空气集热两种功能的集热器。这种新型集热器可以在发电的同时选择集热水或者集热空气两种工作模式，以适应不同环境条件和能量需求，实现集热器的全年高效利用。

1. 结构及原理

双效太阳能 PV/T 集热器的基本结构如图 3-18 所示。该集热器主要包括：玻璃盖板、光伏电池、吸热板、铜支管、集管、空气进口、空气出口以及保温层。其核心部件为层压有光伏电池的吸热板。吸热板选用铝板，其正面层压单晶硅电池，光伏电池由上下两层封装，其中上层为透明 TPT 以透过太阳光，下层为黑色 TPT 以增加太阳光吸收并保证电池与吸热板绝缘。TPT、光伏电池、吸热板之间由 EVA（乙烯/醋酸乙烯酯共聚物）粘合。TPT 厚度一般为 0.17～0.35mm，EVA 厚度一般为 0.4～0.6mm。吸热板背面是若干根通过激光焊接连接的小直径铜支管，支管通过集热器两端直径为 20mm 的集管与外部水路相连。集热器上表面玻璃盖板选用超白布纹钢化玻璃。吸热板与玻璃盖板之间为空气夹层，与背面保温层组成空气流道。空气流道两端的集热器边框上分别开有空气进口和空气出口。吸热板与玻璃盖板间的空气夹层为封闭空间，没有空气流动，避免因为表面积灰而影响光伏电池的效率和寿命。背面及侧边保温层为玻璃纤维。

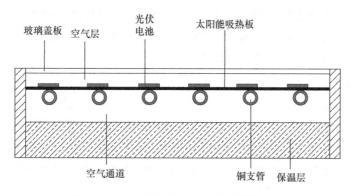

图 3-18　双效太阳能 PV/T 集热器截面图

双效太阳能 PV/T 集热器分为两种运行模式，分别是光伏空气集热模式和光伏水集热模式。当集热器工作于光伏空气集热模式时，水集管两端封闭，空气进出口与风道相连，可输出电能和热空气；当集热器工作于光伏水集热模式时，空气进出口封闭并做好绝热，水集管通过管路、阀门与水箱相连，可输出电能和向水箱提供热水。

2. 双效太阳能 PV/T 集热器性能预测及分析

为了解双效太阳能 PV/T 集热器的集热模式对于光伏发电功能的影响，郭超等人[25]采用实验测量的方法分别对单独光伏发电模式、光伏空气集热模式和光伏水集热模式进行了比较分析。实验结果表明，光伏水集热模式下吸热板温度最低，光伏空气集热模式居中，单独光伏发电模式时温度最高，即在没有冷却工质（空气或水）将集热器吸收的热量带走的情况下，光伏吸热板温度显著高于光伏空气集热模式和光伏水集热模式。相应地，由于光伏电池温度较高，导致在单独光伏发电的模式下集热器的全天光电转换效率较低。可见闷晒会显著影响集热器的光伏效率，而且温度过高会加速电池封装材料老化，从而影响光伏电池寿命。因此，双效太阳能 PV/T 集热器在全年均可以实现集热功能并冷却光伏电池的特性，对于避免出现闷晒运行工况、提高组件利用率和寿命有重要意义。

该研究团队进一步模拟计算了双效太阳能 PV/T 集热器不同模式的光热效率和光电效率。结果表明，该集热器的光伏效率和光热效率之和低于普通的水和空气型集热器，但是将电能折算为热能后，所考虑的各种集热器光伏光热综合效率大致相同。

空气型 PV/T 集热器和水型 PV/T 集热器仅在全年部分时段可以高效运行，在不需要热空气或者热水器容易冻结时，不仅不能实现集热功能，而且闷晒还会降低光伏效率和电池寿命。而双效太阳能 PV/T 集热器可以根据用户需求和环境条件选择不同的工作模式，以实现集热功能的全年有效运行，还保证了电池始终处于高效状态。以家庭应用为例：在供暖季节，环境气温往往低于零度，热水集热器为避免因冻结而损坏必须排空，而对于双效集热器来讲，则可以运行光伏空气集热模式，为建筑供暖，降低热负荷；在非供暖季，空气集热器产生的热空气无法利用，为避免电池过热还需要直排到环境中，而双效集热器则可以运行光伏水集热模式，制取生活热水。

3.4.2 基于相变蓄热的 PV/T 集热器

考虑到气候变化及太阳能的间歇性，且多数情况下用户晚上用热需求更大，此时传统 PV/T 集热器却无法工作，为解决这一难题，有学者提出了将相变材料（PCM，Phase Change Material）与 PV/T 集热器相结合的方法。

1. 工作特点及优势

根据不同的设计目的，PCM 可在 PV/T 集热器中发挥不同的作用。

若设计目的为增强 PV/T 集热器的光电转换效率，可将 PCM 作为冷却介质与 PV/T 集热器相结合。研究发现，将 PCM 放入液体型 PV/T 集热器吸热板的下方，可使电池温度明显降低，进而提升其光电转换效率。此外，PCM 的使用使得光伏板的温度分布更加均匀，利于延长光伏板的使用寿命。

液体型 PV/T 集热器在冬天会出现冻结问题，但是通过与 PCM 相结合，可以改善这一问题。在白天，PCM 会吸收吸热板的热量，此时 PCM 从固态变为液态；在夜晚，吸热板温度低于 PCM 时，PCM 会释放能量到吸热板中，吸热板再传递热量给流道中的工作介质。Yuan 等人[26]将 PCM 应用在液体型 PV/T 集热器中，并在寒冷冬季的夜晚进行了实验测试。结果表明，含有 PCM 的 PV/T 集热器的光热效率并不优于不含 PCM 的，但是一整晚其光伏吸热模块温度均高于 0℃，流道内一直没有结冰，展现了这种集热器的防冻优势。

若设计目的是提高 PV/T 集热器的综合效率，则需充分利用 PCM 中储存的热量。Kazemian 等人[27]在管板式液体型 PV/T 集热器中加入了 PCM，他们将水管镶嵌在 PCM 中，通过模拟发现：充分释放 PCM 中的热量，集热器的热效率将显著提高。Su 等人[28]在扁盒式液体型 PV/T 集热器中加入 PCM，研究表明，添加 PCM 后，集热器的集热效率远高于添加前。热效率提升的原因是 PCM 可以吸收光伏吸热板的热量，使得吸热板不会温度过高，从而减少吸热板和周围环境间的热损失。同时，光伏吸热板温度的降低，使得集热器的光电转换效率也得到了提升，从而达到了提升 PV/T 集热器综合效率的目的。

在 PV/T 集热器中添加 PCM，除了可以提高集热器综合效率，还可以增加热能供应的持续时间和灵活性。Browne 等人[29]通过在管板式液体型 PV/T 集热器中添加 PCM，使得热水供应的持续时间几乎增加了一倍。Gaur 等人[30]在扁盒式液体型 PV/T 集热器中添加了 PCM，PCM 在白天吸收热量并用作晚上的热源。实验结果显示，到了第二天早上，与没有 PCM 的系统相比，使用 PCM 的集热器可以提供温度高出近 20℃的热水。该研究团队对含有和不含 PCM 的液体型 PV/T 集热器进行了逐时热功率计算。除了太阳辐射较充足时段，不含 PCM 的集热器热功率较高外，其他时段内含有 PCM 的集热器的热功率更高。从全天的性能来看，含有 PCM 的热功率优于不含有 PCM 的。此外，添加了PCM 后，系统冬季、夏季热能产量显著增加。

2. PCM 与 PV/T 集热器的结合方式

（1）与空气型 PV/T 集热器的结合

如图 3-19 所示，与空气型 PV/T 集热器的常见结合方式是将 PCM 集成在空气型PV/T 集热器的内部。一般有两种方式：一种是将 PCM 放于空气层上部位置，即将 PCM和吸热板结合在一起，并且和保温层组成空气流道，如图 3-19（a）所示。另一种是将PCM 放于空气层下方，即 PCM 和保温层结合在一起，并和吸热板组成空气流道，如图3-19（b）所示。Su 等人[28]分别对这两种结合方式的空气型 PV/T 集热器进行了研究。研究结果表明，与 PCM 位置安装在下部相比，安装在上部位置时，其最高电池温度更低，且 PCM 中存储的热量高出近 1 倍。进一步研究表明，上部 PCM 位置的安装方式使得系统的整体能源效率显著提升。因此，将 PCM 集成在空气型 PV/T 集热器的上部位置更为可取。

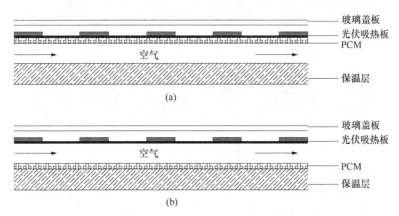

图 3-19　PCM 与空气型 PV/T 集热器的结合方式

（2）与液体型 PV/T 集热器的结合

目前，PCM 与液体型 PV/T 集热器的结合主要有 5 种方式。

第一、二种都是在扁盒式液体型 PV/T 集热器的基础上，通过添加 PCM 进行的改进，如图 3-20 所示。其中图 3-20（第一种）（a）中将 PCM 放置在流道及吸热板的下方，使之在白天可以直接吸收吸热板的热量，并从固态变为液态。在夜晚从液态变回固态，并释放能量到流道内。

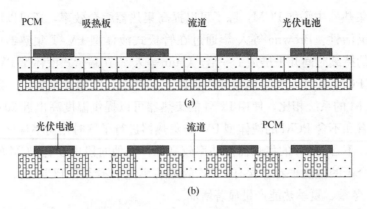

图 3-20　PCM 与扁盒式液体型 PV/T 集热器的两种结合方式

图 3-20（b）（第二种）中将 PCM 与流道放置在同一高度，即水流道被 PCM 分隔开，使得每两个流道中一个流道放置 PCM，一个流道作为水流道。热量传递方式与第一种一样。

后三种结合方式如图 3-21 所示，图 3-21（a）（第三种）中在管板式液体型 PV/T 集热器的基础上，将 PCM 放置在水管下方，将水管的一半镶嵌进 PCM 中。在这种集热器中，吸热板的热量可同时传递给水管和 PCM，水管吸收吸热板的热量后，再将热量传递给 PCM。

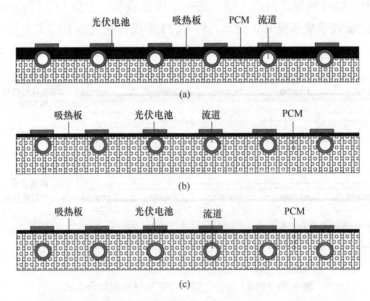

图 3-21　PCM 与管板式液体型 PV/T 集热器的三种结合方式

图 3-21（b）（第四种）及图 3-21（e）（第五种）也都是在管板式液体型 PV/T 集热器的基础上进行的改进。第四种是将 PCM 放置在水管下方，使得水管完全镶嵌在 PCM 中，第四种的热量传递方式与第三种的一样。第五种与第四种的区别是，第五种将水管和吸热板分离，水管同样镶嵌在 PCM 中，但是与第四种的水管位置不同，第五种水管位于 PCM 的中间，这种热量传递方式是吸热板将热量先传递到 PCM 中，PCM 再将热量传递

给水管。目前的研究并未对五种结合方式进行系统地比对，针对第四种结合方式的研究是最多的。

3. 影响因素

现有研究表明，该类型集热器性能主要受 PCM 熔点温度、厚度和质量以及工作介质流速等因素的影响。

PCM 存在一个熔点，该熔点的数值对集热器的效率至关重要。有学者研究指出：存在一个最佳 PCM 熔点可获得最大光电效率，如果熔点温度过高或过低，则 PCM 就不会完全融化，或者完全凝固；根据环境条件可以确定最佳熔点[31]。此外，最佳熔点将随环境温度的变化而变化。因此，全年运行中，最佳熔点温度具有季节性。为保证系统全年运行性能最佳，应根据气候条件变化选定季节性最佳熔点温度。Kazemian 等人[27]的研究指出，获得最佳光热转换效率和最优光电转换效率对应的熔点温度相差较大。因此，PCM 熔点的优化应充分考虑应用需求，即应根据不同的优化目标确定与之匹配的熔点温度。

除了熔点，PCM 厚度或质量也是设计这类新型 PV/T 集热器时需要特别关注的一个重要参数。现有研究表明，随着 PCM 厚度的增加，光伏电池的温度会先降低后增高[28]或保持不变[31]。故一定存在一个 PCM 的最佳厚度使得光伏电池温度达到最小，并且厚度最小可以降低生产成本。Su 等人[28]在研究液体型 PV/T 集热器的过程中发现，在某些情况下，由于 PCM 过热后的热回流，过小的 PCM 厚度对降低电池温度不起作用，虽然过量地增加 PCM 的厚度对降低电池温度也不起作用，但是加厚的 PCM 对防止管道结冰起到了很好的作用。

Gaur 等人[30]的研究表明，在实际的气候条件下，白天出水温度随着 PCM 质量的增加而降低，在夜间，出水温度先随着 PCM 质量的增加而增加，增加到一定数值后，出水温度随着 PCM 质量的增加而减少。从结果可以看出存在一个最佳 PCM 质量，综合白天和夜间的运行，系统可获得最大的能量输出。

除了上述因素，工作介质的流速也会影响 PCM 的融化速率。Kazemian 等人[27]指出，随着水流量的增加，熔化的 PCM 比率降低，因此 PCM 的作用会随着水流量的增加而削弱。Malvi 等人[31]证实，光伏输出随着水流量的增加而变大。然而，水流量增大，热水出水温度就会变小，这将影响热水的使用。Hossain 等人[32]发现光热效率随水流量的增加先增加后减小。要在不明显降低光热效率的情况下获得可接受的水温，应适当控制水流速。他们进一步指出，应采用较低的水流量，以加强 PCM 的作用，最终可获得更高的整体㶲效率。

3.4.3　基于纳米流体的 PV/T 集热器

纳米流体是指把金属或非金属纳米粉体分散到水、醇、油等传统换热介质中，制备成均匀、稳定、高导热的新型换热介质，由于纳米流体中纳米颗粒具有小体积特性，容易储存大量的热量，表现出不同于常规液体的辐射吸收特性和传热特性，将纳米流体应用在 PV/T 集热器中作为传热介质能有效提高 PV/T 集热器的光热效率，并且纳米流体具备太阳光的选择性吸收功能，根据这一功能有学者研究出了基于纳米流体的光学过滤器。本节主要针对采用纳米流体的 PV/T 集热器性能及该应用中纳米流体的选择吸收性功能进行介绍。

1. 基于纳米流体的 PV/T 集热器

基于纳米流体的 PV/T 集热器的结构和第 3.2 节所讲的液体型 PV/T 集热器是一样的，通常选用管板式结构的较多，可参照图 3-13。不同之处在于选用纳米流体为工作介质。基于纳米流体的集热器的工作原理与液体型 PV/T 集热器的原理基本一致，通过纳米流体将光伏吸热板上的热量带走，带走这部分热量可以用于生活热水或者供暖。与此同时，光伏板、吸热板的温度得以降低，从而提升集热器效率。

不同的纳米流体对 PV/T 集热器的效率产生不同的影响，即使同一种纳米流体也会因不同的体积分数以及流速等因素而产生不同的影响。

Al-Waeli 等人[33]针对目前研究较多的三种纳米流体，氧化铜—水（$CuO—H_2O$）、碳化硅—水（$SiC—H_2O$）和三氧化二铝—水（$Al_2O_3—H_2O$）做了实验研究，实验结果表明，氧化铜纳米流体具有比氧化铝更高的热导率，但稳定性较低，碳化硅/水纳米流体在三种纳米流体中具有最好的稳定性和最高的导热性，并能产生更高的电功率和热功率。

Nasrin 等人[34]对银—水（$Ag—H_2O$）、铝—水（$Al—H_2O$）和铜—水（$Cu—H_2O$）纳米流体对 PV/T 集热器性能的影响进行了数值研究。对设定运行参数及纳米流体体积分数为 2% 的工况进行了数值模拟。结果显示，与使用水作为循环介质相比，三种纳米流体的总效率都得到了提升，其中银—水纳米流体的效率提升最明显。

Radwan 等人[35]使用三氧化二铝—水（$Al_2O_3—H_2O$）和碳化硅—水（$SiC—H_2O$）纳米流体作为循环工质，研究了 PV/T 集热器的性能。这两种纳米流体都可以带来更低的光伏电池温度，碳化硅—水纳米流体实现了比三氧化二铝—水纳米流体更低的光伏电池工作温度。

综上可以看出，不同的纳米流体集热器性能不同，根据要求选择合适的纳米流体将成为该领域的一大研究方向。

即使采用同一种纳米流体，其体积和质量分数不同时，集热器性能也明显不同。

Purohit 等人[36]使用氧化铝—水（$alumina—H_2O$）纳米流体作为循环介质，数值模拟研究了层流条件下，不同体积分数的氧化铝-水纳米流体，不同雷诺数对换热速率的影响。他们分别选用了普通水和体积分数不同的纳米流体在雷诺数区间为 $300\sim1800$ 之间进行了模拟计算。模拟结果显示，在相同雷诺数的情况下，各种不同体积分数的纳米流体 PV/T 集热器的传热系数都得到了显著提高，并且在相同雷诺数下，纳米流体的熵产显著降低。结果表明，平均传热速率随着纳米流体体积分数和雷诺数的增加而增加。

Sardarabadi 等人[37]通过实验的方法研究了以二氧化硅—水（$SiO_2—H_2O$）纳米流体作为循环工质的 PV/T 集热器的性能表现。实验中，他们分别选用了质量分数为 1% 和 3% 的二氧化硅—水纳米流体作为循环介质，并设置水作为循环介质，进行了对照实验。实验结果显示，与纯水相比，添加纳米流体后，集热器光热效率及总效率均有明显提高，并且质量分数为 3% 的纳米流体提升更明显。

由以上分析可以看出，集热器的效率会随着纳米流体的体积分数和质量分数的增加而增加。

2. 纳米流体的光谱选择作用

太阳能光谱分离是一种用于改善单结太阳能光伏电池性能的技术。使用这种技术可将太阳光谱分为不同的波段，再将不同波长的太阳辐射用于单独的光伏和热力系统，这样可以有效利用太阳辐射，增大 PV/T 集热器的综合效率。这种技术通常使用带选择性波长吸收的玻璃盖板作为光谱选择器，但是由于这类玻璃盖板的成本较高，使用这种玻璃盖板作为光谱选择器很不经济，使得这项技术没有普及开来。

有研究人员发现一些纳米流体对不同波长的太阳辐射有选择性吸收功能，如果使用纳米流体作为光谱选择器，将会降低太阳能分束这项技术的成本。

Taylor 等人[38]通过将纳米流体与传统 PV 电池上的五种光学过滤器进行比较，发现纳米流体可以作为一种高效、紧凑、潜在的低成本、光谱选择性滤光片。Jin 等人[39]提出了一种新型磁性电解质纳米流体（ENF），可以作为 PV/T 集热器应用的液体光学滤波器。他们通过将优化量的磁性氧化铁（Fe_3O_4）纳米颗粒分散在含有亚甲基蓝（MB）或硫酸铜（CS）的水—乙二醇溶液中，获得了两种稳定的 ENF 滤光片，分别满足两种典型光伏电池硅（Si）和磷化镓铟（InGaP）的光吸收。随后，他们对优化后的 ENF 过滤器的稳定性、粒径分布和热导率进行了研究。结果发现，两种 ENF 过滤器都具有良好的稳定性和比基础流体更高的导热系数。这些都有助于提高 PV/T 集热器的综合效率。

虽然针对纳米流体的光谱选择性作用的研究较多，但是目前可用的纳米流体的光学特性与理想的光学特性还有很大差距，并且纳米材料过滤器的稳定性对于其长期使用以及实际应用中的高温操作来说仍然是一个关键挑战。

本章参考文献

［1］ Ahmed S. Abdelrazik，FA Al-Sulaiman，R. Saidur，R. Ben-Mansour. A review on recent development for the design and packaging of hybrid photovoltaic/thermal(PV/T) solar systems[J]. Renewable and Sustainable Energy Reviews，2018，95：110-129.

［2］ Huang M X，Wang Y F，Li M，et al. Comparative study on energy and exergy properties of solar photovoltaic/thermal air collector based on amorphous silicon cells[J]. Applied Thermal Engineering，Elsevier Ltd，2020，185：116376.

［3］ Zondag H A，Vries D，Helden W，et al. The yield of different combined PV-thermal collector designs[J]. Solar Energy，2003，74(3)：253-269.

［4］ 鲁朝阳，康张阳，李满峰. 空冷型 PV/T 集热器通道结构优化分析[J]. 可再生能源，2020，38(12)：1597-1603.

［5］ Rakesh Kumar，Marc A. Rosen. Performance evaluation of a double pass PV/T solar air heater with and without fins[J]. Applied Thermal Engineering，2010，31(8)：1402-1410.

［6］ F Hussain，MY Othman，B Yatim，H Ruslan，K Sopian，Z. Anuar，S Khairuddin. Comparison study of air base photovoltaic/thermal (PV/T) collector with different design of heat exchanger[C]//World renewable energy forum，WREF 2012，including world renewable energy congress XII and Colorado renewable energy society (CRES) annual conference 1，2012.

［7］ Jianjun Hu，Guangqiu Zhang，Qing Zhu，Meng Guo，Lijuan Chen. A self-driven mechanical ventilated solar air collector：Design and experimental study［J］. Energy，2019，189：116287.

［8］ 胡建军，张广秋，朱晴，郭萌，陈立娟. 光伏自驱动平板式太阳能空气集热器设计及其性能实验［J］. 太阳能学报，2021，42(8)：281-288.

［9］ Mohd. Yusof Hj. Othman，Baharudin Yatim，Kamaruzzaman Sopian，Mhd. Nazari Abu Bakar. Performance analysis of a double-pass photovoltaic/thermal（PV/T）solar collector with CPC and fins［J］. Renewable Energy，2004，30(13)：2005-2017.

［10］ 季杰，裴刚，何伟. 太阳能光伏光热综合利用研究［M］. 北京：科学出版社，2017.

［11］ Lj. T. Kostić，T. M. Pavlović，Z. T. Pavlović. Optimal design of orientation of PV/T collector with reflectors［J］. Applied Energy，2010，87(10)：3023-3029.

［12］ Kab Ee L A E，Abdelgai Ed M，Sathyamurthy R . A comprehensive investigation of the optimization cooling technique for improving the performance of PV module with reflectors under Egyptian conditions［J］. Solar Energy，2019，186：257-263.

［13］ Ahmad Fudholi，Kamaruzzaman Sopian，Mohammad H. Yazdi，Mohd Hafidz Ruslan，Adnan Ibrahim，Hussein A. Kazem. Performance analysis of photovoltaic thermal（PV/T）water collectors［J］. Energy Conversion and Management，2014，78：641-651.

［14］ 许茹茹. 真空玻璃盖板太阳能光伏光热集热器性能的实验与模拟研究［D］. 合肥：中国科学技术大学.

［15］ Huang B J，Lin T H，Hung W C，et al. performance evaluation of solar photovoltaic/thermal systems［J］. Solar energy，2001，70(5)：443-448.

［16］ 朱绘娟，裴刚. 不同管间距热管 PV/T 系统中光电/光热性能的对比研究［J］. 太阳能学报，2013，34(7)：1172-1176.

［17］ 符慧德. 热管型光伏光热综合利用系统的理论和实验研究［D］. 合肥：中国科学技术大学，2012.

［18］ Bingzhi Zhang，Jian Lv，Hongxing Yang，Tailu Li，Shengfeng Ren. Performance analysis of a heat pipe PV/T system with different circulation tank capacities［J］. Applied Thermal Engineering，2015，87：89-97.

［19］ Zhuang J. Look heat pipes for solar energy water heater［P］，People's Republic of China Patent No. 101922814A，2012-3-15.

［20］ Huang B J，J P Lee，J P chyng. Heat-pipe enhanced solar-assisted heat pump water heater［J］. Solar Energy，2005，78(3)：375-381.

［21］ 王璋元，杨晚生，赵旭东. 新型环路热管太阳能热水系统节能减排评估［J］. 太阳能学报，2014，35(5)：825-829.

［22］ 李洪，侯平炜，孙跃. 太阳能光伏环路热管热水系统光电光热性能试验［J］. 农业工程学报，2018，34(7)：235-240.

［23］ Thierno M. O. Diallo，Min Yu，Jinzhi Zhou，Xudong Zhao，Samson Shittu，Guiqiang Li，Jie Ji，David Hardy. Energy performance analysis of a novel solar PV/T loop heat pipe employing a micro-channel heat pipe evaporator and a PCM triple heat exchanger［J］. Energy，2019，167：866-888.

［24］ Min Yu，Fucheng Chen，Siming Zheng，Jinzhi Zhou，Xudong Zhao，Zhangyuan Wang，Guiqiang Li，Jing Li，Yi Fan，Jie Ji，Theirno M. O. Diallo，David Hardy. Experimental Investigation of a Novel Solar Micro-Channel Loop-Heat-Pipe Photovoltaic/Thermal（MC-LHP-PV/T）System for

Heat and Power Generation[J]. Applied Energy，2019，256(C)：113929.

［25］　郭超. 多功能太阳能光伏光热集热器的理论和实验研究[D]. 合肥：中国科学技术大学，2015.

［26］　Weiqi Yuan，Jie Ji，Mawufemo Modjinou，Fan Zhou，Zhaomeng Li，Zhiying Song，Shengjuan Huang，Xudong Zhao. Numerical simulation and experimental validation of the solar photovoltaic/ thermal system with phase change material[J]. Applied Energy，2018，232：715-727.

［27］　Arash Kazemian，Ali Salari，Ali Hakkaki-Fard，Tao Ma. Numerical investigation and parametric analysis of a photovoltaic thermal system integrated with phase change material[J]. Applied Energy，2019，238：734-746.

［28］　Su D ，Jia Y，Alva G ，et al. Comparative analyses on dynamic performances of photovoltaic thermal solar collectors integrated with phase change materials[J]. Energy Conversion & Management，2017，131：79-89.

［29］　Maria C. Browne，Keith Lawlor，Adam Kelly，Brian Norton，Sarah J. M c Cormack. Indoor Characterisation of a Photovoltaic/ Thermal Phase Change Material System[J]. Energy Procedia，2015，70：163-171.

［30］　Ankita Gaur，Christophe Ménézo，Stéphanie Giroux-Julien. Numerical studies on thermal and electrical performance of a fully wetted absorber PV/T collector with PCM as a storage medium[J]. Renewable Energy，2017，109：168-187.

［31］　Malvi C S ，Dixon-Hardy D W，Crook R . Energy balance model of combined photovoltaic solar thermal system incorporating phase change material [J]. Solar Energy，2011，85（7）：1440-1446.

［32］　Hossain，M. S，Pandey，et al. Two side serpentine flow based photovoltaic-thermal-phase change materials（PVT-PCM）system：Energy，exergy and economic analysis[J]. Renewable Energy，2019，136：1320-1336.

［33］　Al-Waeli A H A ，Kazem H A ，Chaichan M T ，et al. Photovoltaic/Thermal（PV/T）Systems：Principles，Design，and Applications[M]. Switzer land：aewerbestrasse 11，6330 cham，2019.

［34］　Nasrin R，Hassanuzzaman M，Rahim NA. Effect of nanofluids on heat transfer and cooling system of the photo Voltaic/thermal performance. Int J Numer methods Heat Fluid Flow，2019，29：1920-1946.

［35］　Ali Radwan，Mahmoud Ahmed，Shinichi Ookawara. Performance enhancement of concentrated photovoltaic systems using a microchannel heat sink with nano fluids[J]. Energy Conversion and Management，2016，119：289-303.

［36］　Purohit N ，Jakhar S，Gullo P ，et al. Heat transfer and entropy generation analysis of alumina/water nano fluid in a flat plate PV/T collector under equal pumping power comparison criterion[J]. Renewable Energy，2018，120：14-22.

［37］　Sardarabadi M ，Passandideh-Fard M ，Heris S Z . Experimental investigation of the effects of silica/water nanofluid on PV/T（photovoltaic thermal units）[J]. Energy，2014，66：264-272.

［38］　Taylor R A ，Otanicar T P，Rosengarten G . Nanofluid-Based Optical Filter Optimization for PV/T Systems[J]. Light：Science & Applications，2012，1(34)：1-7.

［39］　Jin J，Jing D . A novel liquid optical filter based on magnetic electrolyte nanofluids for hybrid photovoltaic/thermal solar collector application[J]. Solar Energy，2017，155(10)：51-61.

第4章 太阳能热水系统

太阳能热水系统是一种能源利用技术，在过去的二十年中，已广泛应用于住宅和工业建筑物。与其他太阳能应用相比，太阳能热水系统不仅环保，而且维护和运行成本最低。太阳能热水系统的成本效益也较高，投资回收期一般为2～4年，这取决于系统的类型和规模。为了进一步提高太阳能热水系统的热效率，人们进行了广泛的研究。本章介绍了太阳热水系统的主要类型，重点介绍了各类系统的结构组成、工作原理。同时，详细介绍了太阳能热水系统的设计及评价方法。

4.1 太阳能热水系统分类

太阳能热水系统是将来自于太阳的辐射能转化为热能，并用获得的热量加热循环水的一套系统装置。该系统装置包括太阳能集热器、储热水箱、管道三个必要的部件。根据不同系统形式和功能特点的需求，选配水泵、控制系统、辅助热源和支架等可选的部件。根据《太阳热水系统设计、安装及工程验收技术规范》GB/T 18713—2002[1]和《家用太阳热水器电辅助热源》NY/T 513—2002[2]的规定，储热水箱的水容量在600L以下的装置称为家用太阳能热水器，而储热水箱的水容量大于600L的系统，则称为太阳热水系统。本章涉及的主要是太阳能热水系统，也可称为太阳能热水工程。

4.1.1 太阳能热水系统的分类

按不同的分类原则，太阳能热水系统存在很多种类型，各种类型之间存在相互联系和区别。按照最新的国家标准，即《民用建筑太阳能热水系统应用技术标准》GB 50364—2018[3]，太阳能热水系统的分类原则包括：①集热系统的运行方式；②生活热水与集热系统内传热工质的关系；③系统的集热和供热水方式；④辅助能源的加热方式。每个分类原则都可分为2～3种类型，从而构成了我国最新的太阳能热水系统分类体系，如表4-1所示。

国内标准的太阳能热水系统的分类　　　　　　表4-1

	分类原则①	分类原则②	分类原则③	分类原则④
类型1	自然循环系统	直接系统	集中—集中供热水系统	集中辅助加热系统
类型2	强制循环系统	间接系统	集中—分散供热水系统	分散辅助加热系统
类型3	直流式系统	—	分散—分散供热水系统	—

（1）集热系统的运行方式，可分为：①自然循环系统，也称为重力循环系统或热虹吸系统，指仅利用传热工作介质的温度梯度引起的密度差，从而产生热虹吸压头，使工作介质进行循环的太阳能热水系统。实现自然循环的必要条件是蓄热水箱的标高应大于集热器

的标高，且高度差越大，产生的作用压头越大。②强制循环系统，也可称为机械循环系统，是利用水泵等机械设备产生的外部动力迫使传热工作介质通过太阳能集热器进行循环的太阳能热水系统。为了使强制循环系统稳定运行，可以采用温差控制、定时器控制及光电控制等方式对系统进行控制和调节。③直流式系统，也称为定温放水系统，是指传热工作介质一次性流过集热器加热后，进入蓄热水箱或用热设备的非循环太阳能热水系统。直流式系统可采用电控的温控器控制方式或非电控的温控阀控制方式。

（2）按生活热水与集热系统内传热工质的关系，可分为：①直接系统，又称为单回路系统或单循环系统，是指在太阳能集热器中直接加热水供给用户的太阳能热水系统。②间接系统，也称为双回路系统或双循环系统，是指在太阳能集热器中加热某种传热工质，再使该传热工质通过换热器加热水供给用户的太阳能热水系统。

（3）按系统的集热和供热水方式，可分为：①集中—集中供水系统，为集中集热、集中供热太阳能热水系统的简称，是指太阳能集热器和储热水箱都为集中式的，将获得的热水集中供给建筑物群的系统。②集中—分散供水系统，为集中集热、分散供热太阳能热水系统的简称，是指太阳能集热器为集中的而蓄热水箱为分散的，向一幢建筑物供给所需热水的系统。③分散—分散供水系统，也就是通常所说的家用太阳能热水器，指采用分散的太阳能集热器和分散的蓄热水箱供给各用户所需热水的小型系统，为分散集热、分散供热太阳能热水系统的简称。

（4）按辅助能源的加热方式，可分为：①集中辅助加热系统，是指在蓄热水箱附近安装辅助能源加热设备的集中热水系统。②分散辅助加热系统，是指将辅助能源加热设备分散安装的热水系统。

除了国内标准中太阳能系统的分类外，国际上也存在一个太阳能热水系统的分类体系。根据国际标准 ISO 9459[4]，太阳能热水系统分类原则有：①系统循环的种类；②系统的运行方式；③集热器内传热介质是否为用户消费热水的情况；④太阳能与其他能源的关系；⑤系统传热介质与大气接触的情况；⑥传热介质在集热器内的状况；⑦系统中集热器与储水箱的相对位置的。同样，每个分类原则都可分为 2～3 种类型，形成总共 18 种太阳能热水系统类型，从而构成一个全面、完善的太阳能热水系统分类体系，如表 4-2 所示。

国际标准的太阳能热水系统的分类　　　　　　　　　　　　　　　表 4-2

	原则①	原则②	原则③	原则④	原则⑤	原则⑥	原则⑦
类型 1	自然循环系统	循环系统	直接系统	单独系统	敞开系统	充满系统	分体式系统
类型 2	强制循环系统	直流系统	间接系统	预热系统	开口系统	回流系统	紧凑式系统
类型 3	—	—	—	辅助能源系统	封闭系统	排放系统	整体式系统

按系统循环的种类划分，可分为自然循环系统和强制循环系统。这两者类型的定义见上述国内标准分类的内容。

按系统的运行方式划分，可分为循环系统和直流系统。循环系统是指在系统运行期间，传热介质在太阳能集热器和蓄热装置之间进行循环的太阳能热水系统，包括上一个分类原则中自然循环系统和强制循环系统。而直流系统的定义见上述国内标准分类的内容。

按集热器内传热介质是否为用户消费热水的情况划分，可分为直接系统和间接系统。该分类原则就是国内标准中按生活热水与集热系统内传热工质的关系的分类，具体见上述内容。

按系统中太阳能与其他能源的关系划分，可分为：①太阳能单独系统，是指没有任何辅助能源进行加热的太阳能热水系统。②太阳能预热系统，是指在水进入其他类型的加热器之前，采用太阳能集热器对水进行预热的热水系统。③太阳能带辅助能源系统，是指联合使用辅助能源和太阳能，并在太阳能不足时不依赖太阳能而用辅助能源提供全部所需热能的热水系统。

按系统传热介质与大气接触的情况划分，可分为：①敞开系统，是指大气与传热介质存在接触的太阳能热水系统，且该接触面具有较大面积，存在于蓄热装置的敞开面。②开口系统，是指与大气接触的传热介质仅限于补给箱和膨胀箱的自由表面或排气管开口的系统。③封闭系统，是指传热介质与大气不存在接触面，完全隔绝的系统。

按传热介质在集热器内的状况划分，可分为：①充满系统，是指在太阳能集热器内始终充满传热介质的太阳能热水系统。②回流系统，是指在泵停止运行时，传热介质由集热器流入蓄热装置，从而实现热水正常工作循环，而在泵重新开启时，传热介质又流入集热器的太阳能热水系统。③排放系统，是指为了防止冻坏集热器和管路，寒冷的夜间水可从集热器排出的太阳能热水系统。

按系统中集热器与储水箱的相对位置，可分为：①分体式系统，是指太阳能集热器和贮水箱之间分开一定距离安装的太阳能热水系统。②紧凑式系统，是指将贮水箱直接安装在太阳能集热器附近位置上的太阳能热水系统，一般也称为紧凑式太阳能热水器。③整体式系统，是指将太阳能集热器作为储水箱使用的太阳能热水系统，一般也称为闷晒式太阳能热水器。

同一套太阳能热水系统通常同时具有上述7种分类原则中的一种或多种类型的特点。例如，对一套典型的太阳能热水系统，可以同时是强制循环系统、间接系统、太阳能单独系统、封闭系统、排放系统和分体式系统[5]。

4.1.2 典型系统运行原理和特点

1. 自然循环系统

自然循环太阳能热水系统是依靠集热器和储热水箱中的水温不同产生的密度差，形成热虹吸压头进行循环，如图4-1所示。集热器收集的太阳能作为有用能量收益，加热集热器中的循环水，并通过浮升力流入储热水箱进行存储。因此，为了保证自然循环的顺利进行，储热水箱应位于集热器的上方。

系统运行过程中，水在集热器中吸收太阳辐射能被加热，温度升高，密度降低，加热后的水在密度差产生的浮升力的推动下在集热器内逐步上升，从集热器的上循环管进入储水箱的上部。与此同时，储热水箱底部的冷水由下循环管流入集热器的底部，经过一段时间的循环加热，储热水箱中的水形成明显的温度分层。先是上层水达到可使用的温度，慢慢地整个储热水箱的水都达到某一可使用的平衡温度。

取用热水时，有两种方法，即顶水法和落水法。

顶水法系统中含有补水箱，用热水时，由补水箱向储水箱底部补充冷水，将储水箱上层热水顶出使用，其水位由补水箱内的浮球阀控制，如图 4-1（a）所示。顶水法的优点是可以充分利用系统刚开始运行时水箱上层的高温热水，系统运行不久就可以取到热水使用；缺点是从储热水箱底部进入的冷水会与储热水箱内的热水进行冷热混合，降低储热水箱内热水的温度，减少可利用的热水。

落水法系统中无补水箱，热水依靠本身重力从储热水箱底部落下使用，如图 4-1（b）所示。落水法的优点是没有冷热水的混合；缺点是必须将储热水箱底部及管路中温度较低的热水放掉后才可取到热水。

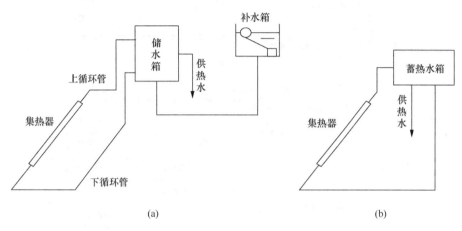

图 4-1　自然循环太阳能热水系统（直接系统）示意图
（a）有补水箱；（b）无补水箱

自然循环系统的优点是系统结构简单、不需要附加动力和辅助能源，运行安全可靠、管理方便、设备维护费用少；缺点是为了维持必要的热虹吸压头，并防止系统在夜间产生倒流现象，储水箱必须置于集热器的上方，而且高度差要大，通常为 1～2m。因为大型系统的储水箱很大，管道也多，将储水箱置于集热器上方，在建筑布置、荷重设计和安装工作上都会带来很多问题。因此，这种自然循环方式不太适用于大型太阳能热水系统，而较适用于家用太阳能热水器和中小型太阳能热水系统。

2. 强制循环系统

强制循环太阳能热水系统是在集热器和储水箱之间的管路上设置水泵，作为系统中水的循环动力，水在流经集热器时，不断带走集热器收集的太阳辐射能，最后热水流入储热水箱并储存其内，其原理如图 4-2 所示。该系统应设置控制装置，根据集热器出口温度与储热水箱内温度间的差值控制水泵启停。为了防止夜间或水泵突然停止时发生倒流而引起热量损失，应在水泵的入口处装上止回阀。该系统在天冷时，靠泵和防冻阀也能将集热器中的水排空。

根据储热水箱是否设置换热装置，强制循环系统可分为直接式（单回路系统）和间接式（双回路系统）两类。双回路中的换热器既可以是浸没式换热器，也可以是板式换热器。板式换热器和浸没式换热器相比，有如下优点：首先，板式换热器具有传热温差小和

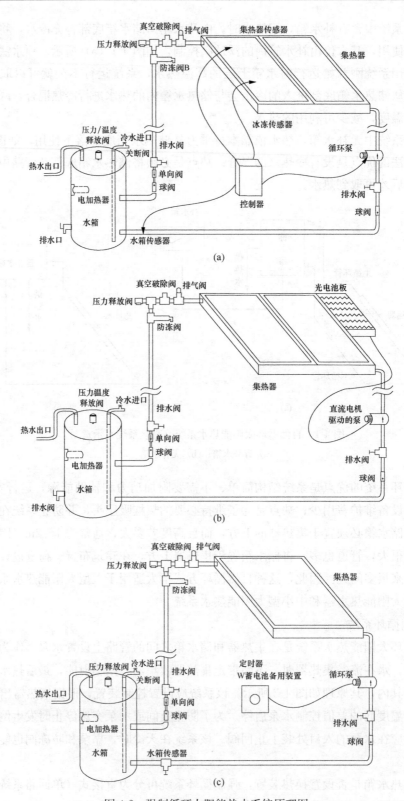

图 4-2 强制循环太阳能热水系统原理图

(a) 温差控制型；(b) 光电控制型；(c) 定时器控制型

换热面积大的特点，因此，设置板式换热器对系统效率影响少；其次，板式换热器具有设置灵活性较大，便于在系统中布置的长处；最后，板式换热器是已标准化、商品化的产品，因而，该换热器的质量容易得到保证，且可靠性高。

根据采用控制器的不同，强制循环系统可分为温差控制型、光电控制型和定时器控制型三类。温差控制型强制循环系统如图 4-2（a）所示。该系统依靠集热器出口水温和水箱下部水温间的温差来控制循环水泵启停实现系统的运行与停止。当有太阳时，集热器内的水吸收太阳辐射能而被加热，水温逐步升高，一旦集热器出口水温和蓄热水箱底部水温之间的温差达到 8～10℃的设定值时，温差控制器启动循环泵，系统开始运行；遇到阴雨天气或下午日落前，太阳辐射能量降低，集热器温度逐步降低，一旦集热器出口处水温和蓄热水箱底部水温之间的温差降至 3～4℃的设定值时，温差控制器关闭循环泵，系统停止运行。光电控制型强制循环系统如图 4-2（b）所示。该系统由太阳能电池板所产生的电能来控制循环水泵启停实现系统的运行与停止。随太阳逐渐升起，其辐照度逐渐增加，当太阳辐照度达到设定的阈值（$150W/m^2$ 左右）时，光电温差控制器就会产生直流电信号，启动循环泵，系统开始运行；遇到阴雨天气或下午日落前，太阳辐照度逐渐降低，当太阳辐照度低于某个阈值时，光电温差控制器产生直流电信号弱或不产生直流电信号，关闭循环泵，系统停止运行。这样系统某天所获得的热水量取决于该天的日照情况。日照条件好时，热水量多且温度也高；日照较差时，热水就少且温度也低。图 4-2（c）是定时器控制型强制循环系统。该系统的运行与停止是根据控制器事先设定的时间来启动或关闭循环泵来实现的。该系统运行的可靠性主要取决于人为因素，往往比较麻烦。如下雨或多云天气时，控制器也会定时开启，将储热水箱中未用完的热水通过集热器，造成热量损失。因此若没有专门的管理人员，最好不要轻易地选用该系统。

用热水时，同样有两种取热水的方法：顶水法和落水法。在强制循环条件下，由于储热水箱内的水得到充分混合，没有明显的温度分层，所以顶水法和落水法一开始都可以取到热水。顶水法与落水法相比，其优点是热水在压力下的喷淋可提高使用者的舒适度，而且不必考虑向储水箱补水的问题；缺点也是从储热水箱底部进入的冷水会与储热水箱内的热水掺混。落水法的优点是没有冷热水的掺混，但缺点是热水靠重力落下影响使用者的舒适度，而且必须每天考虑向储热水箱补水的问题。

强制循环系统可适用于大、中、小型各种规模的太阳能热水系统。

3. 直流式系统

直流式太阳能热水系统是使水一次通过集热器，将水加热至所需温度后，进入储热水箱或用水点的非循环热水系统。该系统在循环系统的基础上发展而成。直流式系统通常有热虹吸型及定温放水型两种。

（1）热虹吸型

热虹吸型直流系统由集热器、储水箱、补给水箱和连接管路组成，如图 4-3（a）所示。其工作原理是，当有太阳照射时，集热器中的水温度升高，回路中产生热虹吸压头，热水不断从上升管流入储热水箱，补水箱中的冷水经下降管补入集热器，形成自然循环。当无太阳照射时，集热器、上升管和下降管中均充满水且温度一致，故不流动。这种热虹吸型直流热水系统的流量具有自调节功能，但热水温度不能调节，并且要求补水箱中的水位与集热器热水出口管最高位置一致。

（2）定温放水型

为了获得温度符合用户要求的热水，可以采用定温放水型直流式太阳能热水系统，如图4-3（b）所示。集热器进口管与自来水管连接。集热器内的水吸收太阳辐射能后，温度逐渐升高。在集热器出口处安装测温元件，通过温度控制器，控制安装在集热器进口管路上电磁阀的开度。根据集热器出口温度来调节集热器进口水流量，使出口水温始终保持恒定。这种系统运行的可靠性取决于变流量电磁阀和控制器的工作质量。也可以将只有开启和关闭两种状态的电磁阀安装在集热器出口处。当集热器出口温度达到某一设定值时，通过温度控制器开启电磁阀，热水从集热器出口流入储水箱，与此同时自来水补充进入集热器，直至集热器出口温度低于设定值时，关闭电磁阀。该类型定温放水的方式虽然较为简单，但由于电动阀关闭存在滞后现象，所以获得的热水温度会比设定值略低。

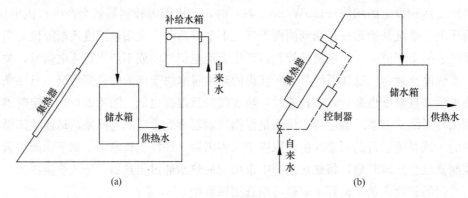

图 4-3　直流式太阳能热水系统
（a）热虹吸型；（b）定温放水型

直流式太阳能热水系统有很多优点：①与强制循环系统相比，直流式系统不需要设置循环水泵。②与自然循环系统相比，直流式系统可将储热水箱放置于室内，减少了水箱对环境的热损，对储水箱保温的要求也可相应降低。③直流式系统在较差的天气条件下，只会影响所得热水的数量，不会影响热水的水温，然而在同样差的天气条件下，自然循环系统储热水箱的热水却可能因为水温过低而失去使用价值。④通过控制流量可以调节集热器出口的水温，且避免了冷热水在储水箱中的掺混，使进入储水箱的热水即可使用，因此，每天能较早得到温度符合要求的热水。⑤容易实现在冬季夜间将集热器中水排空，降低严冬季节冻坏的危险；⑥对于连续用水，储热水箱的容积可大大减少，因而降低了投资成本。

直流式系统的主要缺点是系统运行的可靠性依赖于温度控制器和电磁阀的质量，而且需安装一套较为复杂的控制装置，初投资有所增加[6]。

4.2　太阳能热水系统的设计

太阳能热水系统主要由太阳能集热系统、辅助能源系统、控制系统、换热蓄热装置、泵、连接管道和热水供应系统构成。其中，太阳能集热器系统和辅助能源系统属于系统能源供应部分，换热蓄热装置属于能源储存部分，热水供应系统属于能源利用部分[7]。

确定太阳能热水系统设计，必须充分考虑到用户单位的具体实际应用，收集太阳能热水系统安装的有关资料。本节将从负荷计算、设备选型和蓄热介质等方面进行介绍。

4.2.1　负荷计算

1. 设计小时耗热量

设有集中热水供应系统的居住小区的设计小时耗热量，应按下列规定计算[8]：

（1）当居住小区内配套公共设施的最大用水时段与住宅的最大用水时段一致时，应按两者的设计小时耗热量叠加计算；

（2）当居住小区内配套公共设施的最大用水时段与住宅的最大用水时段不一致时，应按住宅的设计小时耗热量与配套公共设施的平均小时耗热量叠加计算。

宿舍（居室内设卫生间）、住宅、别墅、酒店式公寓、招待所、培训中心、旅馆、宾馆的客房（不含员工）、医院住院部、养老院、幼儿园、托儿所（有住宿）、办公楼等建筑的全日集中热水供应系统的设计小时耗热量应按下式计算：

$$Q_h = K_h \frac{m q_r C (t_r - t_1) \rho_r C_\gamma}{T} \tag{4-1}$$

式中　Q_h——设计小时耗热量，kJ/h；

m——用水计算单位数，人数或床位数；

q_r——热水用水定额，L/(人·d) 或 L/(床·d)，按《建筑给水排水设计标准》GB 50015—2019 表 6.2.1-1 中最高日用水定额采用；

t_r——热水温度，℃，$t_r = 60$℃；

C——水的比热，kJ/(kg·℃)，$C = 4.187$kJ/(kg·℃)；

t_1——冷水温度，℃，按《建筑给水排水设计标准》GB 50015—2019 表 6.2.5 取用；

ρ_r——热水密度，kg/L；

T——每日使用时间（h），按《建筑给水排水设计标准》GB 50015—2019 表 6.2.1-1 取用；

C_γ——热水供应系统的热损失系数，$C_\gamma = 1.10 \sim 1.15$；

K_h——小时变化系数，可按表 4-3 取用。

热水小时变化系数 K_h 值　　　　　　　　　　　　　表 4-3

类别	住宅	别墅	酒店式公寓	宿舍（居室内设卫生间）	招待所培训中心、普通旅馆	宾馆	医院、疗养院	幼儿园、托儿所	养老院
热水用水定额 [L/(人（床）·d)]	60~100	70~110	80~100	70~100	25~40 40~60 50~80 60~100	120~160	60~100 70~130 110~200 100~160	20~40	50~70

类别	住宅	别墅	酒店式公寓	宿舍（居室内设卫生间）	招待所培训中心、普通旅馆	宾馆	医院、疗养院	幼儿园、托儿所	养老院
使用人（床）数	100～6000	100～6000	150～1200	150～1200	150～1200	150～1200	50～1000	50～1000	50～1000
K_h	4.8～2.75	4.21～12.47	4.0～2.58	4.8～3.2	3.84～3.0	3.33～2.6	3.63～2.56	4.8～3.2	3.2～2.74

注：1. 表中热水用水定额与《建筑给水排水设计标准》GB 50015—2019 中的表 6.2.1-1 中最高日用水定额对应。

2. K_h 应根据热水用水定额高低、使用人（床）数多少取值。当热水用水定额高、使用人（床）数多时取低值，反之取高值。当使用人（床）数小于或等于下限值及大于或等于上限值时，K_h 取上限值及下限值，中间值可用定额与人（床）数的乘积作为变量内插法求得。

3. 设有全日集中热水供应系统的办公楼、公共浴室等，表中未列入的其他类建筑的 K_h 值可按《建筑给水排水设计标准》GB 50015—2019 表 3.2.2 中给水的小时变化系数选取。

定时集中热水供应系统，工业企业生活间、公共浴室、宿舍（设公用盥洗卫生间）、剧院化妆间、体育场（馆）运动员休息室等建筑的全日集中热水供应系统及局部热水供应系统的设计小时耗热量应按下式计算：

$$Q_h = \sum q_h C(t_{r1} - t_1) \rho_r n_o b_g C_\gamma \tag{4-2}$$

式中　q_h——卫生器具热水的小时用水定额，L/h，按《建筑给水排水设计标准》GB 50015—2019 第 6.2.1 条第 2 款取用；

　　　t_{r1}——使用温度，按《建筑给水排水设计标准》GB 50015—2019 第 6.2.1 条第 2 款"使用水温"取用，℃；

　　　n_o——同类型卫生器具数；

　　　b_g——同类型卫生器的同时使用百分数。住宅、旅馆、医院、疗养院病房、卫生间内浴盆或淋浴器可按 70%～100% 计，其他器具不计，但定时连续供水时间应大于或等于 2h；工业企业生活间、公共浴室、宿舍（设公用盥洗卫生间）、剧院，体育场（馆）等的浴室内的淋浴器和洗脸盆均按《建筑给水排水设计标准》GB 50015—2019 表 3.7.8-1 的上限取值；住宅一户设有多个卫生间时，可按一个卫生间计算。

具有多个不同使用热水部门的单一建筑或具有多种使用功能的综合性建筑，当其热水由同一全日集中热水供应系统供应时，设计小时耗热量可按同一时间内出现用水高峰的主要用水部门的设计小时耗热量加其他用水部门的平均小时耗热量计算。

2. 设计小时热水量

设计小时热水量可按下式计算：

$$q_{rh} = \frac{Q_h}{(t_{r2} - t_1) C \rho_r C_\gamma} \tag{4-3}$$

式中　q_{rh}——设计小时热水量，L/h；

　　　t_{r2}——设计热水温度，℃。

3. 热源设备的设计

集中热水供应系统中，热源设备、水加热设备的设计小时供热量宜按下列原则确定。

导流型容积式水加热器或蓄热容积与其相当的水加热器、燃油（气）热水机组应按下式计算：

$$Q_g = Q_h - \frac{\eta \cdot V_r}{T_1}(t_{r2} - t_1)C \cdot \rho_r \tag{4-4}$$

式中　Q_g——导流型容积式水加热器的设计小时供热量，kJ/h；

η——有效贮热容积系数，导流型容积式水加热器 η 取 $0.8\sim0.9$；第一循环系统为自然循环时，卧式贮热水罐 η 取 $0.80\sim0.85$；立式贮热水罐 η 取 $0.85\sim0.90$；第一循环系统为机械循环时，卧、立式贮热水罐 η 取 1.0；

V_r——总蓄热容积，L；

T_1——设计小时耗热量持续时间，h。全日集中热水供应系统 T_1 取 $2\sim4$h；定时集中热水供应系统 T_1 等于定时供水的时间。

当 Q_g 计算值小于平均小时耗热量时。Q_g 应取平均小时耗热量。

半容积式水加热器或蓄热容积与其相当的水加热器、燃油（气）热水机组的设计小时供热量应按设计小时耗热量计算。

半即热式、快速式水加热器的设计小时供热最应按下式计算：

$$Q_g = 3600q_g(t_y - t_1)C \cdot \rho_y \tag{4-5}$$

式中　Q_g——半即热式、快速式水加热器的设计小时供热量，kJ/h；

q_g——集中热水供应系统供水总干管的设计秒流量，L/s。

4.2.2　设备选型

1. 技术要求

太阳能热水系统及其主要部件的技术指标，应符合相关太阳能产品国家现行标准的规定。太阳能热水系统应采取防冻、防结露、防过热、防电击、防雷、抗雹、抗风、抗震等技术措施。

太阳能热水系统应有良好的耐久性能，系统中集热器、蓄热水箱、支架等主要部件的正常使用寿命不应少于 10 年。太阳能热水系统的供水水温、水压和水质应符合现行国家标准《建筑给水排水设计标准》GB 50015 的有关规定。太阳能热水系统中的辅助能源加热设备种类应根据建筑物使用特点、热水用量、能源供应、维护管理及卫生防菌等因素选择，并应符合现行国家标准《建筑给水排水设计标准》GB 50015 的有关规定。

2. 集热器总面积

直接系统的集热器总面积可按下式计算：

$$A_C = \frac{Q_w \rho_w C_w(t_{end} - t_o)f}{J_T \eta_d(1 - \eta_L)} \tag{4-6}$$

式中　A_C——直接系统的集热器总面积，m^2；

Q_w——日均用热水量，L，$Q_w = q_r m b_1$；

C_w——水的定压比热容，kJ/(kg·℃)；

ρ_w——水的密度，kg/L；

t_{end} —— 蓄热水箱内热水的终止设计温度，℃；

t_o —— 蓄热水箱内冷水的初始设计温度，通常取当地年平均冷水温度，℃；

J_T —— 当地集热器采光面上的年平均日太阳辐照量，kJ/m^2，可按《建筑给水排水设计标准》GB 50015—2019 附录 A 确定；

f —— 太阳能保证率，%，太阳能热水系统在不同太阳能资源区的太阳能保证率 f 可按《建筑给水排水设计标准》GB 50015—2019 表 5.4.2-3 的推荐范围选取；

η_d —— 基于总面积的集热器年平均集热效率，%，应根据集热器产品基于集热器总面积的瞬时效率方程（瞬时效率曲线）的实际测试结果，按《建筑给水排水设计标准》GB 50015—2019 附录 B 规定的方法进行计算；

η_L —— 太阳能集热系统中蓄热水箱和管路的热损失率，根据经验取值宜为 0.20～0.30；

q_r —— 平均日热水用水定额，L/(人·d)，L/(床·d)，应符合《建筑给水排水设计标准》GB 50015—2019 的相关规定，并应按标准中表 5.4.2-1 确定；在计算太阳能集热器总面积时，应选用标准中表 5.4.2-1 中的平均日热水用水定额；

m —— 计算用水的人数或床数；

b_1 —— 同日使用率，平均值应按实际使用工况确定，当无条件时，可按《建筑给水排水设计标准》GB 50015—2019 表 5.4.2-2 取值。

间接系统的集热器总面积可按下式计算：

$$A_{IN} = A_c \cdot \left(1 + \frac{U \cdot A_c}{U_{hx} \cdot A_{hx}}\right) \tag{4-7}$$

式中　A_{IN} —— 间接系统集热器总面积，m^2；

A_c —— 直接系统集热器总面积，m^2；

U —— 集热器总热损系数，$W/(m^2 \cdot ℃)$，对平板型集热器，U 宜取 4～6$W/(m^2 \cdot ℃)$；对真空管集热器，U 宜取 1～2$W/(m^2 \cdot ℃)$，具体数值应根据集热器产品实际测试结果而定；

U_{hx} —— 换热器传热系数，$W/(m^2 \cdot ℃)$，查产品样本得出；

A_{hx} —— 换热器换热面积，m^2，查产品样本得出。

3. 蓄热装置有效容积

集中集热、集中供热太阳能热水系统的蓄热水箱宜与供热水箱分开设置，串联连接，蓄热水箱的有效容积可按下式计算：

$$V_{rx} = q_{rjd} \cdot A_j \tag{4-8}$$

式中　V_{rx} —— 蓄热水箱的有效容积，L；

A_j —— 集热器总面积，m^2，$A_j = A_c$ 或 $A_j = A_{IN}$；

q_{rjd} —— 单位面积集热器平均日产温升 30℃ 热水量的容积，$L/(m^2 \cdot d)$，根据集热器产品参数确定，无条件时，可按表 4-4 选用。

单位集热器总面积日产热水量推荐取值范围［单位：L/(m² · d)］　　表 4-4

太阳能资源区划	直接系统	间接系统
Ⅰ资源极富区	70～80	50～55
Ⅱ资源丰富区	60～70	40～50
Ⅲ资源较富区	50～60	35～40
Ⅳ资源一般区	40～50	30～35

注：1. 当室外环境最低温度高于 5℃时，可以根据实际工程情况采用日产热水量的高限值；

2. 本表是按照系统全年每天提供温升 30℃热水，集热系统年平均效率为 35%，系统总热损失率为 20%的工况下估算的。

当蓄热水箱与供热水箱分开设置时，供热水箱的有效容积应符合现行国家标准《建筑给水排水设计标准》GB 50015 的规定。

集中集热、分散供热太阳能热水系统宜设有缓冲水箱，其有效容积一般不宜小于 $10\%V_{rx}$。

4. 集热器安装设计

对朝向为正南、南偏东或南偏西不大于 30°的建筑，集热器可朝南设置，或与建筑同向设置；对朝向为南偏东或南偏西大于 30°的建筑，集热器宜朝南设置或南偏东、南偏西小于 30°设置；对受条件限制，集热器不能朝南设置的建筑，集热器可朝南偏东、南偏西或朝东、朝西设置；水平安装的集热器可不受朝向的限制；但当真空管集热器水平安装时，真空管应东西向放置；在平屋面上宜设置集热器检修通道。

集热器与前方遮光物或集热器前后排之间的最小距离可按下式计算：

$$D = H \times \cot\alpha_s \times \cos\gamma \tag{4-9}$$

式中　D——集热器与前方遮光物或集热器前后排之间的最小距离，m；

H——集热器最高点与集热器最低点的垂直距离，m；

α_s——太阳高度角，°，对季节性使用的系统，宜取当地春秋分 12：00 时的太阳高度角；对全年性使用的系统，宜取当地冬至日 12：00 时的太阳高度角；

γ——集热器安装方位角，°。

4.2.3　热储存

1. 一般要求

总体上来讲，人们总是希望太阳能热储存系统具有蓄能密度尽量大、蓄热时间尽量长、取放热过程温度波动范围尽量小以及热损失小等特点。

(1) 对蓄热介质的要求

1) 蓄能密度大，即单位质量或单位体积的储热量大。对显热储存，要求蓄热介质的比热容和密度都尽可能大；对潜热储存，要求蓄热介质的相变潜热尽可能大；对化学反应热储存，则要求蓄热介质的反应热和反应分数尽可能大。蓄能密度大可减小储热容器的体积，并降低整个储热装置的成本。

2) 来源丰富、价格低廉，比如在显热储存系统中常用的水和岩石、在潜热储存系中用得较多的无机水合盐和石蜡等。

3) 化学性质不活泼，无腐蚀性、无毒性、不易燃、安全性好，特别是在中、高温储热系统中，腐蚀现象更为严重，这不仅缩短了储热容器的使用寿命，还因为需要采取相应的防腐蚀措施而使成本大为提高。因此，无腐蚀性在选择蓄热材料时是一个相当重要的因素。

4) 储热和取热简单方便，例如，储热水箱和岩石堆积床的储热和取热过程都比较简单方便。

5) 能反复使用，性能长期稳定不变，例如，显热储存材料水和岩石在中低温情况下可以经过多次反复使用而性能不发生改变；而岩石在高温下使用则容易碎裂，相变蓄热材料无机水合盐在反复使用的过程中会出现晶液分离现象。

(2) 对储热容器隔热措施的要求

特别是在中、高温条件下储热时，为了使所储存的热量在整个储热期间都能保持所需的热级，必须对储热容器采取严格的隔热措施。所采用的隔热措施分别针对传导、对流和辐射 3 种传热方式：

1) 传导——最简单的办法就是采用优质隔热砖或其他隔热材料，如果是静态储热装置，并且不会发生冲击、振动和沉积，采用耐火纤维（例如石英纤维）及其织品就会产生很好的隔热效果。近年来开始采用更为完善的工艺，如将带有反射屏的多孔纤维薄壁（如以瓦棱纸板、尼龙布或塑料作为衬底的铝箔）置于其中，效果良好。

2) 对流——通常仍旧采用传统的双层薄壁中间抽成真空的杜瓦瓶原理，消除由于对流所产生的热损失。

3) 辐射——储热温度越高，辐射热损失就占有越重要的份额。通常采取储热容器的内壁上安装用耐火纤维彼此隔开的多维反射屏（需经抛光）的措施。一般采用具有一定机械强度的多孔金属进行多层次的配置。

2. 显热储存

显热储存是各种储热方式中原理最简单、技术最成熟、材料来源最丰富、成本最低廉的一种，因而也是实际应用最普遍的一种。

显热储存利用物质在温度升高（或降低）时吸收（或放出）热量的性质来实现储热的目的。在一般情况下，物质体积元 dV 在温度升高（或降低）dT 时所吸收（或放出）的热量 dQ 可用下式表示：

$$dQ = \rho(T,r)dV \cdot c(T)dT \qquad (4\text{-}10)$$

式中　$\rho(T,r)$ ——物质的密度，一般来说是温度 T 和位置坐标 r 的函数；

　　　$c(T)$ ——物质的比热容，一般来说是温度的函数。

由于在太阳能热利用中所使用的显热储存材料大多是各向同性的均匀介质，且范围多在中、低温区域，此时 ρ 和 c 可视为常量。因此，可将（4-10）式简化为：

$$dQ = dm \cdot cdT \qquad (4\text{-}11)$$

式中，$dm = \rho dV$，是物质体积元的质量。

对于质量为 m 的物体，当温度由 T_1 变化至 T_2 时，其吸收（或放出）的热量 Q 可用下式计算：

$$Q = \int_{T_1}^{T_2} mc\, dT = mc(T_2 - T_1) \tag{4-12}$$

（1）液体显热储存

利用液体（特别是水）进行显热储存，是各种显热储存方式中理论和技术最成熟、推广和应用最普遍的一种。一般要求液体显热储存介质除具有较大的比热容外，还要有较高的沸点和较低的蒸气压，前者是避免发生相变（变为气态），后者则是为减小对储热容器产生的压力。

在低温液态显热介质中，水是一种比热容最大、便宜易得、性能优良的储热介质，因而也是最常使用的一种介质。其优点包括：①物理、化学和热力学性质很稳定；②传热及流动性能好；③可以兼作储热介质和传热介质，在储热系统内可以免除热交换器；④液—汽平衡时的温度—压力关系十分适用于平板型太阳能集热器；⑤来源丰富，价格低廉，无毒，使用安全。同时，水也存在一定局限和缺点：①作为一种电解腐蚀性物质，所产生的氧气易于锈蚀金属，且对于大部分气体（特别是氧气）来说都是溶剂，因而对容器和管道容易产生腐蚀；②凝固（结冰）时体积膨胀较大（达 10％左右），易对容器和管道造成破坏；③在中温以上（超过 100℃后），其蒸气压会随绝对温度的升高而呈指数增大，故用水来储热，温度和压力都不能超过其临界点（374.0℃，$2.2 \times 10^7 Pa$），如就成本而言，储热温度为 300℃时的成本比储热温度为 200℃时的成本要高出 2.75 倍。

利用水作为显热储热介质时，可以选用不锈钢、铝合金、钢筋水泥、铜、铁、木材以及塑料等各种材料制作储热水箱，其形状可以是圆柱形、球形或箱形等，但应注意所用材料的防腐蚀性和耐久性。例如选用水泥和木材作为储热容器材料时，就必须考虑其热膨胀性，以防止因久用产生裂缝而漏水。

如上所述，水是中、低温太阳能系统中最常用的液体显热储热介质，其价廉而丰富，并具有许多好的储热性能。但是，温度在沸点以上时，水就需要加压。有一些液体也可用于 100℃以上作为储热介质而不需要加压。例如一些有机化合物，其密度和比热容虽比水小并且易燃，但部分液体的储热温度不需要加压就可以超过 100℃。一些比热容较大的普通有机液体的物理性质列于表 4-5。由于这些液体都是易燃的，应用时必须有专门的防火措施。此外，有些液体黏度较大，使用时需要加大循环泵和管道的尺寸。

液体显热储存材料的物理性质　　　　　　　　　　　　　　　表 4-5

液体储热材料	密度（20～25℃）（kg/m³）	比热容（20～25℃）[kJ/(kg·℃)]	常压沸点（℃）
乙醇	790	2.4	78
丙醇	800	2.5	97
丁醇	809	2.4	118
异丙醇	831	2.2	148
异丁醇	808	3.0	100
辛烷	704	2.4	126
水	1000	4.2	100

（2）固体显热储存

一般固体材料的密度都比水大，但考虑到固体材料的热容量小，并且固体颗粒之间存在空隙，所以以质量计，固体材料的储能密度只有水的 $1/4 \sim 1/10$。尽管如此，在岩石、砂石等固体材料比较丰富而水资源又很匮乏的地区，利用固体材料进行显热储热，不仅成本低廉，也比较方便。固体显热储存通常与太阳能空气型集热器配合使用。由于岩石、砂石等颗粒之间导热性能不良而容易引起温度分层，这种显热储存方式通常适用于空气供暖系统。

固体显热储存的主要优点有：①在中、高温下利用岩石等储热不需加压，对容器的耐压性能没有特殊要求；②以空气作为传热介质，不会产生锈蚀；③储热和取热时只需利用风机分别吹入热空气和冷空气，管路系统比较简单。

固体显热储存的主要不足之处在于：①固体本身不便输送，故必须另用传热介质，一般多用空气；②储热和取热时的气流方向恰好相反，故无法同时兼做储热和取热之用；③较液体显热储存蓄能密度小，所需使用的容器体积大。

3. 相变储热

潜热储存是利用物质发生相变时需要吸收（或放出）大量相变潜热的性质来实现储热的，有时又称为相变储热或熔解热储存。所谓相变潜热，就是单位质量物体发生相变时所吸收（或放出）的热量，其数值只与物质的种类有关，而与外界条件的关系极小。

质量为 m 的物体在相变时所吸收（或放出）的热量 Q 为：

$$Q = m\lambda \tag{4-13}$$

式中　λ——该物质的相变潜热，kJ/kg。

相变温度为 T_m 的材料，从温度 T_1 加热至温度 T_2，期间经历相变过程的总储热量 Q 为：

$$Q = \int_{T_1}^{T_m} m c_1 \mathrm{d}T + m\lambda + \int_{T_m}^{T_2} m c_2 \mathrm{d}T \tag{4-14}$$

式中　c_1——固态材料的比热容，kJ/(kg·℃)；

　　　c_2——液态材料的比热容，kJ/(kg·℃)。

通常，把物质由固态熔解成液态时所吸收的热量称为熔解潜热，而把物质由液态凝结成固态时所放出的热量称为凝固潜热。同样，把物质由液态蒸发成气态时所吸收的热量称为蒸发潜热（或汽化潜热），而把物质由气态冷凝成液态时所放出的热量称为冷凝潜热。把物质由固态直接升华成气态时所吸收的热量称为升华潜热，而把物质由气态直接凝结成固态时所放出的热量叫作凝固潜热。

在一般情况下 3 种潜热之间存在下列关系：

熔解潜热＋汽化潜热＝升华潜热

并且，3 种潜热之间在数值上存在下列关系：

熔解潜热＜汽化潜热＜升华潜热

但是，由于物质汽化或升华时，体积变化过大，对容器的要求过高，所以实际使用的往往都是熔解（凝固）潜热。此外，还可以利用某些固体（例如冰或其他晶体）的分子结构形态发生变化（亦称相变）时的潜热进行储热，这种相变潜热亦称迁移热。

4. 化学储热

前文介绍的太阳能显热储存和太阳能潜热储存都属于利用物理方法进行热储存。除了上述两种物理方法外，还可以利用化学方法实现太阳能热储存，这就是太阳能化学反应热储存。

所谓太阳能化学反应热储存，是通过可逆化学反应的反应热形式进行的，即利用可逆的吸、放热化学反应来储存和释放由太阳能转换成的热能。

一个最简单的可逆吸放热化学反应例子为：

$$AB + \Delta H \Leftrightarrow A + B \tag{4-15}$$

式中，AB 为化合物，A 和 B 为两个组分，ΔH 为反应热。这里，正反应是吸热反应（储存热量），逆反应是放热反应（释放热量）。反应进行的方向由温度（转折温度 T_c）决定，当 $T > T_c$ 时，反应正向进行，即由化合物 AB 分解成 A 和 B 两个组分，需要吸收热量 ΔH；而当 $T < T_c$ 时，反应逆向进行，即由 A 和 B 两个组分化合成 AB，即可放出相同的热量 ΔH。这种利用可逆的吸、放热化学反应来储热和放热的方法称为化学反应热储存，简称为化学储热。

可逆化学反应的储热量 Q 与反应程度和反应热有关，可表示为：

$$Q = \alpha_\tau m \Delta H \tag{4-16}$$

式中　α_τ——反应分数；

　　ΔH——单位质量反应物的反应热，kJ/kg；

　　m——反应物的质量，kg。

通常化学反应过程的能量密度很高，因此，少量的材料就可以储存大量的热。可逆化学反应热储存的另一优点是反应物可在常温下保存，无须保温处理。

选择化学反应的标准是：

（1）热力学的要求 ΔH 和 T 的值都必须适当，使温度范围和储能密度符合应用的要求。

（2）可逆性反应必须是可逆的，且不能有显著的附带反应。

（3）反应速率。正向和反向过程的反应速率都应足够快，以便满足对热量输入和输出的要求；同时，反应速率不能显著地随时间而改变。

（4）可控性。必须能够根据实际需要，随时使反应进行或停止。

（5）储存简易。反应物和产物都应能简易而廉价地加以储存。

（6）安全性。反应物和产物都不应由于其腐蚀性、毒性及易燃性等，对安全造成不可克服的危害。

（7）廉价和易得。所有的反应物和产物都必须容易获得，并且价格低廉。但是，对于价格的具体要求，只能针对具体的应用途径，通过详细的经济分析才能加以确定。

4.3 太阳能热水系统评价

4.3.1 热性能评价

1. 供水温度

太阳能热水系统的供水水温应按现行国家标准《建筑给水排水设计标准》GB 50015中的相关规定执行。

对水箱容积小于 600L 的小型太阳能热水系统，在日太阳辐照量为 $17MJ/m^2$，日平均环境温度为 15~30℃，环境风速小于或等于 4m/s 工况下：集热开始时，储热水箱内水温为 20℃；集热结束时，太阳能热水系统储热水箱内的水温应升至 45℃ 及以上。

对水箱容积大于 600L 的太阳能热水系统，在日太阳辐照量为 $17MJ/m^2$，日平均环境温度为 8~39℃，环境风速小于或等于 4m/s 工况下：集热开始时，储热水箱内水温为 8~25℃；集热结束时，太阳能热水系统储热水箱内水的温升应升至 25℃ 及以上。

保证安全的供水水温，设置恒温混合阀等装置限制供水温度不致超过标准规范的要求。

2. 日有用得热量

水箱容积小于 600L 的小型太阳能热水系统（太阳能集热器与储热水箱），在日太阳辐照量为 $17MJ/m^2$，日平均环境温度为 15~30℃，环境风速小于或等于 4m/s 的工况下：集热开始时，储热水箱内水温为 20℃；集热结束时，太阳能热水系统的日有用得热量应大于或等于 $7.0MJ/m^2$；水箱的平均热损因数应小于 $22W/(m^3 \cdot K)$。

对于水箱容积大于 600L 的太阳能热水系统，在日太阳辐照量为 $17MJ/m^2$，日平均环境温度为 8~25℃ 的工况下：集热结束时，对于直接系统，日有用得热量应大于或等于 $7.0MJ/m^2$；对于间接系统，日有用得热量应大于或等于 $6.3MJ/m^2$。在当地标准温差条件下，储热水箱中水的温降值应为：水箱容积 $V \leqslant 2m^3$ 时，温降值小于或等于 8℃；水箱容积为 2~4m^3 时，温降值小于或等于 6.5℃；当水箱容积大于 4m^3 时，温降值小于或等于 5℃。

3. 年热性能预测

在民用建筑上安装使用的太阳能热水系统，宜进行系统年热性能预测的试验检测。该试验检测应符合相关国际、国内标准的要求，并应具有科学性、权威性、公正性，由质量监督检验机构完成。

4.3.2 环境效益评价

1. 二氧化碳减排量

太阳能热利用系统的二氧化碳减排量 Q_{rCO_2} 应按下式计算：

$$Q_{rCO_2} = Q_{tr} \times V_{rCO_2} \tag{4-17}$$

式中　Q_{rCO_2}——太阳能热利用系统的二氧化碳减排量，kg；

Q_{tr} ——太阳能热利用系统的常规能源替代量，kgce；

V_{rCO_2} ——标准煤的二氧化碳排放因子，kg/kgce，根据《可再生能源建筑应用工程评价标准》GB/T 50801—2013，取 $V_{rCO_2}=2.47$kg/kgce。

2. 二氧化硫减排量

太阳能热利用系统的二氧化硫减排量 Q_{rSO_2} 应按下式计算：

$$Q_{rSO_2} = Q_{tr} \times V_{SO_2} \tag{4-18}$$

式中　Q_{rSO_2} ——太阳能热利用系统的二氧化硫减排量，kg；

Q_{tr} ——太阳能热利用系统的常规能源替代量，kgce；

V_{SO_2} ——标准煤的二氧化硫排放因子，kg/kgce，根据《可再生能源建筑应用工程评价标准》GB/T 50801—2013，取 $V_{SO_2}=0.02$kg/kgce。

3. 粉尘减排量

太阳能热利用系统的粉尘减排量 Q_{rfc} 应按下式计算：

$$Q_{rfc} = Q_{tr} \times V_{fc} \tag{4-19}$$

式中　Q_{rfc} ——太阳能热利用系统的粉尘减排量，kg；

Q_{tr} ——太阳能热利用系统的常规能源替代量，kgce；

V_{fc} ——标准煤的粉尘排放因子，kg/kgce，根据《可再生能源建筑应用工程评价标准》GB/T 50801—2013，取 $V_{fc}=0.01$kg/kgce。

4.3.3　经济效益评价

按照《可再生能源建筑应用工程评价标准》GB/T 50801—2013，太阳能集热系统的经济效益主要依据以下各项性能指标进行评价[9]。

1. 常规能源替代量

太阳能集热系统的常规能源替代量的评价应按下列规定进行：

（1）对于长期测试，全年的太阳能集热系统得热量 Q_{nj} 应选取《可再生能源建筑应用工程评价标准》GB/T 50801—2013 第 4.2.7 条确定的 Q_j 值。

（2）对于短期测试，Q_{nj} 应按下式计算：

$$Q_{nj} = x_1 Q_{j1} + x_2 Q_{j2} + x_3 Q_{j3} + x_4 Q_{j4} \tag{4-20}$$

式中　　　　Q_{nj} ——全年太阳能集热系统得热量，MJ；

Q_{j1}，Q_{j2}，Q_{j3}，Q_{j4} ——由《可再生能源建筑应用工程评价标准》GB/T 50801—2013 第 4.2.3 条第 4 款确定的各太阳辐照量下的单日集热系统得热量，MJ，由第 4.2.7 条得出；

x_1，x_2，x_3，x_4 ——由《可再生能源建筑应用工程评价标准》GB/T 50801—2013 第 4.2.3 条第 4 款确定的各太阳辐照量在当地气象条件下按供热水、供暖或空调的时期统计得出的天数。没有气象数据时，对于全年使用的太阳能热水系统，x_1，x_2，x_3，x_4 可按《可再生能源建筑应用工程评价标准》GB/T 50801—2013 附录 C 取值。

基于上述计算，太阳能热利用系统的常规能源替代量 Q_{tr} 应按下式计算；

$$Q_{tr} = \frac{Q_{nj}}{q\eta_t}$$

(4-21)

式中　Q_{tr}——太阳能热利用系统的常规能源替代量，kgce；

　　　Q_{nj}——全年太阳能集热系统得热量，MJ；

　　　q——标准煤热值，MJ/kgce，取 $q = 29.307$MJ/kgce；

　　　η_t——以传统能源为热源时的运行效率，按项目立项文件选取，当无文件明确规定时，根据项目适用的常规能源，应按表 4-6 确定。

以传统能源为热源时的运行效率 η_t　　　　　　表 4-6

常规能源类型	热水系统	供暖系统	热力制冷空调系统
电	0.31[①]	—	—
煤	—	0.70	0.70
天然气	0.84	0.80	0.80

① 综合考虑火电系统的煤的发电效率和电热水器的加热效率。

2. 费效比

太阳能热利用系统的费效比 CBR_r 应按下式计算：

$$CBR_r = \frac{3.6 \times C_{zr}}{Q_{tr} \times q \times N}$$

(4-22)

式中　CBR_r——太阳能热利用系统的费效比，元/kWh；

　　　C_{zr}——太阳能热利用系统的增量成本，元，增量成本依据项目单位提供的项目决算书进行核算，项目决算书中应对可再生能源的增量成本有明确的计算和说明；

　　　N——系统寿命期，根据项目立项文件等资料确定，当无明确规定，N 取 15 年。

3. 投资回收期

太阳能集热系统的静态投资回收期的评价应按下列规定进行：

首先，应根据下式计算太阳能热利用系统的年节约费用 C_{sr}：

$$C_{sr} = P \times \frac{Q_{zr} \times q}{3.6} - M_r$$

(4-23)

式中　C_{sr}——太阳能热利用系统的年节约费用，元；

　　　P——常规能源的价格，元/kWh，常规能源的价格 P 应根据项目立项文件所对比的常规能源类型进行比较，当无明确规定时，由测评单位和项目建设单位根据当地实际用能状况确定常规能源类型选取；

　　　M_r——太阳能热利用系统每年运行维护增加的费用，元，由建设单位委托有关部门测算得出。

太阳能热利用系统的静态投资回收年限 N 应按下式计算：

$$N_h = \frac{C_{zr}}{C_{sr}}$$

(4-24)

式中　N_h——太阳能热利用系统的静态投资回收年限，年；

$\quad\quad$ C_{zr}——太阳能热利用系统的增量成本，元，增量成本依据项目单位提供的项目决算书进行核算，项目决算书中应对可再生能源的增量成本有明确的计算和说明。

4.4　太阳能热水系统的发展及应用

4.4.1　太阳能热水与建筑一体化

一体化的含义指的是内在的联系和外在的相互结合[10]。建筑与太阳能技术一体化不是简单的"一加一"，而是使两种不同的东西有机结合在一起。也就是说从设计阶段开始，太阳能系统就应当作为建筑不可或缺的设计元素将其考虑在内，并巧妙地融入建筑之中，使太阳能系统成为建筑整体的一部分，而不是胡拼乱凑。总而言之，将太阳能产品及构件与建筑相结合并完美应用才是真正的太阳能技术与建筑一体化[11]。与建筑一体化的太阳能热水系统将对系统运行方式产生直接影响。目前，太阳能与建筑相结合主要有以下几种形式。

1. 与平屋顶的结合

平屋顶有其自身特点，在集热器放置上有很大优势，可以采用以下两种形式[12]：

（1）在支座内预埋钢板，上面焊接螺栓固定热水器，也就是钢筋混凝土支座与结构层一起浇筑。其中最重要的就是做好支座防水。支座防水的重点在于附加防水层，在设计上需要做空铺，这个宽度不应小于 250mm。在收头处理时，雨水可能会从开口处渗入防水层下部，要注意避免这个问题。为了防止卷材防水层收头翘边，可以应用压条钉固定或用密封材料封严卷材防水层。

（2）针对后加热水器的形式，可以使用预制混凝土支座。现在比较实用而且经常使用的支座，高度、宽度一般为 200mm。在建筑支座时，要注意伸出屋面的管线，通过预埋穿屋面套管来实现，这个套管可采用钢管或 PVC 管材。另外，应预留凹槽以助于用密封材料封严套管四周的找平层。

2. 与坡屋顶的结合

与坡屋顶的结合多采用屋顶飘板的设计。这种设计不仅可以满足太阳能供暖要求，还能满足制冷需求。在结构上，采用屋顶架设飘板钢结构。系统通常由储热水箱、溴化锂吸收式制冷机组、太阳能集热器系统、管路配件及控制系统组成。系统运行过程中，由于集热器安装在建筑屋顶飘板上，热量通过集热器收集，再经板式换热器换到集热水箱内，产生高温热水。夏季制冷时，吸收式溴化锂制冷机获得水泵输送的 83～88℃的高温热水，分水器收到机组产生的 7～12℃冷水，室内制冷末端采用风机盘管系统。冬季供暖时，热量通过集热器收集，通过板式换热器将热量换到集热水箱内，然后直接供给用户实现供暖。综上，这种系统在小区内能源的综合可持续利用方面发挥着重大作用。

3. 与墙面的结合

与墙面相结合形成墙面式集热系统，该方案是将墙面集热器安装在阳台之间墙面外侧的挑板上，放置 300L 水箱于墙面集热器后的挑板上。墙面集热器可以分为外挂式和内嵌式两种。外挂式墙面集热器外形尺寸为 2153mm×2960mm，轮廓采光面积为 5.396m²。内嵌式墙面集热器外形尺寸为 2030mm×2760mm，轮廓采光面积为 5.076m²。墙面式集热系统选用 U 形管墙面太阳能集热器为集热元件，为了达到每天为用户提供 300L 热水的目的，需要采用温差强制循环方式。同时，因为不同天气的变化，要保证热水供应，每个系统应配有室内辅助热源设备。另外，在阴雨天太阳能不足时，可开启辅助电加热确保热水供用。

4. 与阳台的结合

除了以上安装方式外，太阳能集热器还可与阳台相结合，形成阳台壁挂式集热系统。该系统主要由储热水箱、影屏智控系统、集热器、室内机及其管路配件组成，可以将储热水箱安装在阳台内。太阳能热水系统的集热元件可采用 U 形管，为温差强制循环系统，每日为用户提供 300L 热水，将影屏智控系统集电视、太阳能智能控制仪表以及多媒体影音于一体，实现系统可控全自动运行。

4.4.2 太阳能热水系统在高层建筑的应用

我国人口众多，土地稀缺，高层建筑是我国今后建筑住宅的主要建筑形式，建筑节能减排要求太阳能热水器必须是高层建筑的必要构成要素，故而出现了无水箱太阳能的设计理念——户内安装，合理化利用以及多能源智能互补理念[13]。

1. 无水箱太阳能热水器

无水箱太阳能热水器的结构分为窗户或护栏、集热器和智能变频温度压力流量控制装置三部分。

窗户就是阳台的普通窗户，型材可以是塑钢、铝合金、铝塑、隔热断桥铝材质。玻璃为两玻或三玻中空玻璃。只是窗户的下窗玻璃必须为超白钢化中空两玻或三玻玻璃。透光率不低于 92%，窗户下框高度为 60～80cm，长度为 150～360cm。窗户的左下角或右下角安装单项漏水阀。护栏材质为不锈钢或木质材料。

集热器由内直径为 12.4cm、外直径为 15cm、长度为 150～360cm 的大口径集热玻璃管，两端固定保温支撑件，封水盖，冷热导热水管等组成。

智能变频温度压力流量控制装置由智能变频恒温加热器、动静水压流量控制器、水路切换控制器、控制主板、净水装置、泄压装置组成。

2. 无水箱太阳能安装方式

无水箱太阳能按照安装方式分为户外安装和户内窗户安装两种，户外方式可进一步分为阳台壁挂式和护栏式两种。由于大口径集热玻璃管不但因集热和水压而极易爆管，破碎的玻璃制品坠落也会伤人伤物，而且也会因冬季防冻问题产生爆管。所以户外方式存在巨大安全隐患。因此，无水箱太阳能集热系统最好的安装方式是户内窗式。采用这种安装方式，冬季防冻问题自然解决，安全问题也迎刃而解。但是由于安装在室内，集热效率必然下降，为了提高集热效率，在室内需做好集热器的保温，最好的方式就是形成一个相对密闭的腔体。结构就像壁挂分体式的集热器结构，即平板窗式。

户内平板窗式安装虽然完美解决了无水箱太阳能系统与建筑融合的问题，彻底实现了太阳能与建筑一体化，也实现了太阳能热水器的耐久化。但是其使用的舒适性问题依然存在，要解决该问题就必须与家用常规热水器进一步结合。一般可以选择与家用热水器里的智能变频恒温即热式电热水器或智能变频恒温燃气热水器相结合。以上这两种方式中，与电热水器相结合的前期投入较小，使用相对安全；与燃气热水器结合前期投入较大，使用要求高，安全隐患较多，因此实际应用中首选为与电热水器相结合。

3. 在高层建筑中的应用

近年来，太阳能热水系统已普遍应用在一些多层住宅和公共建筑上，但由于我国住宅无论是房地产开发项目，还是保障性住房等，目前均以高层建筑为主，30 层以上的住宅建筑非常普遍。因而，太阳能热水系统在高层住宅中的应用是一个值得探讨的问题。以下对太阳能系统在高层应用中的几种主要形式进行简要介绍。

（1）分户集热分户储热系统

该系统也称为户式太阳能热水系统，是一种以住户为单位安装的太阳能热水系统，设置的太阳能集热系统所产生的热水，单独供给一户使用，一般选用阳台壁挂式。阳台壁挂式太阳能热水系统采用承压分体式太阳能热水器，集热器安装在建筑阳台外侧，储热水箱内置换热装置和电辅助加热装置。太阳能集热系统采用自然循环或强制循环非承压运行。集热器吸收太阳能使集热器内热媒介质温度升高，热媒通过换热装置与储热水箱中的水进行热交换，加热水箱中的水。水箱一般安装在阳台的角落，位置比集热器高，热水供应采用顶水式供水，辅助热源一般采用电加热，太阳能系统与电加热结合可实现全天候热水供应。

根据工作介质循环动力的不同，分户集热分户储热系统可进一步分为自然循环系统和强制循环系统。在自然循环系统中，集热器通过选择性吸收涂层吸收太阳能，加热平板流道内的导热介质（如乙二醇水溶液）。通过热虹吸原理，加热水箱中的介质，最后通过储水箱内的换热结构进行导热介质—水热交换，从而提高储水箱内的水温。集热器可以选用平板型集热器，也可选用承压式真空管集热器。自然循环系统的安装需要满足以下条件：集热器与水箱之间的循环管道总长度不能超过 4m；水箱最下端和集热器最上端最少要有300mm 高差；集热器与水箱之间的循环管道不能出现 90°弯头。上述 3 个条件不能同时满足时，需选用强制循环系统。

强制循环系统较自然循环系统增加 1 台循环泵和 1 个温度传感器，当集热器温度与水箱温度间的温差满足控制条件时，水箱内置的控制器自动控制循环泵开启；当二者温差低于设定的温差时，水箱内置的控制器自动控制循环泵关闭。

分户集热分户储热系统有以下明显优势：集热器与储热水箱分离，集热器安装在阳台外侧，可以解决高层建筑屋面安装面积不足的问题；集热器单独安装，能更好地与建筑融合，保证建筑的美观。日照资源丰富时，向用户供应的热量能单独将分户水箱中的水加热到设定温度，用户无须二次加热就能直接使用太阳能热水系统制备的热水；日照资源缺乏时，用户需要二次加热进行补偿；每户独立使用，便于后期维护管理；储热水箱承压供水，使用舒适性较好。

同时，分户集热分户储热系统存在以下两点局限：①由于建筑物阳台外立面可提供安装太阳能集热器的空间有限，一般根据建筑物情况每户太阳能系统可产热水量在80～120L之间，不能提供更大的热水量；②受建筑物楼间距的影响，建筑物偏下层安装的太阳能集热器受遮挡比较严重，影响光照。

（2）集中集热分户储热系统

集中集热分户储热系统可进一步分为开式系统和闭式系统。开式系统中，太阳能集热器采用非承压全玻璃真空管集热器，集热器和太阳能水箱集中放置在屋面，每户设置一个储热水箱，水箱内置换热盘管和电辅助加热装置。控制系统、循环装置及其他辅助设备放置在楼梯间或屋面。集中放置的集热器接受太阳照射温度升高，智能控制系统控制集热循环泵的启动或停止，逐渐将太阳能水箱中的水加热。当太阳能水箱中的水温度达到设定值后热媒循环泵启动，使太阳能水箱与用户储水箱进行换热循环，逐渐将用户储水箱中的水加热。用户使用的热水采用顶水式供水，保证了冷热水供水同源等压，使用方便舒适。用户的用水系统与太阳能热循环系统分开，太阳能热水系统向用户提供的是热量而不是热水，故不向用户收取热水费用。每户的辅助热源一般采用电加热，太阳能系统与电加热结合可实现全天候热水供应，开式系统适用于南方地区和北方冬季气温大于或等于−7℃的地区。

与开式系统不同，闭式系统采用承压式金属热管集热器，屋面可不设水箱，当集热器温度达到循环泵开启温度值时，循环水泵启动，集热器和用户储热水箱进行换热循环，逐渐将用户储热水箱中的水加热；当集热器温度下降到循环泵关闭温度值时，循环水泵自动关闭。其用水方式及辅助加热同开式系统。

集中集热分户储热系统的优点在于：①使用经济性，集中采热、分户供热系统产生的热量是通过换热的方式提供给用户的，用户无须支付太阳能产生热量的费用，只是在太阳辐照不足时需支出少量电费，总体使用成本低廉；②管理便捷性，即本系统集热器及循环控制设备均设置于公共空间，便于物业统一管理和维护，能够更有效地保证系统长期正常运行，在设备使用寿命期限内持续发挥效力，避免了用户因维护成本高所造成的投资浪费；③公摊费用低，因系统仅通过热媒换热向住户提供热量，故无须统一计量收费，系统运行费用低廉，用户易于承受；④用户公报费用低，用户仅需支付循环水泵的电耗；⑤建筑协调性（美观），真正满足"建筑一体化"的概念，集热器统一安装，可与建筑良好地结合。系统集热器集中设于屋顶采光最好的位置，与各户实际日照条件无直接关系，亦不需要每户均设南向阳台，因而建筑平面布局可以相对灵活；不多占用室内空间，利于减少土建成本。

同时，集中集热分户储热系统存在一定局限。比如，高层建筑用户众多但楼顶面积有限，在有限的可用面积内安装太阳能集热器产生的热量一般不能满足整栋建筑物的热水需求。此外，由于太阳能系统产生的热量需要通过管道输送到各户换热水箱内的换热盘管，管道距离较长，管道热量损失较大。

（3）集中集热集中供热系统

集中集热集中供热系统也称集中集热、分户计量、集中辅助加热系统。根据建筑物高度及辅助能源形式不同，该系统分为开式系统和闭式系统。

开式系统采用模块式太阳能热水系统，集热器集中放置在屋面，设置满足用户需求量的集中储热水箱，控制系统、循环水泵与其他辅助设备放置在设备间或屋面。集热器接受太阳照射温度升高，智能控制系统控制循环泵的启动或停止，将储热水箱底部的低温水顶入集热器，将集热器中的高温热水顶入储热水箱，通过往复循环，加热储热水箱中的水，供给一幢或数幢建筑物所需热水。热水供应采用强制循环方式，供水系统主管道定温循环。热水分户计量，存在热水收费问题。太阳能系统与常规能源（电）或空气源热泵结合可实现全天候热水供应。该类系统多适用于小高层建筑。

开式系统具有以下优点：太阳能系统集中布置在建筑物屋面，不影响建筑物美观；集中布置便于管理，系统成本低。同时存在以下不足：只适用于小高层，受屋面面积限制，太阳能保证率较小；需要物业部门参与管理；需要通过物业部门向用户收取热水费用。随着建筑形式的多样化，实际中还有把太阳能集热器安装在坡屋面上、安装在东、西向阳台上等多种安装方法，这需要依情况具体设计实施。

闭式系统则多适用于高层、超高层建筑。该类系统中，太阳能集热器（承压式金属热管集热器或平板型集热器）放置在高层建筑物屋面，承压式储热水罐、板式换热器、循环水泵、控制柜等设备放置在建筑物地下室设备间内。太阳能热水系统采用热媒（乙二醇水溶液）间接加热，传热工质通过太阳能热媒循环泵经屋面集热器加热后，经由循环管道进入地下室内设备间的板式换热器作为加热热源，通过板式换热器、板换水循环泵与储热水罐中的冷水进行换热，换热后传热工质返回屋面集热器，形成闭式循环，从而逐渐将储热水箱中的水加热。储热水箱中的热水通过冷水顶水式供给用户用水端。

该类系统的优点在于：太阳能集中布置，便于管理，不受楼高影响；太阳能集热器一般采用金属热管或金属 U 形管集热器，真空管内无水，不会存在爆管现象；太阳能系统加热介质一般选用冰点为 −25℃ 的乙二醇水溶液，不会产生管道冻堵情况。其不足之处在于：系统成本较高，受屋面面积限制，太阳能保证率较小；需要物业部门参与管理，且需要通过物业部门向用户收取热水费用。

本章参考文献

[1] 中科院电工研究所. 太阳热水系统设计、安装及工程验收技术规范[S]. GB/T 18713—2002. 北京：中国标准出版社，2002.

[2] 清华大学 等. 家用太阳热水器电辅助热源[S]. NY/T 513—2002. 北京：中国标准出版社，2002.

[3] 中国建筑标准设计研究院有限公司. 民用建筑太阳能热水系统应用技术标准[S]. GB 50364—2018. 北京：中国建筑工业出版社，2018.

[4] Solar heating-Domestic water heating systems—Part 2：Outdoor test methods for system performance characterization and yearly performance prediction of solar-only systems[S]. ISO 9459-2，1995.

[5] 何梓年，朱敦智 主编. 太阳能供热采暖应用技术手册[M]. 北京：化学工业出版社，2009.

[6] 罗运俊，何梓年，王长贵 编著. 太阳能利用技术[M]. 北京：化学工业出版社，2005.

[7] 孙如军，卫江红主编．太阳能热利用技术[M]．北京：冶金工业出版社，2017.

[8] 中国建筑设计研究院有限公司．建筑给水排水设计标准[S]．GB 50015—2019．北京：中国计划出版社，2019.

[9] 可再生能源建筑应用工程评价标准[S]．GB/T 50801—2013．北京．

[10] 禹翔天，杨军．解析太阳能热水系统与建筑一体化研究与发展现状[J]．山东工业技术，2017，3：222，271.

[11] 杨维菊．太阳能热水器与建筑一体化的探讨[J]．华中建筑，2000，11：62-64.

[12] 谷秀志．简论太阳能热水系统与建筑一体化技术的有效应用[J]．资源节约与环保，2016，5：67-68.

[13] 李新菊，孙如军．太阳能光热总论[M]．北京，清华大学出版社，2016.

第5章 太阳能供暖

我国2/3以上的国土面积属于寒冷、严寒地区，建筑供暖是北方城市最大的民生工程；随着人们生活水平和居住环境的改善，长江流域等夏热冬冷地区也出现冬季供暖的需求。此外，我国太阳能资源最为丰富的地区大多是气候寒冷、常规能源比较缺乏的偏远地区，这为太阳能供暖提供了优越的条件。因此，太阳能供暖是继太阳能热水之后，最具发展潜力的太阳能光热利用技术，具有广阔的应用前景。本章将系统介绍主、被动式太阳能供暖的工作原理、设计与评价方法以及该类技术的新近发展状况。

5.1 太阳能供暖系统原理及分类

5.1.1 太阳能供暖系统的分类

太阳能供暖的建筑称为太阳房。一般来说，太阳能供暖系统可分为两大类：主动式和被动式。主动式太阳能供暖系统又称为主动式太阳房；被动式太阳能供暖系统又称为被动式太阳房。

从太阳能热利用的角度看，被动式太阳能供暖系统又称自然式系统，主要分为：直接受益式、集热蓄热墙式、附加温室式、屋顶集热蓄热式和自然对流回路式等。

主动式太阳能供暖系统可以按照不同的依据进行分类，包括：工作介质、工作温度、太阳能集热器种类、系统蓄热能力、集热系统换热方式以及供暖用户数量等。

按使用工作介质的种类，可以分为液体式太阳能供暖系统和空气式太阳能供暖系统。液体式太阳能供暖系统就是太阳能集热器回路中循环的传热介质为液体；空气式太阳能供暖系统就是太阳能集热器回路中循环的传热介质为空气。

按工作温度范围，可分为高温（＞250℃）、中温（80～250℃）和低温（＜80℃）太阳能供暖系统。

按太阳能集热器的种类，可分为聚光型太阳能供暖系统和非聚光型太阳能供暖系统。聚光型太阳能供暖系统是利用聚光型太阳能集热器的反射器、透镜或其他光学器件将进入集热器采光口的太阳光线改变方向并聚集到接收器上的装置，可通过单轴或双轴跟踪获得更高的能流密度。非聚光型太阳能供暖则主要通过平板型、真空管型等非聚光类集热器收集太阳辐射为用户提供供暖负荷。

按集热系统换热方式，可分为直接式和间接式太阳能供暖系统。直接式太阳能供暖系统是将太阳能集热器中被加热的工质直接供给用户的太阳能集热系统。间接式太阳能供暖系统是在太阳能集热器中加热传热工质，再通过换热器由该种传工质加热水供给用户的太阳能集热系统。

按系统蓄热能力不同，可以分为短期蓄热和季节性蓄热太阳能供暖系统。短期蓄热太阳能供暖系统是蓄热装置储存数天太阳能得热量的系统，可以保证在没有太阳能的情况下也能实现数日的供热需求。季节性蓄热太阳能供暖系统是蓄热装置可储存非供暖季太阳能得热量的系统，可调节太阳能冬夏不均的情况，把夏季的太阳能储存起来，在冬季使用，这样的跨季节蓄热系统可以实现一年四季均衡的太阳能供热。

按供暖用户数量不同，可以分为户式和区域太阳能供暖系统[1]。

5.1.2 主动式太阳能供暖系统

1. 空气式太阳能供暖系统

（1）结构组成及工作原理

空气式太阳能供暖系统就是通过空气型太阳能集热器来收集太阳的辐射能，并将辐射能转换成热能。空气作为集热器回路中循环的传热介质，岩石堆积床作为蓄热介质，热空气经由风道送至室内进行供暖[2]。

空气式太阳能供暖系统一般由太阳能空气集热器、岩石堆积床、辅助加热器、管道、风机等几部分组成，如图 5-1 所示。

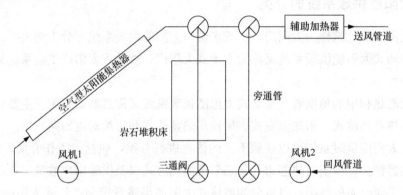

图 5-1　空气式太阳能供暖系统

系统在运行过程中，风机 1 驱动空气在太阳能集热器与岩石堆积床之间不间断的循环。太阳能集热器在吸收太阳辐射能后加热空气，被加热的空气被传送到岩石堆积床中将热量储存起来，或者通过送风管道直接送往建筑物中。风机 2 的作用是驱动建筑物内空气的循环，并将建筑物内空气经由回风管道输送到岩石堆积床中，与储热介质进行热交换，加热后的热空气送往建筑物进行供暖。如果热空气的温度太低，则需使用辅助加热器；如果建筑物内空气温度太高，可以通过旁通管返回，不再进入岩石堆积床。此外，也可以让建筑物中的冷空气不通过岩石堆积床，而直接通往太阳能集热器加热以后，再送入建筑物内。

（2）系统特征

使用空气作为太阳能集热器的传热介质时，首先，需要一个能通过容积流量较大的结构，因为空气的容积比热容要比水的容积比热容小得多，前者仅为 1.25kJ/（kg·K），后者高达 4.187kJ/（kg·K）；其次，空气与集热器中吸热板的换热系数要比水与吸热板的换热系数小得多。因此，空气型集热器的体积和传热面积，都要比液体型集热器大得多。

当传热介质为空气时，储热器一般使用岩石堆积床，内部堆满卵石，因为卵石堆有巨大的表面积及曲折的缝隙。在热空气流通时，卵石堆储存由热空气所放出的热量；在通入冷空气时，就能把储存的热量带走。这种直接换热器具有换热面积大、空气流动阻力小、换热效率高等特点。在这里，岩石堆积床既是储热器又是换热器，从而降低了系统的造价。

岩石堆积床对于容器的密封要求不高，镀锌铁板制成的大桶、水泥管等都适合装卵石。但在装进容器前，必须仔细刷洗干净，否则灰尘会随着热空气进入建筑物内。

综上，空气式太阳能供暖系统的特点是：结构简单，制作和维修成本低，安装方便，无需防冻措施，没有严重的腐蚀问题，系统不存在过热汽化的危险，供暖控制使用方便等。但是它所需要的投资大，风机电力消耗大，储热体积大而且不易和吸收式制冷机配合使用。

2. 液体式太阳能供暖系统

（1）结构组成及工作原理

液体式太阳能供暖系统是用太阳能液体型集热器收集太阳辐射能并转换成热能，以液体（通常是水或一种防冻液）作为传热介质，以水作为储热介质，热量经由散热部件送至室内进行供暖。

液体式太阳能供暖系统的结构一般由液体型太阳能集热器、储热水箱、辅助热源、连接管路、散热部件及控制系统等组成，如图 5-2 所示[2]。

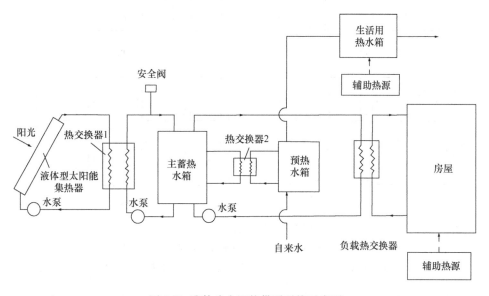

图 5-2　液体式太阳能供暖系统示意图

在集热器循环回路中，如果采用水，则在冬季夜间或阴雨雪天都需采取防冻措施；如果采用防冻液，则需在集热器和储热水箱之间用一个液—液热交换器，将加热后防冻液的热量传递给供暖用的热水。如果应用热风供暖，则需用一个水—空气热交换器（称为负载热交换器），将加热后水的热量传递给供暖用的热空气。当储热水箱的热量不能满足需要时，由辅助热源满足供暖负荷[2]。

（2）关键部件

液体式太阳能供暖系统的关键部件包含：太阳能集热器、储热器及辅助热源、散热器及控制系统。各关键部件的合理设置和选择对系统性能至关重要。

1）集热器的设置

太阳能集热器的安装倾角、连接方案以及安装形式均会对液体式太阳能供暖系统的运行产生重要影响。因此，在系统设计安装过程中应给予足够的重视。

在专用于供暖的系统中，集热器的最佳倾角为所在地区纬度加上 15°。因安装条件所限，实际安装时允许在最佳倾角附近有正负几度的变化。在北纬地区，集热器的倾角偏小时接收到的太阳辐照量比倾角偏大时明显低。一般情况下，供暖用集热器的倾角不要比最佳倾角小 5°～7°以上。

太阳能供暖系统使用的集热器数量一般很多，如何连接太阳能集热器对集热器系统的水力平衡和减少阻力都起到重要的作用。集热器的连接可归结为以下三种形式：串联、并联和串并联，如图 5-3 所示。

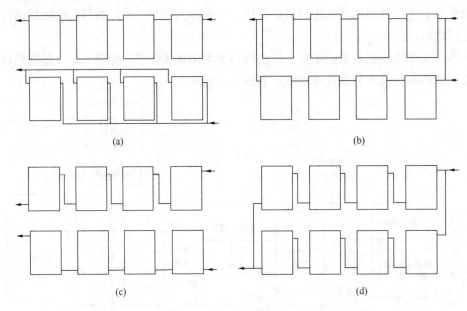

图 5-3　集热器的连接方式

（a）真空管集热器串联（上）与并联（下）；（b）真空管集热器串并联；

（c）平板型集热器串联（上）与并联（下）；（d）平板型集热器并联

太阳能供暖系统的集热循环一般采用强制循环，根据场地的安装条件、系统的布置方案、流量的分配计算选取合适的连接形式。一般家用系统的集热器数量较少且布置管路简单，安装方式通常会考虑串联。而在集热面积较大时，为了在有限的空间获得最大的安装面积，通常要考虑串联和并联相结合的形式。

通常把只有串联或仅并联形式的集热器阵列称为集热器组，多个集热器组连接起来构成太阳能集热器系统。为了保证多个集热器组的水力平衡，设计中应使各组集热器的规格数量相同且各集热器组件采用同程连接方式。如不能实现各组集热器规格数量相同或采用了异程连接，在每个集热器组的支路上应该加装水力平衡阀，以便于调节流量，如图 5-4 所示。

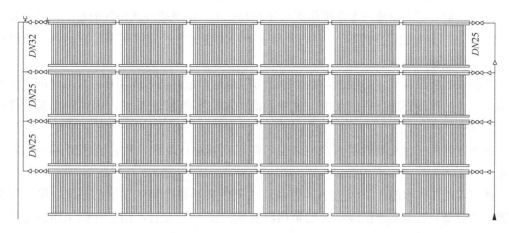

图 5-4　集热器组接管方式

集热器组并联时，各组并联的集热器数量应该相同，这是解决各组集热器流量均衡最简单且节省成本的方法。对于每组并联的集热器组，标准的平板型集热器的数量不宜超过十片，否则会造成始末的集热器流量过大，而中间的集热器流量很小，系统效率下降。

太阳能供暖系统的集热器安装有多种形式，其基本原则与太阳能热水系统相似。其中，直接设置在坡屋面上是最普遍的安装位置。这样做的优点是受日照的时间长，集热器可作为屋顶的一部分，易于建筑一体化。此外，也可设置于平屋面上，或将许多排的集热器安装成"锯齿"形式，各排集热器间保持足够间距，以免冬天太阳高度角很低时前排挡住后排。除了上述安装方式外，还包括壁式安装、垂直南墙面安装等。不同的安装方式，各有利弊，实际工程中应根据用户具体要求和建筑空间布局等多方面因素合理选择。

2）储热器

太阳能供暖系统的储热方法一般可分为：显热储存、潜热储存及化学反应热储存三大类。储热的材料可为水和一些有机物以及相变材料（$Na_2SO_4 \cdot 10H_2O$）等。当采用热水太阳能供暖系统时，集热器面积与储热水箱容积比一般为 $50 \sim 100 L/m^2$。

如果将太阳能供暖系统设计成在供暖期全部依靠太阳能供暖，是非常不经济的。因为在集热器面积已经可以提供大部分天数所需热量的情况下，若要满足余下天数所需的热量，则需要增加很多的集热器面积。所以，应选择适当的太阳能集热器总面积，使太阳能供暖系统负担部分供暖负荷，在严寒日子里部分依靠辅助热源供暖，这种做法较为经济。

3）辅助热源

考虑到太阳能的不稳定性和经济因素，一般太阳能供暖系统中，由太阳能供给的热量占供暖总热负荷的 $60\% \sim 80\%$（此值称为太阳能供暖保证率）。因此，主动式太阳能供暖系统中，除了要有太阳能集热设备外，还要备有辅助热源（煤油炉、电炉或与集中供热系统相连接），以解决高峰负荷时的部分供暖问题。

4）散热系统

所谓散热系统，是指太阳能供暖系统设置在房间的散热部件，常用的有以下几种：地面辐射板、顶棚辐射板、风机盘管、普通散热器（俗称暖气片）。

地面辐射板可方便地与太阳能供暖系统配套使用。按照热舒适条件的要求，地板表面的温度在 24～28℃ 的范围内即可，所以 30～38℃ 的热水便可加以利用，它是各种散热系统中要求热水温度最低的。

顶棚辐射板没有尺寸的限制，整个顶棚可以是一个散热器，因而可以使系统的工作温度低得多。按照热舒适条件的要求，顶棚表面的温度不得超过 32℃，因而热水温度可以在 35～40℃。

风机盘管的工作水温通常为 65～75℃，但可将其进行改装，使它能适用 40～42℃ 的热水。

暖气片的工作水温为 75℃ 左右。若利用太阳能集热器产生该温度的热水，则导致集热效率十分低；若太阳能供暖系统的集热温度维持在 40℃ 左右，用这样的工作温度保持暖气片所需的散热量，就要增加很多暖气片。

5）控制系统

太阳能供暖系统大体上是由集热回路和供热回路两大部分组成的。为了保证太阳能供暖系统正常运行，既要保持集热器的有用得热量始终大于其热损失，又要使供暖房间的温度达标，一个可靠的自动控制系统是非常必要的。图 5-5 示出了太阳能供暖系统的控制原理。

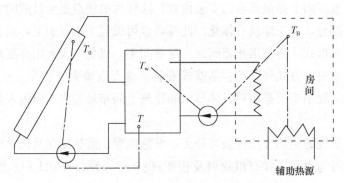

图 5-5　太阳能供暖系统控制原理图

对于系统的集热回路，通常采用温差控制法。在集热器出口处设置一个温度传感器测量集热器出口水温 T_0；在储水箱底部设置另一个温度传感器测量储水箱底部水温 T。集热器内的水受太阳辐射能加热后，温度逐步升高，一旦集热器出口水温和储水箱底部水温之间的温差达到设定值（一般为 8～10℃），温差控制器给出信号，启动集热回路循环泵，系统开始运行；云遮太阳或下午日落前，集热器温度逐步下降，一旦集热器出口水温和储水箱底部水温之间的温差达到另一设定值（一般为 3～4℃），温差控制器给出信号，关闭集热回路循环泵，系统停止运行。

对于系统的供热回路，通常采用阈值控制法。在供暖房间内设置一个温度传感器测量室温 T_B；在储水箱顶部设置一个温度传感器测量储水箱顶部水温 T_w。当 T_B 低于某一限定值（例如，若室温要求维持 18℃，则该值定为 18℃+1℃），以及当 T_w 高于某一限定值（例如，若散热部件是地面辐射板，水温高于 29℃ 就可利用，则该值定为 29℃+1℃）时，阈值控制器给出信号，启动供热回路循环泵；当 T_B 和 T_w 不满足上述条件时，温差控制器给出信号，关闭供热回路循环泵。若 T_B 继续下降，则辅助热源投入使用；若 T_B 超过限定值（例如 18℃），则辅助热源停止使用[3]。

5.1.3　被动式太阳能供暖系统

1. 直接受益式

直接受益式是被动式太阳能建筑利用太阳能向室内供暖形式中最为简单直接的一种。利用南向窗户的透明玻璃，通过太阳光直射和太阳光散射在建筑墙体、室内地面及其他物体上，其中有大部分热量通过对流换热和辐射换热形式向室内提供热量，并有部分热量再次被室内物体吸收，进而二次向室内提供热量，以维持室内温度，如图 5-6 所示。但直接受益式建筑容易受室外温度、太阳辐射照度的影响，存在夏季白天室内温度过高、冬季夜间热损失严重的问题，因而不能昼夜保证人对热舒适度的要求，只适用于白天使用的建筑物。

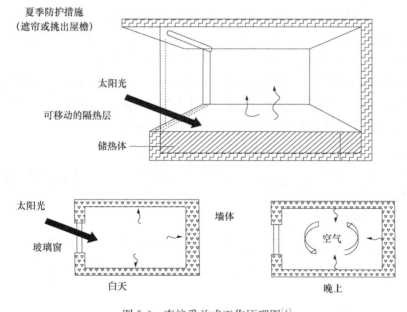

图 5-6　直接受益式工作原理图[4]

2. 集热蓄热墙式

集热蓄热墙式是建筑利用朝向为南侧的墙体作为主要吸收并存储太阳能的围护结构，然后通过对流、导热、辐射 3 种换热形式，将热量传入室内来提高室内温度。比如，为了解决太阳能供能不稳定、普通围护结构吸收利用的太阳能极少的问题，法国科学家 Felix Trombe 设计研究了特朗伯（Trombe）墙[5]；特朗伯墙是通过集热蓄热墙和风口的启闭来利用太阳辐射能的建筑围护结构形式。如图 5-7 所示，太阳透过玻璃层来加热空气层内的空气，热空气通过集热蓄热墙体上的风口进入室内的房间实现供暖。在天气晴朗的时候，可以有效利用太阳辐射热，以增加室内温度。但是集热蓄热墙热阻较低，在天气长期处于非晴朗的情况下，不充足的太阳辐射热会导致热量的流失。而且集热蓄热墙难以传递热量至房间深处，这会使室内温度不均，导致人体热舒适性较差[6]。

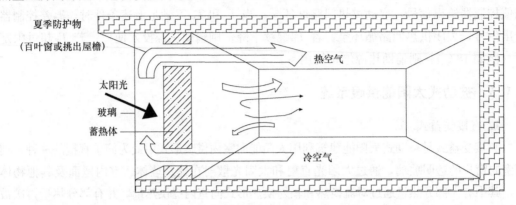

图 5-7　集热蓄热墙式工作原理图[4]

3. 附加阳光间式

附加阳光间式是集热蓄热墙系统的一种延伸，它利用温室效应来获取太阳能，在建筑南侧附设阳光间，以便更好地利用太阳能，阳光间的围护结构由透光材料组成。如图 5-8 所示，与以上两种不同，附加式阳光间被动式太阳能建筑对于太阳辐射热的吸收由阳光间传至室内，而不是直接由室内接收[7]。冬季，当阳光间温度大于室内温度时热空气可以通过上部风口向房间内供热；当室内温度高于阳光间时，可以隔断与阳光间的联系，减少室内热量的散失。夏季，利用阳光间可以缓冲室外太阳辐射热对室内温度的提高，从而维持室内热舒适性。阳光间做适当利用并不会过于浪费建筑面积。

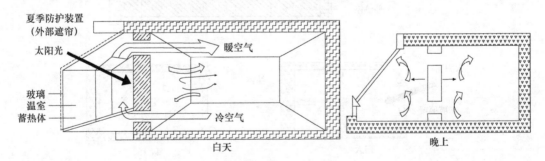

图 5-8　附加阳光间式工作原理图[4]

目前，集热蓄热墙式的应用最广泛。与直接受益式相比，集热蓄热墙式被动太阳能建筑可以提高室内温度稳定性，提高对于太阳辐射热的利用。夏季可以增强室内空气流动，带走室内的多余热量。与附加阳光间相比，集热蓄热墙具有集热及蓄热双重功能，减少占用室内空间，降低初投资[8]。

4. 屋顶集热蓄热式

屋顶集热蓄热式太阳房，即屋顶池式被动式太阳房，有冬季供暖和夏季降温两种功能，适合冬季不寒冷而夏季较热的地区。如图5-9所示，储热体由装满水的密封塑料袋组成，置于屋顶的顶棚上，其上设置可以水平推拉开闭的保温盖板。冬季白天晴天时，将保温盖板敞开，让水袋充分吸收太阳辐射热，水袋的储热量通过辐射和对流传至下面房间；夜间则关闭保温盖板，防止向外传递热量。

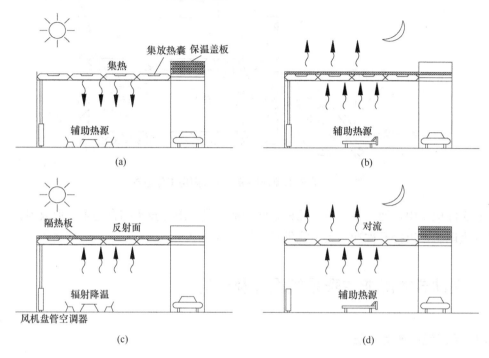

图 5-9 屋顶池式被动式太阳房工作原理
(a) 冬季白天（集热、供暖循环）（空气引入空气层中）；(b) 冬季夜间（供暖循环）；
(c) 夏季白天（降温循环）；(d) 夏季夜间（放冷循环）（排出空气层空气）

在夏季，保温盖板启闭情况与冬季相反。夜晚打开保温盖板，使水袋冷却。白天关闭保温盖板，隔绝阳光和室外热空气，同时用较凉的水袋吸收下面房间的热量，使室温下降；保温盖板还可根据房间温度、水袋内水温和太阳辐照度自动进行调节启闭。

5. 自然对流回路式

自然对流回路式太阳房的集热器和供暖房间是分开的，这与特朗伯墙有些相似。自然对流回路被动式太阳房工作原理如图5-10所示。

空气型集热器是设在太阳房南窗下或南窗间墙上获取太阳能的装置。它由透明盖板（玻璃或其他透光材料）、空气通道、夏季排气口、上下通风口、保温板、吸热板等几部分构成。

空气型集热器的制作方法为：在南墙窗下或窗间，砌出深为120mm的凹槽，上、下各留一个风口，尺寸为200mm×200mm；然后将凹槽和风口内用砂浆抹平，安装40mm厚的保温苯板，苯板外覆盖一层涂成深色的金属吸热板，保温板和吸热板上留出与上下风口相应的彼此相通的孔洞，在最外层安装透明玻璃盖板，玻璃盖板可用木框、塑钢框或铝合金框，分格要少，尽可能减少框扇所产生的遮光现象；框四周要用砂浆抹严，防止灰尘进入；玻璃盖板上边有活动排风口，以便夏季排风降温；室内风口要设开启活门。

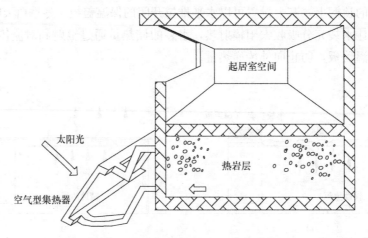

图 5-10　自然对流回路被动式太阳房工作原理

　　在实际应用中，通常会将以上几种不同的被动式太阳房技术结合起来，形成组合式或复合式太阳房，以提升被动式太阳能供暖建筑的节能率[9]。

5.2　主动式太阳能供暖系统设计及评价

5.2.1　设计原则及方法

　　主动式太阳能供暖系统的设计包括太阳能集热系统的负荷计算、太阳能集热系统设计、太阳能集热器总面积计算、储热水箱的设计及辅助热源的设计等。其设计原则和方法主要参照现行国家标准《太阳能供热采暖工程技术标准》GB 50495 中的相关规定。基于该设计标准，本部分简要介绍该系统主要组成部分及关键部件的设计原则和方法。

　　1. 负荷计算

太阳能供暖系统的负荷需由太阳能集热系统和其他能源辅助加热/换热设备共同负担。进行系统负荷计算时，需分别进行供暖热负荷和生活热水负荷的计算，选二者中较大的负荷作为太阳能供暖系统的设计负荷。太阳能集热系统负担的供暖热负荷宜通过供暖季逐时热负荷计算确定；采用简化计算方法时，该供暖热负荷应为供暖期室外平均气温条件下的建筑物耗热量。

太阳能集热系统负担的生活热水供应负荷应为建筑物的生活热水平均日耗热量，热水平均日耗热量的计算应符合现行国家标准《建筑给水排水设计标准》GB 50015 的规定。

　　2. 集热器总面积计算

（1）对于短期蓄热直接系统，集热器总面积应按下式计算：

$$A_c = \frac{86400\, Q_J f}{J_T \eta_d (1 - \eta_L)}$$ 　　　　　　　　　　　（5-1）

式中 A_c——短期蓄热直接系统集热器总面积，m^2；

$\quad Q_J$——太阳能集热系统设计负荷，W；

$\quad J_T$——当地集热器采光面上的 12 月平均日太阳辐照量，$J/(m^2 \cdot d)$，应按《太阳能供热采暖工程技术标准》GB 50495—2019 附录 A 选取；

$\quad f$——太阳能保证率，%，应按《太阳能供热采暖工程技术标准》GB 50495—2019 附录 A 选取；

$\quad \eta_d$——基于总面积的集热器平均集热效率，%，应按《太阳能供热采暖工程技术标准》GB 50495—2019 附录 C 计算；

$\quad \eta_L$——管路及贮热装置热损失率，%，应按《太阳能供热采暖工程技术标准》GB 50495—2019 附录 D 计算。

（2）在季节蓄热直接系统中，集热器总面积应按下式计算：

$$A_{c,s} = \frac{86400 \, Q_J f D_s}{J_a \eta_{cd} (1 - \eta_L)(D_s + (365 - D_s) \, \eta_s)} \tag{5-2}$$

式中 $A_{c,s}$——季节蓄热直接系统集热器总面积，m^2；

$\quad J_a$——当地集热器采光面上的年平均日太阳辐照量，$J/(m^2 \cdot d)$，应按《太阳能供热采暖工程技术标准》GB 50495—2019 附录 A 选取；

$\quad f$——太阳能保证率，%，按《太阳能供热采暖工程技术标准》GB 50495—2019 附录 A 选取；

$\quad D_s$——当地供暖期天数，d；

$\quad \eta_s$——季节蓄热系统效率，可取 0.7～0.9。

（3）间接系统的集热器总面积应按下式计算：

$$A_{IN} = A_c \cdot \left(1 + \frac{U_L \cdot A_c}{U_{hx} \cdot A_{hx}}\right) \tag{5-3}$$

式中 A_{IN}——间接系统集热器总面积，m^2；

$\quad A_c$——直接系统集热器总面积，m^2；

$\quad U_L$——集热器总热损系数，$W/(m^2 \cdot ℃)$，由测试得出；

$\quad U_{hx}$——换热器传热系数，$W/(m^2 \cdot ℃)$，查产品样本得出；

$\quad A_{hx}$——间接系统换热器换热面积，m^2，应按《太阳能供热采暖工程技术标准》GB 50495—2019 附录 E 计算。

（4）单块太阳能集热器工质的设计流量应按下式计算：

$$G_s = gA \tag{5-4}$$

式中 G_s——单块太阳能集热器工质的设计流量，m^3/h；

$\quad A$——单块太阳能集热器的总面积，m^2；

$\quad g$——太阳能集热器工质的单位面积流量，$m^3/(h \cdot m^2)$，应根据太阳能集热器产品技术参数确定；当无相关技术参数时，宜根据不同的系统按表 5-1 取值。

太阳能集热器的单位面积流量 表 5-1

系统类型	太阳能集热器的单位面积流量 [$m^3/(h \cdot m^2)$]
小型太阳能供热水系统	0.035~0.072
大型集中太阳能供热供暖系统（集热器总面积大于 $100m^2$）	0.021~0.06
小型直接式太阳能供热供暖系统	0.024~0.036
小型间接式太阳能供热供暖系统	0.009~0.012
太阳能空气集热器供热供暖系统	36

3. 储热水箱的设计

为了解决建筑供暖负荷与太阳辐射能之间的不匹配问题，储热装置在太阳能供暖系统中必不可少。太阳能供暖系统应根据太阳能集热系统形式、系统性能、系统投资、供热供暖负荷、太阳能保证率等因素选取适宜的蓄热方式。

当前太阳能供暖系统大多采用显热储热的方式，即采用储热水箱作为储热装置。储热形式分为短期储热和季节储热，短期储热系统一般用于单体建筑的供暖，季节储热适合于较大建筑面积的区域供暖。太阳能热水储热系统储热水箱体积与集热器采光面积配比可参照表 5-2 给定的容积范围选取。

（1）水箱容积的选取

储热水箱的容积选取应遵循以下原则：太阳能系统兼顾供热水、供暖功能时，储热水箱的功能按照二者中体积较大的情况选取，选取时并不是上述两种水箱容积的简单叠加。若是选用单水箱，水箱的选取应按照储热容积和供热容积较大的选取，但是辅助加热的位置应该保证其加热的容积大于或等于供热的容积。对于小型的太阳能供热水系统，在表5-2 中推荐对应的太阳能集热器的采光面积，需要的储热水箱容积范围为 50~150L，实际设计中推荐每平方米太阳能集热器的采光面积配备的储热水箱容积为 100L。另外，也可以应用模拟软件根据长期热性能的分析得到精确的容积。

太阳能热水系统储热水箱体积与集热器采光面积配比的推荐选用 表 5-2

系统类型	太阳能热水系统	短期蓄热太阳能供热供暖系统	季节蓄热太阳能供热供暖系统
太阳能集热器储热水箱容积（L/m^2）	40~100	50~150	1400~2100

（2）水箱的结构

由于水箱的分层现象，水箱内部由上到下水温逐渐降低，因此合理布置太阳能集热器系统、生活热水系统、供暖系统与储热水箱的连接管位置，可以实现不同温度的供热、换热需求，提高系统的效率。利用水箱分层的现象，将供暖热水和生活热水的取水位置分开，供暖取水口设在水箱的中上部，生活热水的取水口安在水箱的顶部，换热的接口则设在水箱中下部。有研究认为，如果能良好地利用水箱的分层现象，太阳能系统的年运行效率将明显提高。

影响水箱分层的因素众多，具体包括水箱的形状、换热形式、换热位置、H/D（高度/直径)、壁厚、壁面导热性等，其中 H/D 是对分层影响较为直接的参数。当 H/D 在小于 4 的范围内，比值越大，越容易形成水箱分层。水箱进、出口流速宜小于 0.04m/s，必要时宜采用水流分布器。实验数据表明，一个容积为 450L 的水箱，在没有机械扰动的情况下，水箱顶部与底部的温差达到 32.4℃。

为了获得太阳能的高效利用和不同温度的水，储热水箱的结构设计可根据不同用途，在水箱的不同高度位置设置接口。

生活热水储热水箱的水温需求通常为 65～75℃，水箱的结构设置分为上下两层加热，例如双盘管结构储热水箱，使用太阳能进行分层加热，或者辅助热源和太阳能结合加热，尽量保持太阳能加热低温的水，从而可快速获得热水和提高太阳能利用率。

太阳能联合供暖系统的储热水箱的结构设置要满足生活热水的提供和供暖需求，储热水箱内置换热器的位置和进出水接口设置都是充分考虑热水的用途而设计的。利用分层的特性取用不同温度的水和最佳的太阳能加热位置，可大大提高太阳能利用率。图 5-11 所示为几种水箱的结构，其分层装置可以是内置换热器或其他进口温度。图 5-11（a）是内置换热器的分层布置，太阳能加热和取用热水分别选取水箱的下部和上部，低温太阳能加热和高温区放出生活用水，这样可大大提高太阳能的换热效果，以及出热水的量。图 5-11（b）的水箱结构采用分层管，使被加热的水迅速到达水箱的顶部。图 5-11（c）的水箱机构是分层部件，通过该部件使被加热的水从多个口进入水箱中，更有利于水箱内部温度分层。

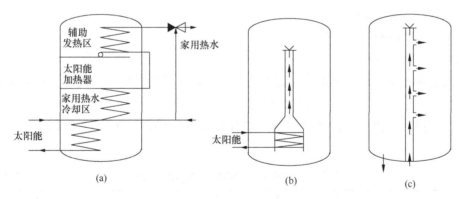

图 5-11　分层装置

传统储热水箱储热密度低、容积大且热损失严重。相比之下，相变储热因其单位体积储热量大，储释热过程中温度变化小等优点逐步被研究者所重视。目前，相变储热仍处在理论与实验研究阶段，工程中应用较少。

4. 辅助热源的设计

冬季房间的供暖必须保证连续性。家用太阳能供暖系统利用房屋本身的储热性能和水箱的短期储热技术，基本可以解决晚上的供暖需求。但是，在遇到连续几天没有太阳的天气时，就需要采用辅助热源来实现持续的供热。

常用的辅助热源有电加热器，热泵，燃煤、燃气或燃油锅炉，生物质能等。辅助热源的设计选取时，要充分考虑气候条件和地方的能源配置情况，选择经济节能，且易于实施的设备。

辅助热源的选取可遵循以下原则：在太阳能资源较好的地区，如西藏、甘肃、山西等，阳光充足、日照时间长、辅助加热较少，可以采用电辅助加热，设备简单，造价低。在太阳能储热水箱的设计中加入辅助电加热管，根据实际计算的辅助热量需求，选用合适功率的电加热管即可；在天气不是太冷的地区，环境气温一般不低于－15℃的情况，可以选用热泵作为辅助热源；在一些农作物秸秆等生物质能资源丰富的地区，设计时可考虑选用生物质能作为辅助热源；在没有集中供暖的地区，很多家庭采用土暖气进行冬季供暖，这就可以考虑使用与土暖气相结合的形式；在一些城市，别墅建筑一般都是独立供暖形式，且有天然气供应，因此这种情况就可以选用燃气锅炉。目前天然气相对其他能源而言，对环境污染小，供暖成本最低，而且控制灵活[10]。

5.2.2 主动式太阳能供暖系统的评价

一般地，主动式太阳能供暖系统的性能主要通过太阳能保证率、集热系统效率、节能及经济性效益等指标进行评价。

1. 太阳能保证率

太阳能保证率是太阳能供热水、供暖或空调系统中由太阳能供给的能量占系统总消耗能量的百分率，其定义式如下：

$$f = Q_j / Q_z \times 100\% \tag{5-5}$$

式中　f——太阳能保证率，%；

　　Q_j——太阳能集热系统得热量，MJ；

　　Q_z——系统能耗，MJ。

太阳能热利用系统的太阳能保证率应符合设计文件的规定，当设计无明确规定时，应符合表5-3的规定。其中，太阳能资源区按年日照时数和水平面上年太阳辐照量进行划分，按照《可再生能源建筑应用工程评价标准》GB/T 50801—2013附录B的规定执行。

不同地区太阳能供暖系统的太阳能保证率　　　　　　　　　　表 5-3

太阳能资源区划	资源及富区	资源丰富区	资源较富区	资源一般区
太阳能供暖系统	$f \geqslant 50\%$	$f \geqslant 40\%$	$f \geqslant 30\%$	$f \geqslant 20\%$

当采用长期测试时，设计使用期内的太阳能保证率应取长期测试期间的太阳能保证率；对于短期测试，设计使用期内的太阳能热利用系统的太阳能保证率应按下式计算：

$$f = \frac{x_1 f_1 + x_2 f_2 + x_3 f_3 + x_4 f_4}{x_1 + x_2 + x_3 + x_4} \tag{5-6}$$

式中　　　　f——太阳能保证率，%；

f_1, f_2, f_3, f_4——由《可再生能源建筑应用工程评价标准》GB/T 50801—2013第4.2.3条第4款确定的各太阳辐照量下的单日太阳能保证率，%，根据该标准式（4.3.1-1）计算；

x_1，x_2，x_3，x_4——由《可再生能源建筑应用工程评价标准》GB/T 50801—2013 第
4.2.3 条第 4 款确定的各太阳辐照量在当地气象条件下按供热水、供
暖或空调的时期统计得出的天数。没有气象数据时，对于全年使用
的太阳能热水系统，x_1，x_2，x_3，x_4 可按《可再生能源建筑应用工程评
价标准》GB/T 50801—2013 附录 C 取值。

2. 集热系统效率

太阳能热利用系统的集热系统效率是在指定时间内，系统的集热系统得热量与在系统
集热器总面积上入射的太阳总辐照量之比。其定义式为：

$$\eta = Q_{\mathrm{j}} / (A \times H) \times 100\% \tag{5-7}$$

式中　η——太阳能热利用系统的集热系统效率，%；

　　Q_{j}——太阳能热利用系统的集热系统得热量，MJ，测试方法应符合《可再生能源
建筑应用工程评价标准》GB/T 50801—2013 第 4.2.7 条的规定；

　　A——集热系统的集热器总面积，m^2；

　　H——太阳总辐照量，$\mathrm{MJ/m}^2$。

太阳能热利用系统的集热系统效率应符合设计文件的规定，当设计文件无明确规定
时，应符合太阳能热利用系统的集热效率 η（%）的规定，太阳能供暖系统 $\eta \geqslant 35\%$[11]。

3. 系统效益评价

（1）年节能量

太阳能供暖系统的年节能量可按下式计算：

$$\Delta Q_{\mathrm{save}} = A_{\mathrm{c}} \cdot J_{\mathrm{T}} \cdot (1 - \eta_{\mathrm{c}}) \cdot \eta_{\mathrm{cd}} \tag{5-8}$$

式中　ΔQ_{save}——太阳能供热供暖系统的年节能量，MJ；

　　A_{c}——系统的太阳能集热器面积，m^2；

　　J_{T}——太阳能集热器采光表面上的年总太阳辐照量，$\mathrm{MJ/m}^2$；

　　η_{cd}——太阳能集热器的年平均集热效率，%；

　　η_{c}——管路、水泵、水箱和季节蓄热装置的热损失率，%。

（2）寿命周期内的节能费用

太阳能供暖系统寿命期内的总节能费可按下式计算：

$$SAV = PI(\Delta Q_{\mathrm{save}} \cdot C_{\mathrm{c}} - A \cdot DJ) - A \tag{5-9}$$

式中　SAV——系统寿命期内的总节能费用，元；

　　PI——折现系数；

　　C_{c}——系统评估当年的常规能源热价，元/MJ；

　　A——太阳能热水系统总增投资，元；

　　DJ——每年用于与太阳能供热供暖系统有关的维修费用（包括太阳集热器维
护，集热系统管道维护和保温等费用）占总增投资的百分率；一般
取 1%。

折现系数 PI 可按下式计算：

$$\begin{cases} PI = \dfrac{1}{d-e}\Big[1-\Big(\dfrac{1+e}{1-d}\Big)^{n}\Big] & d \neq e \\[4mm] PI = \dfrac{n}{1+d} & d = e \end{cases} \tag{5-10}$$

式中　d——年市场折现率，可取银行贷款利率；

　　　e——年燃料价格上涨率；

　　　n——分析节省费用的年限，从系统开始运行算起，取集热系统寿命（一般为 10～15 年）。

系统评估当年的常规能源热价 C_c 可按下式计算：

$$C_c = C'_c/(q \cdot Eff) \tag{5-11}$$

式中　C'_c——系统评估当年的常规能源价格，元/kg；

　　　q——常规能源的热值，MJ/kg；

　　　Eff——常规能源水加热装置的效率，%。

（3）费效比

太阳能供暖系统的费效比可按下式计算：

$$B = A/(\Delta Q_{save} \cdot n) \tag{5-12}$$

式中　B——系统费效比，元/kWh。

（4）二氧化碳减排量

太阳能供暖系统的二氧化碳减排量可按下式计算：

$$Q_{CO_2} = \frac{\Delta Q_{save} \times n}{W \times Eff} \times F_{CO_2} \tag{5-13}$$

式中　Q_{CO_2}——系统寿命期内二氧化碳减排量，kg；

　　　W——标准煤热值，29.308MJ/kg；

　　　F_{CO_2}——二氧化碳排放因子，$kgCO_2/kgce$ 按表 5-4 取值。

二氧化碳排放因子　　　　　　　　　　　　　　　　表 5-4

辅助常规能源	煤	石油	天然气	电
二氧化碳排放因子（$kgCO_2/kgce$）	2.662	1.991	1.481	3.175

5.3　被动式太阳能供暖设计及评价

5.3.1　被动式太阳房设计原则

设计建造一个适合当地气候条件的被动式太阳房，尽量减少初投资和达到较好的节能标准，要遵循以下设计要则[10]：

（1）被动式太阳房的设计要因地制宜，遵循适用、坚固、经济的原则，建筑造型与周围建筑群相协调，建筑形式、结构功能和太阳能利用三者相互照应。

（2）拟建房地点尽量选择在南向，或东、西15°朝向范围内无遮阳。与前面的建筑物间距，应是被动式太阳房南遮阳物高与冬至日正午太阳高度角余切的乘积。以北京的单层建筑为例：保证最不利的冬至日（此时的太阳高度角最小）正午前后 2h 内南墙面不被遮阳的间距是 7m。避免附近的污染源对集热、透光面的污染，不将被动式太阳房设在污染源的下风向。

（3）被动式太阳房的南墙是太阳房的主要集热部件，南墙面积越大，所获得的太阳能越多。因此，被动式太阳房的形状最好采用东西较长的长方形，墙面上不要出现过多的凸凹变化。

（4）被动式太阳房的平面布置和集热面应朝正南。若因周围地形限制，允许偏离南向 15°。为兼顾冬季集热和夏季过热，集热面以垂直地面为佳。

（5）建筑物挑檐的设计原则是：寒冷地区首先满足冬季南向集热面不被遮阳，夏季较热地区应重视遮阳。以北京为例，如果集热面上边缘至挑檐根部距离为 300mm，要使最冷的 1 月份集热面无遮阳的挑檐伸出宽度为 500mm。避免在冬季的遮阳，还要兼顾夏季的遮阳。

（6）应保证被动式太阳房内有必要的新鲜空气量。对室内人员较密集的学校、办公室等类型的被动式太阳房或建设在高海拔地区的被动式太阳房，应核算必要的换气量。

5.3.2　被动式太阳房的基本热工参数计算

本节将主要参考文献《被动式太阳房热工设计手册》[13]，介绍被动式太阳房基本热工参数的计算方法和过程，为被动式太阳房的设计提供基础。

1. 基础温度 T_b 的选取

基础温度 T_b 是设计预定的室温下限，是根据供暖的水平而设定的某个室内最低空气温度值。目前据我国实际情况，国家标准将此值定为 14℃，当室温低于此值时需向房间提供辅助热量。

2. 度日值 DD

计算度日值 DD 的目的是用于计算供暖期中太阳房供暖辅助热源的需要量。当室外日平均温度低于室内基础温度的时候计算 DD 值，而当室外日平均温度高于室内温度时，该天的 DD 值以零计。对于被动式太阳房，只考虑供暖期的 DD 值，是为了计算房间除了利用太阳能以外还需额外补充的辅助热量 Q_{axu}。

计算 DD 值的公式为：

$$DD = \sum_{n=1}^{n_d} (T_b - \overline{T}_a)_n^+ \tag{5-14}$$

式中　n——统计日的顺序编号；

　　n_d——总的统计天数；

　　"+"——只取 $(T_b - \overline{T}_a)_n, n = 1, 2, \cdots\cdots, n_d$ 中的正值。

某天的供暖度日值 DD：室内基础 T_b 和该天室外平均温度 T_a 之差；

某月的供暖度日值 DD：该月每天的度日值 DD 的总和；

供暖期的 DD 值：该供暖期逐月的度日值 DD 的总和。

3. 房间负荷系数的计算

房间负荷系数分为总负荷系数（TLC）和净负荷系数（NLC）两种，单位为 kJ/（℃·d），总负荷系数 TLC：室内外气温每差 1℃ 时房间稳定传热的日累计值的基本传热损失和冷风渗透热损失。

总负荷系数 TLC 的计算式：

$$TLC = 24 \times 3.6(L_b + L_i)/(\overline{T}_r - \overline{T}_a) \tag{5-15}$$

式中　L_b——房间的基本传热损失，W，$L_b = \sum_{j=1}^{n_b} A_j U_j(\overline{T}_r - \overline{T}_a)$；

$\quad\quad L_i$——冷风渗透耗热量，W，$L_i = n_1 V \overline{P}_a C_p(\overline{T}_r - \overline{T}_a)/3.6$；

$\quad\quad j$——房间外围护结构（墙、门、窗、屋顶、地面等）的编号；

$\quad\quad n_b$——围护结构编号总数；

$\quad\quad A_j$——围护结构 j 的面积，m^2；

$\quad\quad U_j$——围护结构 j 的传热系数，W/（m^2·℃）；

$\quad\quad \overline{T}_r$——室内空气平均温度，℃；

$\quad\quad \overline{T}_a$——室外空气平均温度，℃；

$\quad\quad V$——房间的内体积，m^3；

$\quad\quad \overline{P}_a$——室外空气平均密度，$kg/m^3$，$\overline{P}_a = \dfrac{35.3}{273 + T_a} \times \dfrac{P}{101.3}$（P：当地大气压，kPa，一般取 $\overline{P}_a = 1.2 kg/m^3$）；

$\quad\quad n_1$——房间换气次数，h^{-1}；

$\quad\quad C_p$——空气定压比热容，kJ/（kg·℃）。

净负荷系数 NLC：不包括太阳能集热部件在内的房间其他外围护结构的基本传热损失及冷风渗透热损失之和的负荷系数。

净负荷系数 NLC 的计算公式：

$$NLC = 24\left[3.6\sum_{j=1}^{n_b} A_j U_j + nV \overline{P}_a C_p\right], kJ/(℃·d) \tag{5-16}$$

式中，各符号意义同总负荷系数 TLC 的计算式，$j = 1, 2, \cdots\cdots n_c$，为太阳房集热部件编号。

4. 透过玻璃的日射得热

单层玻璃：

$$\overline{Q}_t = \overline{Q}_{t.b.d} \overline{\tau}_{t.b.d} + \overline{Q}_{t.d.d} \overline{\tau}_{t.d.d} \tag{5-17a}$$

式中，下标 t 表示斜面上，下标 b，d 表示直射和漫射，下标 d 表示日总量，τ 为透过率，上线 "-" 表示月平均值。

$$\overline{Q}_a = \overline{Q}_{t.b.d} \overline{\tau}_{t.b.d} + \overline{Q}_{t.d.d} \overline{\tau}_{t.d.d} \frac{R_o}{R_o + R_i} \tag{5-17b}$$

式中，a 表示玻璃的吸收率；R_o, R_i 分别为玻璃外、内表面的空气对流热阻。

令 $\overline{k}_{t.b.d} = \overline{Q}_{t.b.d} / \overline{Q}_{t.g.d}$

则

$$\overline{t}_t = \overline{k}_{t.b.d} \overline{\tau}_{t.b.d} + \overline{k}_{t.d.d} \overline{\tau}_{t.d.d} \tag{5-18}$$

$$\overline{t}_a = \big[\overline{k}_{t,b,d}\overline{\tau}_{t,b,d} + \overline{k}_{t,d,d}\overline{\tau}_{t,d,d}\big]\frac{R_o}{R_o + R_i}$$

$$\overline{t} = \overline{t}_t + \overline{t}_a$$

式中，对于常用普通玻璃：

$$\tau = 0.915/(1-a)$$

$$\alpha = 0.9566a/[1 - 0.04336(1-a)] \tag{5-19}$$

$$a = 1 - \exp[-kL/(1 - 0.43\sin^2\theta)^{0.5}]$$

式中，θ 为太阳光线入射角，在本节计算中，选择代表月的日均太阳辐射入射角，此值可通过对代表月中（15 日）一天太阳辐射在某斜面上的入射角进行积分求均值得到；k 是玻璃的消光系数；L 为玻璃厚度（mm）。则：

$$\overline{Q}_t = \overline{Q}_{t,g,d}\overline{\tau} \tag{5-20}$$

以上各式中下标 g 表示总辐射（直射和散射之和）。

5. 挑檐遮阳修正系数

为防止夏季过热，几乎所有太阳房都在屋前设有挑檐。这时，用集热面遮阳修正系数 $\overline{k}_{ah}$ 表示集热窗在设有挑檐后获得的月均日辐射总量与未设挑檐时集热窗获得的月均日总量之比，按下式计算：

当 $\Phi - \delta < Y^{\circ}$ 时，有：

$$\overline{k}_{ah} = B_1 + B_7 K_g + (B_2 + B_8 K_g)Y + (B_3 + B_9 K_g)Y^2 +$$
$$(B_4 + B_{10} K_g)Y^3 + (B_5 + B_{11} K_g)Y^4 + (B_6 + B_{12} K_g)Y^5 \tag{5-21}$$

如果 $\overline{k}_{ah} > 1$，取 $\overline{k}_{ah} = 1$；当 $\Phi - \delta > Y^*$ 时，$\overline{k}_{ah} = 1$。式中，Φ 表示当地纬度；δ 表示计算月的月中赤纬值；Y^* 是根据挑檐的水平延伸比以及竖向间隔比而确定的数值；$Y = (\Phi - \delta)100$；$B_1 \sim B_{12}$ 取值可参考文献 [12] 中关于南向挑檐对角窗的遮阳修正系数的表格，$\overline{k}_{ah}$ 越大，挑檐遮阳造成的影响越小。

5.3.3　被动式太阳房供暖设计

在控制室温 T_r 不低于基础温度 T_b 的运行工况下，当室温低于 T_b 时，需向房间供给辅助热量，当室温 $T_r \geqslant T_b$ 时，不供给辅助热量。太阳房冬季供暖辅助热量的估算通常会在太阳得热负荷比 SLR 的基础上近似估算。

SLR 法是李元哲等人在《被动式太阳房热工设计手册》中提出的一种方法，主要用于计算供暖期内的辅助热源供热量 Q_{aux} 和太阳房的节能率 SSF，属于稳态计算法，是目前国内应用最广的被动式太阳能建筑辅助能源的计算方法。

对室内不住人的太阳房的模拟计算表明，太阳能供暖率 SHF 与太阳得热负荷比 SLR 之间存在一定的函数关系，即

$$SHF = f(SLR) \tag{5-22}$$

这种关系因太阳房的类型不同而异。

其中，SLR 的计算公式为：

$$SLR = \frac{MQ_a}{NLC \cdot DD} \tag{5-23}$$

式中　M——计算时代表时段的总天数，d。

太阳房所需的月供暖辅助热量 Q_{aux} 计算公式：

$$Q_{aux} = M[NLC(\overline{T}_r - \overline{T}_a) - \overline{Q}_{cg} - \overline{Q}_{in} - \overline{Q}_{ob}]/1000 \tag{5-24}$$

式中　M——该月天数，d；

NLC——房间的净负荷系数，kJ/（℃·d）；

$\overline{Q}_{cg}$——房间外围护结构（墙、门、窗、屋顶、地面等）的编号；如为集热墙式太阳房，$\overline{Q}_{cg} = \overline{Q}_{cg\cdot cw} = [a\overline{H}_{t\theta}24b(\overline{T}_r - \overline{T}_a)] \times A_{g,cw}$；如为直接受益式太阳房，$\overline{Q}_{cg} = \overline{Q}_{cg\cdot gl} = [\overline{S}_{ot}\alpha_\alpha X_m - 24 \times 3.6U_g(\overline{T}_r - \overline{T}_a)] \times A_{g,gl}$；如为二者组合的太阳房，$\overline{Q}_{cg} = \overline{Q}_{cg\cdot cw} + \overline{Q}_{cg\cdot gl}$；如为附加阳光间式太阳房，$\overline{Q}_{cg} = \overline{Q}_{cg\cdot sp} = [a\overline{H}_{t\theta}24b(\overline{T}_r - \overline{T}_a)] \times A_{g,sp}$；

a、b——集热储热墙的计算参数，可见表 5-5；

$\overline{H}_{t\theta}$——投射在窗户（集热部件采光口）表面的总日射的月平均日辐照量，kJ/（m²·d）；

$A_{g,cw}$——集热墙的集热面积，m²；

$A_{g,sp}$——附加阳光间的集热面积，m²；

$A_{g,gl}$——直接受益窗的面积，m²；

$\overline{S}_{ot}$——通过玻璃的总日射的月平均日辐照量，kJ/（m²·d）；

X_m——窗户的有效透光面积系数；

U_g——玻璃窗的传热系数，W/（m²·℃）；

α_α——透过玻璃后被集热系统吸收的总日射辐照量与通过玻璃的总日射月平均日辐照量的比值，一般可取 $\alpha_\alpha = 0.92 \sim 0.98$，太阳房可取偏小些的值，附加阳光间取 $\alpha_\alpha = 0.75 \sim 0.85$，集热墙体取 $\alpha_\alpha = 0.92 \sim 0.95$；

$\overline{Q}_{in}$——室内人员、照明及非专用供暖设备所产生的内部热量在计算月中的日平均值，kJ/d；

$\overline{Q}_{ob}$——由房间太阳能集热部件以外的其余外围结构传向室内的总日射的月平均日辐照量，kJ/d；

$\overline{Q}_{cg\cdot cw}$——集热墙向房间的供热量，kJ/d；

$\overline{Q}_{cg\cdot gl}$——太阳房直接受益窗各房间的供热量，kJ/d；

$\overline{Q}_{cg\cdot sp}$——附加阳光间向房间的供热量，kJ/d。

集热储热墙的 a，b 系数值　　　　　　　　　　　　　　　表 5-5

结构形式（无夜间保温装置）	a	b
普通 3mm 双玻 24 砖墙无通风孔	0.247	5.017
普通 3mm 双玻 37 砖墙无通风孔	0.199	3.839
普通 3mm 双玻 24 砖墙有通风孔	0.515	13.068
普通 3mm 双玻 37 砖墙有通风孔	0.478	11.83

在需要供暖的地区，被动式太阳房的冬季供暖主要依靠建筑热工措施来完成一定的室内温度条件，而冬季供暖一要达到一定的室内平均温度，二要达到一定的热稳定性，并且应处理好集热、保温以及储热之间的相互关系，既使得房间的冬季温度符合供暖要求，又使得太阳房热工措施的投资尽量少，单位投资的节能效益也显著。对不能仅依靠建筑热工措施来满足房间供暖要求的，可适当考虑添加辅助热源，使室温不低于允许的室温下限（基础温度 T_b）。

5.3.4 被动式太阳房性能评价

太阳房的性能评价指标包括热工性能与技术经济性能两部分。

1. 热工性能评价

我国的被动式太阳房大多处于无辅助热源的运行状态（人体生活产热除外），可用室内外平均温差、全天室温波动率和不舒适度来评价。

室内外平均温差 ΔT 是指在某一研究时段内，室内平均温度与室外环境平均温度之差，可表达为：

$$\Delta T = \frac{1}{24} \sum_{i=0}^{23} \Delta T_i \tag{5-25}$$

式中 ΔT——室内外小时平均温差，℃。

全天室温波动率 TFF 定义为：

$$TFF = \Big[\sum_{i=0}^{23} (T_r - \overline{T}_r)^2 \Big]^{\frac{1}{2}} / (24\,\overline{T}_r) \tag{5-26}$$

式中 T_r——室温的小时平均值，℃；

$\overline{T}_r$——日平均室温，℃。

TFF 说明太阳房集热与储热、放热系统的匹配关系，TFF 过大，则表示三者匹配不良。

不舒适度反映人体的主观感受。人体与环境之间存在着湿、热平衡。正常情况下人体产热等于其对环境的净散热（包括潜热）时，人就会感觉舒适。这里净散热是指人体散热量减去人体由外界获得的热量（如太阳辐射热）。当产热量大于人体的净散热量时，人就会有热的感觉，便会通过出汗或减少所穿的衣服等方式来增强散热；当产热量小于人体的净散热时，人就会有冷感，便会通过增加衣服或活动量来减少散热或增加自身产热。显然，人体与环境的湿热动态平衡关系是反映人体主观感觉舒适程度的重要因素。卡洛尔（Carroll）[14]用综合作用温度 T_0 来反映人体与环境之间的湿热平衡关系：当处于正常状态的人在假想的均匀黑色封闭空间的湿热交换量与同样状态的人在实际环境中的湿热交换量相等时，该假想空间的温度即为综合作用温度。已证明，T_0 可以用人体所处实际环境中的一个直径为 150mm 的空的黑色钢球内部的温度来代表。人体达到舒适的作用温度称为最佳作用温度 PT_0，该值需要通过对居住者热感觉的实地调查确定，因此，PT_0 与居住者的生活习惯、劳动强度等因素密切相关，并不是一个一成不变的值。

卡洛尔得到的人体舒适度指标表达式为：

$$DI = \Sigma(E^2 W)/\Sigma W \tag{5-27}$$

式中，$E = 0.93T_o + 0.04T_a + 2 - PT_o$；$T_o = 0.4T_r + 0.12T_e + 0.48\overline{T}_w$；$PT_o = 0.91T_b - 0.09T_a - DN$。其中，$T_o$ 为黑球温度；T_a 为玻璃窗温度；$\overline{T}_w$ 为各壁面温度的平均值；T_b 为室内基准供暖温度，即设计室温；W 为无因子加权因子，DN 为常数，W 和 DN 都与时间有关。$W=1$，$DN=0$（7：00～22：00）；$W=0.5$，$DN=2$（23：00～7：00）。

我国学者根据我国实际情况对太阳房的舒适度指标进行了研究。李元哲指出，太阳房的不舒适度指标 DI 可用稳态偏差表示[15,16]，即：

$$E = ET - PT \tag{5-28}$$

上式表示稳态环境下人体的不舒适程度，式中 ET 为反映人体与环境之间湿热交换的有效温度。我国的研究再次证明，有效温度 ET 可由"黑球温度"来近似，即 $ET = T$。$PT = 16℃ - N$，白天时，$N = 0℃$；黑夜时，$N = 2℃$。

在非稳态环境中人体的不舒适度 DI 由动态偏差表示，即：

$$R = (E_0 - E_1)/2 \tag{5-29}$$

式中，E_0，E_1 分别为当时及前一时刻的稳态偏差。

任何情况下，人体不舒适度 DI 为动态与稳态因素的综合。

$$DI = \sum_{i=1}^{n}(E^2 + 5R^2)/6 \tag{5-30}$$

式中，n 为统计的小时数。显然，统计阶段的小时数对 DI 是有影响的，也就是说，同一太阳房，所取得统计时段长度不同，其不舒适度指标值 DI 就不同。这一问题在卡洛尔定义的不舒适度中不存在，为解决这一问题，可定义不舒适度为以下两种情况之一：

（1）将不舒适度定义在某一特定天内，这样，$n=24$，成为一固定值。

（2）将 DI 定义为：

$$DI = \frac{1}{n}\sum_{i=1}^{n}(E^2 + 5R^2)/6 \tag{5-31}$$

以消除 n 的影响。

显然，这种定义中，试验时段的选择应特别慎重，否则会使不舒适度失去意义。例如，将时段取为覆盖两段气候完全不同的两个时期，如将时段选为一年，由此计算的太阳房的不舒适度就没有意义了。这一问题对于卡洛尔不舒适度的计算同样存在。

经验告诉我们，仅利用太阳能供暖来保证一个建筑的供暖要求是不经济的。故对太阳房性能评价中引入太阳保证率（Solar Heating Fraction，SHF）和节能率（Solar Saving Fraction，SSF）两个概念来评价太阳房对商品能源的节约程度。

太阳保证率定义为：

$$SHF = \frac{L - Q_{aax}}{L} \tag{5-32}$$

式中，Q_{aax} 是为保证太阳房供暖需要而加入的辅助热量；L 是太阳房的净负荷，它是除太阳能供暖部件外太阳房其他围护结构的热负荷：

$$L = NLC \cdot DD \tag{5-33}$$

式中　　NLC ——太阳房的净负荷系数，kJ/（℃·d）；

DD——供暖期内太阳房的度日数,℃·d。

需要指出的是,SHF 只能用于与同类结构、同样供暖方式的太阳房和同样室内设计温度下的比较。当不同设计及使用条件的太阳房的 NIC 相同时,也可用 SHF 对比热性能。

太阳房的节能率 SSF 定义为:

$$SSF = \frac{L_c - Q_{aux}}{L_c} \tag{5-34}$$

式中,L_c 是对照房(与所比太阳房的规格、类型及大小等条件相同的普通建筑)的供暖负荷。当维持供暖温度相同时,不同类型的太阳房可以对比节能率判断热性能的优劣。

被动太阳房的特征参数为负荷集热比 LCR(Load Collector Ratio):

$$LCR = \frac{L}{A_p} \tag{5-35}$$

式中,A_p 为实际采光面在垂直面上的投影面积。在达到使用要求的条件下,LCR 应保持较小的值,即要求太阳房保温好而相应的供暖面积小。

2. 经济性能评价

应对被动式太阳能建筑的建造、运行成本和投资回收年限及对环境的影响进行评价。建造与运行成本应按《可再生能源建筑应用工程评价标准》GB/T 50801—2013 附录 E 估算,投资回收年限应按《可再生能源建筑应用工程评价标准》GB/T 50801—2013 附录 F 估算。

(1)寿命周期建筑建造与运行成本计算方法

1)建筑建造与运行成本 LCC 应按下式计算:

$$LCC = CF \cdot E_{LCE} \tag{5-36}$$

式中　CF ——常规能源价格,元/kWh;

　　E_{LCE} ——建筑建造与运营能耗,kWh。

2)常规能源价格 CF 应按下式计算:

$$CF = CF'/(g \cdot E_{ff}) \tag{5-37}$$

式中　CF' ——常规燃料价格,元/kg,可取标准煤;

　　g ——常规燃料发热量,kWh/kg,标准煤发热量为 8.13kWh/kg;

　　E_{ff} ——常规供暖设备的热效率,%。

3)建筑建造与运行周期内,建材生产总能耗 E_1 应按下式计算:

$$E_1 = \sum_{i=1}^{n} \frac{L_b}{L_i} m_i (1 + w_i/100) M_i \tag{5-38}$$

式中　n ——材料种类数;

　　L_b ——建筑寿命,a;

　　L_i ——建筑材料的使用寿命,a;

　　m_i ——材料的总使用量,t 或 m³;

　　w_i ——建造过程中主材料的废弃比率,%;

M_i ——生产单位使用量 i 材料的能耗，kWh/t 或 kWh/m³。

4）建筑建造与运行周期内，运行能耗，E_4 应按下式计算：

$$E_4 = L_b E_a \tag{5-39}$$

式中 E_a ——全年供暖及空调能耗之和，kWh。

（2）建筑投资回收年限计算方法

1）回收年限 n 应按下式计算：

$$n = \frac{\ln[1 - PI(d - e)]}{\ln\left(\frac{1+e}{1+d}\right)} \tag{5-40}$$

式中 PI ——折现系数；

$\quad d$ ——银行贷款利率，%；

$\quad e$ ——年燃料价格上涨率，%。

2）折现系数 PI 应按下式计算：

$$PI = A/(\Delta Q_{aux,q} \cdot CF - A \cdot DJ) \tag{5-41}$$

式中 CF ——常规燃料价格，元/kWh；

$\quad DJ$ ——维修费用系数，%。

3）常规能源价格应按式（5-40）计算。

4）总增加投资 A 应按下式计算：

$$A = A_p - A_{ref} \tag{5-42}$$

式中 A_p ——被动式太阳能建筑的总初投资，元；

$\quad A_{ref}$ ——参照建筑初投资，元。

5.4 太阳能供暖系统的发展

综上所述，太阳能供暖目前主要分为被动式和主动式两种。随着我国各类建筑节能设计标准的发布，被动式供暖已经被逐渐实施，这种供暖方式多由建筑师统一考虑实施。主动式太阳能供暖在我国应用较晚，目前已建成若干单体建筑太阳能供暖试点工程，但太阳能区域供热、（小区热力站）工程还没有应用实践。现有研究证实，太阳能区域供热相比我国传统区域供热技术具备经济可行性，国家"十三五"能源规划大力推进清洁能源供热，太阳能区域供热可作为我国清洁能源供热重点推进方向[17]。

这种太阳能供暖系统的推广障碍并不在于集热、供暖技术本身，而在于投资费用高和春、夏、秋季热水过剩，需通过季节储能技术和全年的综合利用，与地源热泵、生物质能等其他可再生能源的互为补充来解决。

发展太阳能区域供热的措施：

1. 大尺度平板型集热器

选用高效、长寿命的平板型集热器的一个优点是可以制成较大单元，采用大尺度集热器可以减少管道铺设；同时大尺度平板型集热器运维较少，有利于后期管理。当太阳辐照度为 800W/m² 时，太阳能区域集热管网系统管内外平均温差在 60℃ 左右时，大尺度平板型集热器效率在 0.6 左右，相比太阳能供暖和供热水工程的集热器效率（0.5）要高。太阳能区域供热系统的集热场面积都在 1000 m² 以上，要求集热器容易铺设、抗风能力强、寿命长、集热效率好，从而能够有效降低初投资，达到最大的集热效果。大尺度平板型集热器能够较好地满足这些要求。

2. 储热技术

太阳能区域供热系统的储热技术分为短期储热和季节储热。短期储热一般是储存一天到一周的热量，常用于预热区域供热管网，储热设施为短期储热水罐和区域热网，短期储热指标为单位面积集热器 220～250L。工程常用的 4 种季节储热技术主要为储热水箱、坑式储热水池、地埋管钻井储热、含水土层储热[18]，将其他季节的太阳能储存起来用于供暖季。

3. 低温区域供热技术

低温区域供热采用较低的供回水温度（30～70 ℃之间），有利于减少管网热损失，提高系统效率，促进可再生能源、热电联产等多能互补系统利用，推动可持续能源发展。

4. 多能互补技术

《"十四五"现代能源体系规划》中提出到 2025 年非化石能源消费比重提高到 20％左右，意味着未来我国的能源供给结构将是多能互补模式。对于区域热网技术，则体现在将目前利用潜力较大的工业余热[19]、生物质、太阳能等低温热源用于居民供热；推进热电联产发展，整合区域能源系统，解决北方弃风弃光问题，实现清洁能源供热。

本章参考文献

[1]　中华人民共和国住房和城乡建设部. 太阳能供热采暖工程技术标准[S]. GB 50495—2019. 北京：中国建筑工业出版社，2019.

[2]　何梓年，朱敦智 主编. 太阳能供热采暖应用技术手册[M]. 北京：化学工业出版社，2009.

[3]　代彦军，葛天舒 编著. 太阳能热利用原理与技术. 上海：上海交通大学出版社，2018.

[4]　敖三妹. 太阳能与建筑一体化结合技术进展[J]. 南京工业大学学报（自然科学版），2005，6：101-106.

[5]　A Badiei，Y Golizadeh Akhlaghi，X. Zhao，S. Shittu，X. Xi-ao，J. Li，Y. Fan，G. Li. A chronological review of advances insolar assisted heat pump technology in 21st century [J]. Renewable and Susta inable Energy Reviews，2020，132：110132.

[6]　孟浩，陈颖健. 我国太阳能利用技术现状及其对策[J]. 中国科技论坛，2009，5：96-101.

[7]　郭宏伟，王宇，高文学，李志强. 寒冷地区空气源热泵耦合太阳能集热器系统供暖季运行能效评价[J]. 建筑科学，2018，34(8)：37-43，50.

[8]　张诗文. 被动式太阳能供暖建筑的应用现状[J]. 农业与技术，2021，41(3)：102-104.

[9]　高援朝，曹国璋，王建新 编著. 太阳能光热利用技术[M]. 北京：金盾出版社，2015.

[10]　卫江红，梁宏伟，赵岩，袁家普 主编. 太阳能供暖设计技术[M]. 北京：清华大学出版社，2014.

[11]　中华人民共和国住房和城乡建设部. 可再生能源建筑应用工程评价标准[S]. GB/T 50801—2013. 北京：中国建筑工业出版社，2013.

［12］ 董仁杰，彭高军．太阳能热利用工程［M］．北京：中国农业科技出版社，1996．

［13］ 李元哲．被动式太阳房热工设计手册［M］．北京：清华大学出版社，1993．

［14］ Hay H，Yellott J．Natural air conditioning with roof ponds and movable insulation［J］．ASHRAE Trans，1969，75：158-162．

［15］ 董仁杰，彭高军．太阳能热利用工程［M］．北京：中国农业科技出版社，1996．

［16］ 李元哲．被动式太阳房热工设计手册［M］．北京：清华大学出版社，1993．

［17］ 李峥嵘，徐尤锦，中国太阳能区域供热发展潜力［J］．暖通空调，2017，47（9）：68-74．

［18］ HESARAKI A，HOLMBERG S，HAGHIGHAT F．Seasonal thermal energy storage with heat pumps andlow temperatures in building projects—a comparativereview［J］．Renewable and Sustainable EnergyReviews，2015，43：1199-1213．

［19］ 江亿．中国建筑节能理念思辨［M］．北京：中国建筑工业出版社，2016．

第6章 太阳能空调

太阳能光热转换制冷是指先用太阳能集热器将太阳能转换为热能或机械能，再利用热能或机械能作为动力，推动制冷循环。通过将光热转换装置与不同形式的制冷循环相结合，可以得到不同类型的太阳能制冷系统。最典型的制冷循环形式是吸收式制冷和以蒸汽机作为原动机的压缩式制冷。此外，常用的制冷循环形式还包括吸附式制冷、喷射式制冷等。由于太阳能光电制冷系统的转换效率依然较低，且制造成本较高，短期还难以推广应用。因此，这里将不再展开介绍。

本章将主要介绍以下几种类型的太阳能空调系统：吸收式、吸附式、蒸汽喷射式和太阳能驱动压缩式。同时，对太阳能空调系统设计、经济效益、环境效益展开分析，最后介绍太阳能空调系统的应用实例及其发展趋势。

6.1 太阳能空调系统原理及分类

6.1.1 太阳能吸收式空调系统

1. 吸收式制冷基本原理

吸收式制冷系统由发生器、冷凝器、蒸发器、冷剂泵、溶液泵、吸收器和溶液换热器等部件组成，构成两个循环环路：制冷剂循环与吸收剂循环。吸收式制冷使用的工质是由两种沸点相差较大的物质组成的二元溶液，利用驱动热源实现制冷循环。其中，低沸点物质为制冷剂，高沸点物质为吸收剂，二者构成制冷剂—吸收剂工质对。目前常用的吸收剂—制冷剂组合有两种：一种是溴化锂—水，通常适用于大中型中央空调；另一种是水—氨，通常适用于小型空调。

图 6-1 是单效吸收式制冷系统示意图。所谓单效指的是驱动热源热能只利用了一次，高温热源的热量总是供应给发生器，即

$$Q_{hot} = Q_d \tag{6-1}$$

式中　Q_{hot}、Q_d——分别为高温热源与供应给发生器的热量。

而低温热源的热量供应给蒸发器：

$$Q_{cold} = Q_{evap} \tag{6-2}$$

式中　Q_{cold}、Q_{evap}——分别为低温热源与供应给蒸发器的热量。

反过来，在吸收式循环中，高温热量从吸收器中排放出去，低温热量从冷凝器中排放出去。从目前吸收式系统制冷剂和吸收剂看，在一定的工作压力范围内对几个热量项可以概括如下：

$$Q_{evap} \approx Q_{cond} \tag{6-3}$$

$$Q_d \approx Q_{abs} \tag{6-4}$$

式中　Q_{cond}、Q_{abs}——分别为冷凝器与吸收器放出的热量。

由于制冷剂工作状态远远偏离临界点，制冷剂工质蒸发潜热与冷凝潜热近似相等，因而以上两个关系式成立。显然，对于一个制冷系统来说，单个的热量独立调节是不可能的。

理想的单效吸收式制冷循环 COP 可以表达为：

$$COP_{ideal} \leqslant \frac{T_d - T_{abs}}{T_d} \times \frac{T_{evap}}{T_{cond} - T_{evap}} \times \frac{T_{cond}}{T_{abs}} \tag{6-5}$$

式中　COP_{ideal}——理想的制冷循环性能系数；

　　　T_d——发生器的温度，℃；

　　　T_{abs}——吸收器的温度，℃；

　　　T_{evap}——蒸发器的温度，℃；

　　　T_{cond}——冷凝器的温度，℃。

式（6-6）等于项的成立条件是各种温度下热量项可以调到特殊值，这种情况是不可能实现的。值得注意的是以上四种温度 T_{evap}、T_{cond}、T_{abs}、T_d 中只有三个温度可以独立选择，第四个温度则是相关量。

对于大多数吸收剂有以下关系式成立：

$$\frac{Q_{abs}}{Q_{cond}} \approx 1.2 \sim 1.3 \tag{6-6}$$

$$T_d - T_{abs} \approx 1.2(T_{cond} - T_{evap}) \tag{6-7}$$

由此可以分析出理想单效吸收式制冷循环 COP_{ideal}：

$$COP_{ideal} \approx 1.2 \frac{T_{evap}}{T_d} \frac{T_{cond}}{T_{abs}} \approx \frac{Q_{cond}}{Q_{abs}} \approx 0.8 \tag{6-8}$$

实际上按照温度限制条件估计出 COP 约为 0.9，而根据热量项估计出的 COP 约为 0.8。

在吸收式制冷中另一个有用的关系式为：

$$T_{dmin} = T_{cond} + T_{abs} - T_{evap} \tag{6-9}$$

式中　T_{dmin}——达到 T_{evap} 温度所需的最低发生温度，℃。

2. 太阳能吸收式制冷

太阳能吸收式制冷就是利用太阳能集热器提供吸收式制冷循环所需要的热源，保证吸收式制冷机正常运行，达到制冷目的。如图 6-2 所示，系统主要包括两大部分：太阳能集热环路和吸收式制冷环路。

太阳能集热环路包括太阳能收集、转化等构件，此外，由于太阳能的供给具有不均匀性和不连续性，太阳能制冷系统都

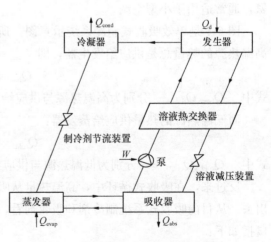

图 6-1　单效吸收式制冷系统示意图

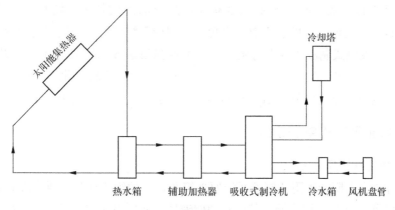

图 6-2　太阳能吸收式空调原理图

要有储能部件，以便在太阳能不充裕或没有日照的情况下系统仍然可以运行。其中，集热环路中最核心的部件是太阳能集热器。适用于太阳能吸收式制冷领域的太阳能集热器有平板型集热器、真空管集热器、复合抛物面聚光集热器以及抛物面槽式等线聚焦集热器[1]。

太阳能吸收式制冷的研究最接近于实用化，其最常规的配置是：采用集热器收集太阳能，用来驱动单效、双效或双级吸收式制冷剂，工质对主要采用溴化锂—水或者氨—水。当太阳能不足时，为保证吸收式制冷机组的连续稳定运行，系统多在吸收式制冷机组的一次侧增设燃气锅炉或电锅炉作为辅助能源。系统主要构成与普通的吸收式制冷系统基本相同，唯一的区别就是在发生器处的热源是太阳能而不是通常的锅炉加热生产的高温蒸汽、热水或高温废气等热源。

除了夏季空调，该系统还可提供冬季供暖及全年的生活热水。图 6-3 所示即为多功能太阳能溴化锂吸收式制冷系统。

夏季，被太阳能集热器加热的热水首先进入储热水箱，当热水温度达到一定值时，从储热水箱向吸收式制冷机提供热水；从吸收式制冷机流出的已降温的热水流回到储热水箱，再由太阳能集热器加热成高温热水；从吸收式制冷机流出的冷水通入空调房间实现制冷。当太阳能集热器提供的热能不足以驱动吸收式制冷机时，可以由辅助热源提供热量。

冬季，被太阳能集热器加热的热水流入储水箱，当热水温度达到一定值时，直接通入空调房间实现供暖。当太阳能集热器提供的热能不足以满足室内供暖负荷要求时，可以由辅助热源提供热量。

在非空调供暖季节，只要将太阳能集热器加热的热水直接通向生活热水储水箱中的换热器，通过换热

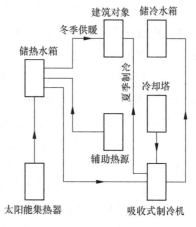

图 6-3　多功能太阳能吸收式空调系统

器就可把储水箱中的冷水逐渐加热以供使用。正因为太阳能溴化锂吸收式制冷系统具有夏季制冷、冬季供暖、全年提供热水等多项功能，所以目前在世界各国应用较为广泛。

空调系统的制冷效率与热媒的温度有关，热媒的温度越高，则制冷机的性能系数（COP 值）越高，空调系统的制冷效率也越高。制冷系统的特点与使用的制冷剂有关。如商用 LiBr-H$_2$O 吸收式制冷机存在易结晶、腐蚀性强及蒸发温度只能在零度以上的缺点；氨—水工质对互溶性极强、液氨蒸发潜热大，但存在 COP 值较溴化锂机组小、工作压力高、具有一定的危险性、毒性、氨和水的沸点差不够大、需要精馏等不足[2]。

6.1.2 太阳能吸附式空调系统

1. 基本结构及原理

图 6-4 所示为太阳能吸附式制冷系统原理简图，它的组成部分主要有吸附器/发生器、冷凝器、蒸发器、阀门、储液器，其中阀和储液器对实际系统来说是不必要的。晚上当吸附床被冷却时，蒸发器内制冷剂被吸附而蒸发制冷，待吸附饱和后，白天太阳能加热吸附床，使吸附床解析，然后冷却吸附，如此反复完成循环制冷过程。该太阳能制冷系统的工作过程简述如下：

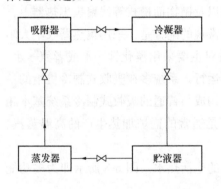

图 6-4 太阳能吸附式制冷系统原理简图

（1）关闭阀门。循环从早晨开始，处于环境温度（$T_{a2} = 30℃$）的吸附床被太阳能加热，此时只有少量工质脱附出来，吸附率近似为常数。而吸附床内压力不断升高，直至制冷工质达到冷凝温度下的饱和压力，此时温度为 T_{g2}。

（2）打开阀门。在恒压条件下制冷工质气体不断脱附出来，并在冷凝器中冷凝，冷凝的液体进入蒸发器，与此同时，吸附床温度继续升高至最大值 T_{g2}。

（3）关闭阀门。此时已是傍晚，吸附床被冷却，内部压力下降直至相当于蒸发温度下工质的饱和压力，该过程中吸附率也近似不变，最终温度为 T_{a1}。

（4）打开阀门。蒸发器中液体因压强骤减而沸腾，从而开始蒸发制冷过程。同时蒸发出来的气体进入吸附床被吸附。该过程一直进行到第二天早晨。吸附过程放出的大量热量由冷水或外界空气带走，吸附床最终温度为 T_{a2}。

图 6-5 为基本型太阳能吸附式制冷循环热力图，具体循环过程如下：

1-2 过程为工质和吸附床等容升压过程中所吸收的显热；

2-3 过程为脱附过程所吸收的热量，主要包括三部分：吸附床显热、留在吸附床内制冷工质的显热以及脱附所需热量；

3-4 过程为冷却吸附床所带走的热量，包括吸附床显热和留在吸附床内工质显热；

4-1 过程为吸附过程中带走的热量，主要包括整个吸附床的显热、吸附热以及蒸发的工质温升所吸收的显热；

2-5 过程为冷凝过程所放出的热量，包括汽化潜热和工质蒸气在冷凝过程中放出的显热；

5-6 过程为液态制冷剂从冷凝温度降至蒸发温度所放出的显热；

6-1 过程为蒸发过程中所吸收的热量。

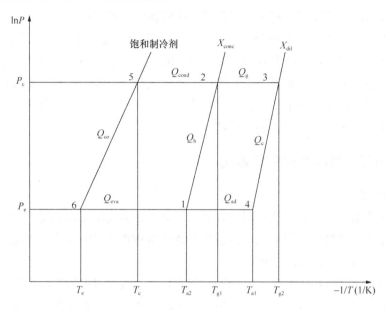

图 6-5　基本型太阳能吸附式制冷循环热力图

2. 工作过程及特征

太阳能吸附式制冷系统由太阳能集热器、冷凝器、储液器、蒸发器和阀门等组成。系统工作原理如图 6-6 所示。常用的吸附剂—制冷剂工质对有活性炭—甲醇、活性炭—氨、硅胶—水等。太阳能吸附式制冷系统具有结构简单、无运动部件、噪声小、无需考虑腐蚀等优点。当白天太阳能充足时，太阳能集热器吸收太阳能后，吸附床温度升高，使吸附的制冷剂在集热器中解附，太阳能集热器内压力升高。解析出来的气态制冷剂进入冷凝器被冷却介质冷却为液态制冷剂后流入储液。这样，太阳能就转化为代表制冷能力的吸附势能储备起来，实现化学吸附潜能的储存。当夜间或太阳辐照度不足时，由于环境温度的降低，太阳能集热器可通过自然冷却降温，吸附床温度下降后吸附剂开始吸附制冷剂，使制冷剂在蒸发器内蒸发从而达到制冷效果。其冷量一部分以冷媒水的形式向空调房间输出，

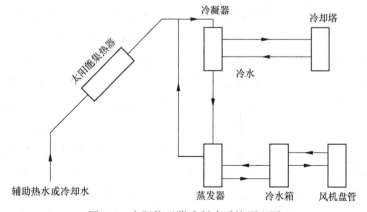

图 6-6　太阳能吸附式制冷系统原理图

另一部分储存在蒸发储液器中，可在需要时进行冷量调节。太阳辐射的随机性和周期性导致系统不能可靠的连续制冷，为防止日照不足或者阴雨天时太阳能不足，需要添加了电加热设备，必要时启动装置辅助再生，以保证系统的稳定、可靠运行[3,4]。

太阳能吸附式制冷系统具有结构简单、一次投资少、运行费用低、不消耗常规能源（如煤、电和化石燃料等）、能有效利用低品位热能、噪声小、使用寿命长、安全性好、无须考虑腐蚀问题、无环境污染等一系列优点。吸附式制冷与吸收式制冷系统相比，不存在结晶、分馏等问题，且能用于振动、倾倒或旋转的场所。一套吸附式制冷系统，若设计良好，其性价比可优于蒸汽压缩式制冷系统。

6.1.3 太阳能蒸气压缩式空调系统

1. 基本原理

蒸气压缩式制冷是一种传统的制冷方式，目前，为蒸气压缩式制冷机中的压缩机提供动力的主要是电机和热机，压缩机通过消耗电能或机械能为能量补偿，对低压气体做功，使其压力升高，推动制冷循环的运行。

蒸气压缩式制冷机在压缩机、冷凝器、节流装置、蒸发器中依次经历压缩、放热、节流、吸热四个主要热力过程，完成制冷循环，实现连续制冷。在这种典型的蒸气压缩式制冷循环中，制冷剂从蒸发压力提高到冷凝压力只经过一级压缩。单级制冷机的蒸发温度通常在−30～5℃。为提高经济性，有的单级制冷机还在冷凝器后设置过冷器和回热器。此外，常用的蒸气压缩式制冷机还有双级压缩式和复叠式。

太阳能驱动的压缩式制冷系统中，蒸气压缩式制冷循环的动力由太阳能提供。太阳辐射能通过集热器转化为热能，驱动压缩机运行。通过太阳能集热器将太阳辐射能转换为热能进行热力循环可将压缩机以热机方式驱动，即太阳能热机驱动式制冷。

将太阳能作为热源的热机，有蒸汽机、斯特林和密闭循环气体涡轮机三和形式。目前斯特林机还处于开发阶段，并且要求高温，因此还不涉及太阳能利用。密闭循环气体涡轮机动力转换效率低于其他机器，且即使小容量的设计也存在困难，很难发展成为节能系统。因此，常采用发展较成熟的太阳能蒸汽机。

蒸汽机以朗肯循环为基本热力循环，当驱动大容量发电机或泵时，可采用聚光型集热器、真空管集热器等，使集热温度达200℃以上，并采用工质为水的普通蒸汽机。当驱动制冷机时，可采用平板型集热器、简易的聚光型集热器，集热温度在150℃以下，对较小容量的采用有机工质来代替水推动涡轮机做功，即有机朗肯循环热机。

有机朗肯循环如图6-7所示，有机工质在换热器和蒸气锅炉中吸收热量，生成具有一定压力和温度的蒸汽，蒸汽进入涡轮机膨胀做功，从而带动发电机或其他动力机械。从涡轮机排出的蒸汽在凝汽器中

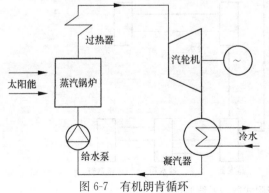

图6-7 有机朗肯循环

向冷却水放热，凝结成液态，之后借助工质泵重新回到换热器，如此不断循环往复。有机朗肯循环的热源温度从低温 100℃到中温 350℃。其中，低温太阳能热发电技术的成本和风险较低。使用低温热源时，有机朗肯循环的效率高于普通蒸汽动力循环，因为有机工质膨胀机进出口蒸汽压力高，比体积小，从而降低了对汽轮机的要求。

2. 结构组成及工作过程

太阳能热机驱动压缩式制冷系统主要由太阳能集热器、蒸气轮机和蒸气压缩式制冷机三大部分组成，分别对应太阳能集热循环、热机循环和蒸气压缩式制冷循环三大循环，如图 6-8 所示。

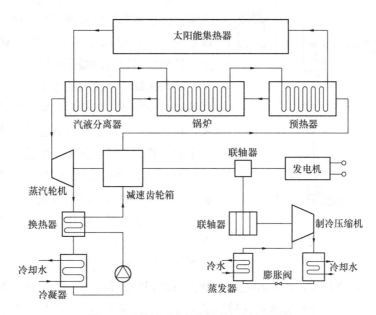

图 6-8　太阳能热机驱动压缩式制冷系统

太阳能集热循环主要由太阳能集热器、汽液分离器、锅炉及预热器组成。在太阳能集热循环中，水或其他工质首先被太阳能集热器加热至高温状态，然后依次通过汽液分离器、锅炉、预热器，在这些设备中先后几次放热，温度逐步降低，水或其他工质最后又进入太阳能集热器进行再热，如此循环，使太阳能集热器成为热机循环的热源。

热机循环主要由蒸汽轮机、换热器、冷凝器及泵组成。在热机循环中，低沸点工质从汽液分离器出来时，压力和温度升高，成为高压蒸汽，推动蒸汽轮机旋转而对外做功，然后进入换热器中被冷却，再通过冷凝器被冷凝成液体。该液态低沸点工质先后通过预热器、锅炉、汽液分离器，再次被加热成高压蒸汽。由此可见，热机循环是一个利用太阳能提供的热源实现对外做功的过程。

蒸气压缩式制冷循环主要由制冷压缩机、蒸发器、冷凝器及膨胀阀组成。在蒸气压缩式制冷循环中，蒸汽轮机的旋转带动了制冷压缩机的旋转，制冷剂在蒸气压缩式制冷机中经历压缩、冷凝、节流、汽化等过程，完成制冷循环。在蒸发器外侧流过的空气被蒸发器吸收热量，从较热的空气变为较冷的空气被送入房间，从而达到空调降温的效果[1,2]。

6.1.4　太阳能蒸汽喷射式空调系统

太阳能蒸汽喷射式制冷系统具有良好的节能性,早已受到人们的关注。与太阳能吸收式和吸附式制冷系统中太阳能的热转换过程相比,太阳能蒸汽喷射式制冷系统则是利用了太阳能的热机械过程。与蒸汽压缩制冷相比,引射器和发生器取代了压缩机。

1. 蒸汽喷射式制冷基本原理

喷射式制冷机主要由蒸汽喷射器、蒸发器、冷凝器和冷却塔等几部分组成,如图6-9

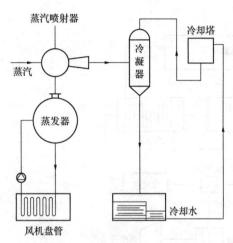

图6-9　蒸汽喷射式制冷示意图

所示。蒸汽喷射器是一个关键设备,由喷管、吸入室、混合室和扩压室四部分组成。其中喷嘴可以是一个,也可以是多个,吸入室与蒸发器相连,扩压室出口与冷凝器连通。

喷射式制冷系统的基本工作原理是利用水蒸气的喷射制冷效应。蒸汽从喷射器的喷嘴喷射出来,在其周围造成了低压状态使冷媒蒸发,从而产生制冷效果。喷射制冷子系统中,来自发生器中被加热的制冷剂蒸汽经过喷射器,由喷嘴加速,变成高速蒸汽射流,造成低压状态,将蒸发器中的制冷剂蒸汽不断抽出,并保持其中较高的真空度,即较低的蒸发压力,使制冷剂蒸发,达到制冷效果。吸入喷射器混合管中的制冷剂蒸汽和工作流体混合,所以工作流体和制冷剂通常选用相同的介质。混合后的工作流体和制冷剂进入冷凝器凝结,再经膨胀阀膨胀降压成液体,重新进入蒸发器蒸发吸热。从冷凝器流出的工作液体经循环泵送入发生器中加热,如此完成一个制冷循环过程。

蒸汽喷射式制冷机的工作过程也可以表示在温熵图上,如图6-10所示。图中实线表示的是理想循环。7→8是工作蒸汽在喷嘴中的膨胀过程,8→2′和1→2′是两部分蒸汽的混合过程,2′→2是在扩压管中的升压过程,2→3是冷凝器中的冷凝过程。此后冷凝水分成两部分,一部分节流后进入蒸发器中制冷,在图上用3→4→1表示;另一部分用泵打入锅炉中又蒸发成工作蒸汽,用3→5→6→7表示。从以上分析可知,蒸汽喷射式制冷循环由两部分组成:一个是正向循环7→8→2′→2→3→5→6→7,另一个是逆向循环1→2′→2→3→4→1。在正向循环中蒸汽要对外做功,它表现为在喷嘴中使蒸汽加速,因而具有较大的动能。这一部分外功正好用于逆向循环中蒸汽的压缩,在蒸汽喷射式制冷机中,按正向循环工作的喷射器起着压缩机的作用,故称为喷射式压缩机。

现在可根据图6-10进行理论循环的热力计算。制冷量 Q_0 计算公式如下:

$$Q_0 = G_0(h_1 - h_4) \tag{6-10}$$

式中　G_0——被引射制冷蒸汽的流量;

热源的供热量 Q_1 为:

$$Q_1 = G_1(h_7 - h_5) \tag{6-11}$$

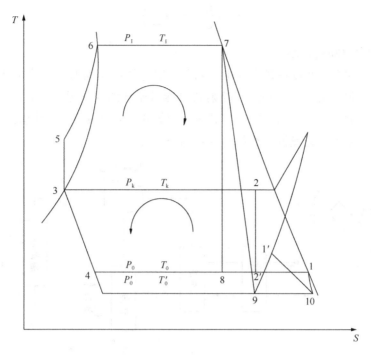

图 6-10 蒸汽喷射式制冷系统的温熵图

式中 G_1 ——工作蒸气流量；

冷凝器放热量 Q_k 为：

$$Q_k = (G_1 + G_0)(h_2 - h_3) \tag{6-12}$$

泵所消耗的功折合成热量 Q_p 为：

$$G_p = G_1(h_5 - h_3) \tag{6-13}$$

泵功较小，如果予以忽略，则整个制冷机的热平衡式为：

$$Q_0 + Q_1 = Q_k \tag{6-14}$$

而经济性指标也用热力系数来表示：

$$\zeta = \frac{Q_0}{Q_1} = \frac{G_0}{G_1} \times \frac{h_1 - h_4}{h_7 - h_5} = u \frac{q_0}{q_1} \tag{6-15}$$

其中

$$u = \frac{G_0}{G_1} \tag{6-16}$$

u 称为喷射系数，它表示 1kg 工作蒸汽能引射的低压蒸汽的数量。在理想情况下，可由喷射器的热平衡式求得 u 的数值。因为

$$G_0 h_1 + G_1 h_7 = (G_1 + G_0) h_2 \tag{6-17}$$

故

$$u = \frac{G_0}{G_1} = \frac{h_2 - h_7}{h_1 - h_2} \tag{6-18}$$

2. 太阳能蒸汽喷射式制冷

太阳能蒸汽喷射式制冷系统主要由太阳能集热器和蒸汽喷射式制冷机两大部分组成，它们分别依照太阳能集热循环和蒸汽喷射式制冷机循环的规律运行。如图 6-11 所示，太阳能集热循环由太阳能集热器、锅炉、储热水箱等几部分组成；蒸汽喷射式制冷机循环由蒸汽喷射器、冷凝器、蒸发器、冷却塔等几部分组成。

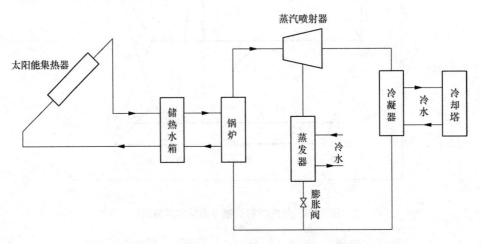

图 6-11　太阳能蒸汽喷射式制冷系统原理图

太阳能蒸汽喷射式制冷系统利用太阳能集热器将太阳辐射热收集储存，为喷射式制冷机的发生器提供高温热源，即以太阳能作为喷射式制冷系统循环的能源补偿。在太阳能集热循环中，液态工质先后被太阳能集热器和锅炉加热，温度升高后再去加热低沸点液态工质至高压状态。低沸点工质的高压蒸汽进入蒸汽喷射式制冷机后放热，温度迅速降低后回到太阳能集热器和锅炉内再次被加热。在喷射式制冷机循环中，低沸点工质的高压蒸汽通过蒸汽喷射器的喷嘴，因流出速度高、压力低，就吸引蒸发器内生成的低压蒸汽进入混合室。此混合蒸汽流经扩压室后，速度降低，压力增加，然后进入冷凝器被冷凝成液体。低沸点工质在蒸发器内蒸发，吸收冷媒水的热量，从而达到制冷的目的。

太阳能蒸汽喷射式制冷系统的主要优点包括：喷射式制冷系统中喷射器没有运动部件、结构简单、运行可靠；但其也存在性能系数较低的缺点。喷射器相当于蒸汽压缩机，利于低品位热源驱动，可充分利用太阳能资源，减少系统电能的消耗。尽管如此，常规的太阳能蒸汽喷射式制冷系统在一般空调工况下，冷凝温度只能达到 30℃ 左右，喷射制冷系统 COP 为 20% 左右，再加上太阳能集热器效率，太阳能蒸汽喷射式制冷系统的效率只有 8%～10%。因此，太阳能集热器的改进及喷射式制冷系统的优化都将大力推进太阳能蒸汽喷射式制冷系统的发展[5-7]。

6.2　太阳能空调系统设计及评价

6.2.1　集热器的选择与热量冷量匹配

1. 冷负荷计算

为保持建筑物的热湿环境，在单位时间内需向房间供应的冷量称为冷负荷。夏季，建筑围护结构的冷负荷是指由于室内外温差和太阳辐射作用，通过建筑围护结构传入室内的热量形成的冷负荷。建筑物冷负荷主要取决于：室内外空气的干湿球温度、室内外空气的相对湿度、太阳辐射量的大小和风速[8]。

计算建筑物冷负荷的步骤如下：

（1）确定建筑围护结构特性：包括墙面积及其结构类型和材料特性；屋顶面积及结构类型和材料特性；窗户面积，密封情况和玻璃种类；建筑物位置和方向。

（2）确定室内外空气的干湿球温度。

（3）确定太阳辐射量和风速。

（4）计算下列因素造成的冷负荷：窗户、墙壁和屋顶传热造成的负荷；渗透（包括渗进和渗出）引起的显热增变量；潜热增变量（水蒸气）；内部热源（人、灯光等）。

各类冷负荷的计算方法，请详见陆耀庆主编的《实用供热空调设计手册（第二版)》。

2. 集热器类型和面积计算

太阳能集热器是太阳能空调系统中最重要的部件之一，其选型与效率直接影响整个空调系统的效果和经济性。与太阳能空调系统匹配的太阳能集热器种类有很多，包括平板型集热器、真空管集热器、CPC、槽式、菲涅尔式聚焦集热器等。目前国内太阳能空调项目应用真空管集热器以及聚焦型集热器较多。

太阳能空调系统集热面积计算：

$$A_{\text{spec}} = \frac{1}{G \, \eta_{\text{cool,design}} \, COP_{\text{design}}}$$ (6-19)

A_{spec} ——单位制冷量所需集热面积，m^2；

G ——设计工况下太阳能辐射强度，W/m^2；

$\eta_{\text{cool,design}}$ ——设计工况下（制冷机额定驱动温度下）集热器集热效率，$\%$；

COP_{design} ——额定工况下制冷机 COP。

表 6-1 给出了几种常用的太阳能空调系统单位制冷量对应的集热面积。例如，当太阳辐照度为 800W/m^2 时，太阳能集热器集热效率为 50%，设计工况下制冷系统 COP 为 0.65，则对应单位制冷量太阳能集热器面积为 3.8m^2。

不同类型太阳能空调所需集热面积　　　　　　　　　　表 6-1

太阳能空调系统类型	太阳能吸收式空调	太阳能吸附式空调	太阳能蒸汽压缩式空调	太阳能喷射式空调
所需集热器面积（m^2/kW)	2.77	3.49	4.29	4.29

若太阳能空调系统设计制冷量为 Q_{design} ，则太阳能空调系统所需总集热面积是：

$$A_{\mathrm{cool}} = \frac{Q_{\mathrm{design}}}{G\,\eta_{\mathrm{cool,design}}\,COP_{\mathrm{design}}} \qquad (6\text{-}20)$$

6.2.2 太阳能空调系统方案选择及设计

1. 一般原则

太阳能空调系统设计的一般原则涉及以下几方面：

（1）目标建筑实施太阳能空调系统可行性分析

太阳能空调系统应根据建筑物的用途、规模、使用特点、负荷变化情况与参数要求，以及所在地区气象条件与能源状况等，通过技术与经济比较后确定。

（2）结构设计

以建筑冷热负荷为基础，定性设计与该建筑相匹配的太阳能空调技术及系统结构，其中最重要的是太阳能集热器与热驱动制冷机组的能量匹配优化。

（3）集热面积与主要空调设备选型

应根据制冷机组对驱动热源的温度区间要求选择太阳能集热器，集热器总面积应根据设计太阳能空调负荷率、建筑允许的安装条件和安装面积、当地气象条件等因素综合确定。

（4）经济性分析

基于上述的设计流程，最终需要对太阳能空调系统的投资成本、运行费用、维修费用，以及节能效益进行综合评价。

（5）保证率

太阳能空调保证率是指太阳能热利用程度，表现为驱动制冷机的热量中由太阳能提供的比例。太阳能空调系统有别于常规空调系统，必须考虑太阳能保证率问题。

为了表征集热量与建筑空调所需冷/热负荷的比对关系，在此，定义比集热面积为：

$$A_{\mathrm{ratio}} = \frac{A_{\mathrm{coll}}}{A_{\mathrm{floor}}} \qquad (6\text{-}21)$$

式中 A_{coll}、A_{floor}——分别为集热面积与空调建筑面积。

当建筑负荷与集热量的比值小于集热面积时，表明集热量超过建筑所需冷/热负荷，即集热量过剩，如果无储热装置，则会产生弃热。相反，当该比值大于集热面积时，集热量不足，无法完全满足建筑所需冷/热量。

通过累计逐时能量分布，年均太阳能制冷保证率 f_{coll} 的计算式为：

$$f_{\mathrm{coll}} = 1 - \frac{Q_{\mathrm{bu\text{-}cool}}}{Q_{\mathrm{tot\text{-}cool}}} \qquad (6\text{-}22)$$

式中，$Q_{\mathrm{bu\text{-}cool}}$ 为用于热驱动制冷消耗的辅助能源全年总热量，其表达式为：

$$Q_{\mathrm{bu\text{-}cool}} = \sum_{h=1}^{8760} Q_{\mathrm{bu\text{-}cool},h} \qquad (6\text{-}23)$$

式中，$Q_{\mathrm{tot\text{-}cool}}$ 为热驱动制冷全年所需总热量，其计算式为：

$$Q_{\text{tot-cool}} = \sum_{h=1}^{8760} Q_{\text{tot-cool},h} \tag{6-24}$$

式中，当集热器的集热量大于热驱动制冷所需热量时，相应的辅助热源热量：

$$Q_{\text{bu-cool},h} = 0 \tag{6-25}$$

通常，太阳能空调保证率还受到储热装置的影响。储热量与集热器面积有关系，当集热量过剩时，储热装置可存储多余的热量，并在集热量不足时使用，因此可在一定程度上提高太阳能保证率[8]。

2. 太阳能空调系统的方案选择

从空调系统角度，主要有太阳能吸附式、太阳能吸收式、太阳能蒸汽压缩式和太阳能喷射式四大类，其中前两种研究应用最广。它们的工作原理是利用太阳能集热器产生的热能驱动制冷装置产生冷水或调节空气送往建筑环境内进行空调。

目前为止，太阳能溴化锂—水吸收式空调方式示范应用最多。另外，吸附式制冷方式由于驱动热源要求温度低，近年来在我国发展很快。

就空调特点而言，吸附制冷、吸收制冷和蒸汽喷射制冷主要是以获得冷水为目的，进一步通过风机盘管或辐射末端对环境温湿度进行调节。前者在处理潜热负荷方面具有优势，但对空气降温处理方面能力有限，某些情况下，需要其他制冷方式结合处理实现显热、潜热分级处理，达到理想空调效果。

几类太阳能热驱动空调技术特征和参数比较如表 6-2 所示。

几类太阳能热驱动空调技术特征和参数比较 表 6-2

空调类型	太阳能吸收式空调	太阳能吸附式空调	太阳能蒸汽喷射式空调	太阳能蒸汽压缩式空调
采用集热器类型	平板型集热器	真空管或平板太阳能热水系统	平板型集热器	真空管或平板太阳能热水系统
工作热源温度	80~160℃	55~85℃	70~90℃	70~100℃
额定空调 COP	0.5~0.6	0.08~0.13	0.17~0.22	0.2~0.7
处理空调负荷类型	显热与部分潜热	显热与部分潜热	显热与部分潜热	显热与部分潜热

设计具体的太阳能空调系统，不是简单地将集热器与空调机组连接即可，在考虑上述选择原则的基础上，通常还要考虑太阳辐射的间歇性和不连续性，结合辅助能源或与其他制冷系统耦合。

太阳能冷水空调机组，是目前应用最多的太阳能空调类型。通常是已经有集中式太阳能热水系统，存在夏季热量过剩，可以直接采用吸收或吸附式冷水机组，并结合锅炉辅助加热实现连续空调制冷。对于温和气候区和炎热潮湿的地区，需要进行细致的技术经济性分析后确定。除此以外，对于太阳辐射资源较好的地区，还可以结合中温集热器，如CPC、槽式和菲涅尔式集热器结合双效或者变效吸收式制冷机，提供高效的太阳能空调方案。

第一，太阳能冷水空调与电空调并联系统。两者通过储冷联箱并联运行，当太阳能不足时，通过电制冷实现连续工作。该系统的太阳能冷水机组作为预冷环节使用，通过电空调进一步降温到理想温度，对空调建筑进行空气调节。该方案的优点是提高了太阳能冷水机组的制冷温度，有利于提高太阳能空调转换效率；同时，对电空调而言，降低了冷凝温度，相应电制冷效率也有提高。第二，太阳能冷水空调与空调箱结合的方案。该方案兼顾了新风和潜热负荷，是空调风系统典型的处理方案，太阳能空调冷水机组起到了冷源的作用。第三，太阳能除湿空调方案。适用于建筑热负荷不太高的地区，通过集热器产生热能，驱动除湿空调循环，提供温度和湿度比较合适的空气进行空调。第四，太阳能除湿空调与电空调结合的方案。利用太阳能处理空调潜热负荷，利用传统电空调处理显热负荷，能够提高电空调制冷温度，从而改善制冷效率，系统节电效果较为显著。第五，太阳能冷水空调与除湿空调结合的方案，也是最理想的太阳能空调方案之一。其特点是利用太阳能冷水空调处理显热，利用除湿空调处理潜热，可以达到太阳能空调效率最优化。

太阳能空调系统需根据建筑类型和负荷特点，进行合理的集热器与空调机组的配合，才可以达到适应性好、可靠性高的目的。但太阳能空调系统初投资较高，建议进行详细的能源经济分析后，尽量用于围护结构热工性能较好的节能建筑[8-12]。

3. 太阳能空调系统的蓄能

由于太阳辐射的不连续性，太阳能空调系统宜采用适当的蓄能措施，包括蓄热和蓄冷，一方面保证太阳能空调系统输出冷量的稳定性；另一方面，在一定条件下，对改善系统运行经济性，提高太阳能保证率有利。一般太阳能集热系统都会考虑蓄热措施，最常用的是水箱蓄热。如采用中高温集热器，如 CPC、槽式和菲涅尔式集热器等，也可考虑中温 PCM 材料或者导热油等进行蓄热。

对于太阳能空调系统，能量调节除了蓄热，还可以采用蓄冷的措施。主要有水蓄冷、冰蓄冷、共晶盐蓄冷等方法。水蓄冷利用水的显热进行冷量储存，具有初投资少、系统简单、维修方便、技术要求低等特点。但常规的水蓄冷系统是利用 3～7℃左右的低温水进行蓄冷，并且只有 5～8℃的温差可利用，其单位容积蓄冷量较小，使水蓄冷系统的蓄冷装置容积较大。

冰蓄冷就是将水制成冰的方式，利用冰的相变潜热进行冷量的储存。冰蓄冷除可以利用一定温差的水显热外，主要利用的是水变成冰的相变潜热（335kJ/kg）。与水蓄冷相比，单位体积冰蓄冷系统的蓄冷能力提高 10 倍以上。但冰蓄冷系统的设计和控制比水蓄冷系统复杂。目前采用的制冰形式主要有：管内、管外蓄冰，密封件蓄冰罐的静态制冰和接触式制冰浆机的动态制冰。选用蓄冰和低温送风系统，并且结合分时电价政策，采用电辅助夜间制冷，可实现较好的经济性。

共晶盐蓄冷是利用固液相变蓄冷的另一种方式。蓄冷介质主要是由无机盐、水、促凝剂和稳定剂组成的混合物。目前应用较广泛的是相变温度为 8～9℃的共晶盐蓄冷材料，其相变潜热约为 95kJ/kg。在蓄冷系统中，这些蓄冷介质多置于板状、球状或其他形状的密封件中，再放置于蓄冷槽中。一般地讲，其蓄冷槽的体积比冰蓄冷槽大，比水蓄冰槽小。其主要优点在于它的相变温度较高，可以克服冰蓄冷要求很低的蒸发温度的弱点。虽然该系统的制冷效率比冰蓄冷系统高，但蓄冷材料成本较高，且易发生老化现象。

对于太阳能空调系统，特别是与辅助能源及备用空调结合运行的空调系统而言，主要从运行经济性角度考虑，相对成熟的还是水蓄冷方式。如何设置蓄冷装置和蓄冷容量需要根据系统使用规律，结合气象条件，经过计算分析获得[13-15]。

4. 太阳能空调系统的设计过程

太阳能空调系统设计主要包括太阳能集热环节、蓄热环节、制冷机组选择、辅助能源或备用空调、蓄冷及输配系统等。其中辅助能源或备用空调主要根据太阳能制冷量与实际空调负荷之间的差额来确定。

设计的第一步工作是根据经验初步选择系统形式，之后进行方案比对和技术经济分析。太阳能集热系统在技术经济性分析中非常重要。需要根据当地气象条件和系统设计选择的集热温度，对产生单位热量的成本进行详细计算。制冷机组选择与太阳能集热器的性能密不可分，两者的良好匹配才能实现较高的太阳能制冷转换效果。由于气象、安装场地等条件限制，通常太阳能空调不能满足建筑全部负荷要求，因此还需要考虑辅助能源和备用空调机组，甚至蓄冷装置等，并进行制冷成本的分析比较。

典型的太阳能空调系统设计流程中，需要结合太阳能集热系统与制冷机组的匹配、空调系统与制冷机组的耦合、一次能源利用率分析和经济性分析等。在充分了解用户需求的基础上，因地制宜地根据气象条件、建筑类型和当地能源资源条件，经详细经济性分析，开展太阳能空调系统设计，才能实现太阳能空调系统的科学、合理应用[8]。

6.2.3　经济效益分析

在设计太阳能空调系统时，除了考虑以上提及的性能指标、耗能指标之外，还需要考虑的是系统的经济性指标。首先，需要考虑所有部件的价格和安装费用，太阳能空调系统的初投资包括规划，设备的组装、施工和调试等步骤，相较于技术成熟的传统电力空调系统价格高出不少（根据当地环境条件、建筑要求、系统大小等条件的不同，比传统电力空调系统高出大约 2~5 倍）。在某些地区，由于政策补贴，太阳能空调系统的费用可以得到一定的降低，将这部分政策补贴考虑到总初投资内。

太阳能空调系统的初投资可以衡量该系统在经济上的可行性。普遍来讲，初投资主要是由太阳能集热器和吸收机/吸附机决定。两种太阳能空调系统（吸附式空调和吸收式空调），集热器的费用占初投资的 20%~34%。太阳能空调系统随着部件容量的增大（集热器面积增大、冷水机组制冷量增大等），初投资的费用呈减少的趋势。

为评价系统的经济性，定义如下几个参数：

太阳能空调系统的年额外消费 $\Delta C_{annual,sol}$：

$$\Delta C_{annual,sol} = C_{annual,sol} - C_{annual,ref} \tag{6-26}$$

式中　$C_{annual,sol}$——太阳能空调系统的年消费；

　　　$C_{annual,ref}$——电力空调系统的年消费。

由于太阳能空调系统比电力空调系统更省电，太阳能空调系统的年运行维护成本将会低于电力空调系统，据此发生的成本节约量 $\Delta C_{oper,annual,sol}$ 由下式计算得到：

$$\Delta C_{oper,annual,sol} = C_{oper,annual,ref} - C_{oper,annual,sol} \tag{6-27}$$

式中　$C_{oper,annual,sol}$——太阳能空调系统的年度运行维护成本；

$C_{oper,annual,ref}$——电力空调系统的年度运行维护成本。

基于以上定义,引入两个用于比较不同太阳能空调系统经济性的参数,这两个参数考虑了太阳能集热器面积、集热器类型以及储能方式等因素。第一个参数是投资回收期 $\tau_{payback}$,其定义如下:

$$\tau_{payback} = \frac{C_{invest,tot,sol} - C_{invest,tot,ref}}{\Delta C_{oper,annual,sol}} \tag{6-28}$$

式中 $C_{invest,tot,sol}$——太阳能空调系统的总初投资;

$C_{invest,tot,ref}$——电力空调系统的总初投资。

显而易见,只有当太阳能空调系统的年运行维护成本低于电力空调系统时,投资回收期这个概念才有意义。第二个要引入的参数为一次能源节能量花费,其定义如下:

$$C_{PE,saved} = \frac{\Delta C_{annual,sol}}{E_{PE,saved}} \tag{6-29}$$

式中 $E_{PE,saved}$——太阳能空调系统相对于电力空调系统的年一次能源节能量。

类似的,这个参数也只在太阳能空调系统的年消费高于电力空调系统时才有意义。在目前的成本和价格条件下,很可能对大多数情况有效。如此,可以用这个参数来比较不同措施的节能效果,因为它表明的是节省一个单位的一次能源消耗量所降低的成本。举例来说,用 $C_{PE,saved}$ 可以比较太阳能空调系统和其他节能方法(如提高建筑围护结构隔热性能从而减少空调需求或其他传统空调系统的安装)的节能效果。$C_{PE,saved}$ 也可以比较不同的集热器类型、集热器面积、集热器阵列对节能效果的影响[16-18]。

6.2.4 环境效益分析

从环境效益方面分析,太阳能空调的意义在于减少一次能源消费,从而减少化石燃料的消耗。相应地,能够减少 CO_2 排放,不使用对臭氧层有破坏作用的工质,从而减轻温室效应和其他对环境的负面作用。此外,太阳能空调通过集热器向建筑物提供需要的热量或在工业中供热用于各种工艺,有利于电网稳定,尤其在用电高峰期。

1. CO_2 减排分析

太阳能空调系统的环境效益主要体现在因节省常规能源减少了污染物的排放,主要指标是二氧化碳排放量。

由于不同能源的单位质量含碳量是不相同的,燃烧时生成的二氧化碳数量也各不相同。所以,目前常用的二氧化碳减排量计算方法是先将系统寿命期内的节能量折算成标准煤质量,然后根据系统所使用的辅助热源乘以该种能源所对应的碳排放因子,将标准煤中碳的含量折算该种能源的含碳量后,再计算该太阳能空调系统的二氧化碳减排量[8,19],其计算式为:

$$Q_{CO_2} = \frac{E_{PE,save} \times n}{W \times EFF} \times F_{CO_2} \tag{6-30}$$

式中 Q_{CO_2}——系统寿命期内 CO_2 减排量,kg;

W——标准煤热值,29.308MJ/kg;

n——系统寿命,a;

EFF ——太阳能空调系统的能效比；

F_{CO_2} ——碳排放因子，见表 5.4。

2. 生命周期影响评估（LCIA）

每一个单独的过程都以各自的方式对环境产生影响，例如，通过消耗能源、物质资源和消耗潜在污染元素，对人体健康和自然环境产生影响。在相关文献中，此类分析通常被称为生命周期影响评估（LCIA），ISO 标准 14040 系列已对其进行了详尽的描述和规范。

太阳能空调系统对环境的正面作用显而易见，尤其在节能和 CO_2 减排方面，然而从工程系统分析的角度看，仅仅考虑能量过程和它的直接环境负荷是远远不够的，还需要结合从寻找原料、原料开采、成形和组装部件到运输和安装系统的每一个过程的能源，甚至零部件的原料、维护和回收等过程。因此，针对所设计的太阳能空调系统，建议采用 LCIA 方法对其进行全面、系统的环境影响评估。

6.2.5　案例分析

本小节介绍一个实例，让读者对太阳能空调系统的环境评价指标和经济性指标有更好的认识。

1. 系统简介

所选案例为一太阳能＋燃油辅助游泳池热水及夏季除湿空调系统。该系统主要由太阳能集热器、辅助热源（锅炉）、蓄热水箱、膨胀水箱、换热器、过滤设备、除湿空调、常规压缩式中央空调以及循环水泵等组成。其中，太阳能集热系统夏季用于提供转轮除湿机组处理潜热负荷所需的再生热（常规中央空调机组用于显热负荷处理），冬季及过渡季用于游泳池水加热，辅助热源用于补足天气条件引起的热水需求。系统工作原理描述如下：

（1）夏季空调：夏季炎热季节，太阳能集热器将收集到的热量（热水）送往除湿空调机组，驱动除湿空调进行空气调节。除湿空调的工作原理是干燥剂除湿和蒸发冷却，其中除湿采用转轮式除湿器，可以实现连续除湿操作。干燥剂吸湿后需要加热再生以实现连续吸湿过程，这部分热量由太阳能提供。经除湿器干燥后的处理空气可进一步经蒸发冷却处理至合适的温湿度送到室内进行空调。此外，利用中央空调机组处理显热负荷以补足所需冷量。

（2）游泳池热水：冬季和过渡季节游泳池需要 24h 持续热水供应，以满足池内温度需求，白天天气晴好时，开启太阳能集热器集热，如果集热器不能满足泳池热量需要，则开启辅助热源。

（3）冬季供暖：可根据游泳池和礼堂冬季供暖负荷进一步增大锅炉容量或添加锅炉，供暖季节将太阳能集热循环加热热水存于储热水箱，供暖时，水箱中的水通往供暖回路，结合礼堂原有空调系统散热供暖。如果太阳能利用条件比较恶劣或夜晚需要供暖时，开启辅助热源，结合礼堂空调系统实现供暖需要。

该系统主要特点总结如下：

（1）采用新材料、新流程的太阳能除湿空调技术：

1）驱动热源温度 50～80℃，与太阳能集热器温位有很好的匹配；

2) 额定工况下（再生温度不超过 80℃），热力 $COP \geqslant 1.0$；

3) 可用于处理空调潜热负荷（除湿）；

4) 采用了新风空调模式。

（2）采用常规空调系统处理显热负荷以补足冷量需求。

（3）两者结合有两个优点：

1) 太阳能保证率可达 60％以上，显著节约电力消耗；

2) 常规空调机组容量配置大幅减少，同时运行效率更高（节电 30％）。设备选型及投资估算如表 6-3 及表 6-4 所示。

太阳能空调设备参数及投资估算　　　　　　　　　表 6-3

项目	容量	预算（万元）	备注
太阳能集热器	282m²	28	
转轮除湿空调系统	50kW	35	选用制冷量为 50kW 的两级转轮除湿空调系统，型号为 TSDC7，其额定参数如表 6-4 所示
中央空调机组	130kW	—	已有
冷却塔	25T	2.5	—
燃油设备	75kW	—	已有
管路、泵及换热器	—	5.25	—
控制系统	—	5	—
安装费用	—	8	—
总计	—	83.75	—

设备型号及额定参数　　　　　　　　　表 6-4

项目	参数
机型代号	TSDC5
制冷量	52kW
热源水流量	25m³/h
热源入口温度	≥60℃
配电量	5kW
使用电源	三相 380V/50Hz
空调风量	5000m³/h
COP	1.0

2. 经济及环境效益分析

（1）供暖部分

根据前面的热力计算，为保持泳池的热量平衡，每天需要确保的总热量应为：

$$Q = Q_{a-d} + Q_e = 5994120 \text{kJ/d} = 1380000 \text{ 大卡}$$

为了得到同样的热量，如使用柴油进行加热（柴油的燃烧值 10200kcal/kg），则每天需要运行费用为：

$$T = Q_1/(10200 \times 85\%) = 160\text{kg} \times 5.8 \text{ 元 /kg} = 928 \text{ 元}$$

春秋两季完全用柴油总费用为：$928 \times 180 = 167040$ 元（约 17 万元）。冬季阳光不足和气温低，完全用柴油费用约为：$1856 \times 90 = 17$ 万元。全年（夏季除外）供暖估计费用约为 35 万元。

采用太阳能后冬季和过渡季节由集热系统提供的能量分别为 1020187kJ/d 和 1785381kJ/d。

共计节约运行费用：

$$[1020187 \div (10200 \times 85\%) \times 90 + 1785381 \div (10200 \times 85\%) \times 180] \times 5.8/4.1868 =$$
$$66019.41 \text{ 元（约 6.6 万元）}$$

（2）制冷部分

夏季太阳辐射强，太阳能利用率最高，其能量可用作制冷。根据前面的负荷计算，为实现会堂的空调负荷需求，按空调平均每天工作 10h 计算，太阳能除湿空调的电力 COP 取 10，与除湿空调相结合的电空调 COP 取 3.5（不承担潜热负荷，蒸发温度提高），则由总装机容量确定的每天耗电量为：

$$S = 50 \times 10/10 + 130 \times 10/3.5 = 421.4286 \text{kWh/d}$$

而如果用电制冷，COP 为 3，此时对应装机容量下每天的耗电量为：

$$S' = 180 \times 10/3 = 600 \text{kWh/d}$$

则每天节省耗电为 $600 - 421.4286 = 178.5714$kWh。如果按每度电 1 元，则每年的夏季节省电费（能源费）：

$$178.5714 \times 90 = 16071.4 \text{ 元（约 1.6 万元）}$$

夏季可节约能源费：约 1.6 万元。

综上所述，总的节约费用为：6.6 万元＋1.6 万元＝8.2 万元/a。

（3）投资及环保效益对比（见表 6-5 和表 6-6）

投资比较 表 6-5

方案	机组总投资（万元）	集热器投资（万元）	设备初投资（万元）	控制系统（万元）	安装费（万元）	运行费用（万元/a）
太阳能＋燃油＋常规辅助空调	38.75	28	66.75	7	10	32.2
燃油＋常规空调	29.72	0	29.72	5	5	40.4

注：机组总投资包括空调机组投资及相关附件等；运行费用包括电费、维修费及人员工资。

环保效益 表 6-6

方案	初投资节约率（%）	运行费用节约率（%）	环保效益（CO_2 减排量）（kg/a）
太阳能集热＋转轮除湿＋VRV 空调方案	−55.49	25.47	17279
独立 VRV 空调方案	—	—	—

（4）回收期

由分析可以看出，太阳能空调系统的经济性及环保效益显著，相对于传统能量系统，太阳能集热＋燃油辅助＋转轮除湿＋常规空调方案运行费用节约 25.47%，而且在污染物排放方面，CO_2 减排量为 17279kg/a。此外，虽然太阳能空调系统的初投资比传统能量系统高很多，但其回收期是可观的，在 5 年左右即可实现回收。可见，太阳能系统不仅具有良好的经济性，而且对维护生态环境有着深远的意义[20,21]。

6.3　太阳能空调系统应用及发展

6.3.1　太阳能吸收式空调应用实例[2]

该工程为国家太阳能热水器质量监督检验中心（北京）顺义检测基地。工程总建筑面积 $1850m^2$，建筑类型分为办公室及实验室两种。该方案设计为太阳能溴化锂吸收式空调系统，满足夏季光照充足的情况下办公室及实验室对冷负荷的需求，最终实现整个建筑物的节能目的。

经对比分析，该工程采用了系统性能较为稳定、经济性较好的 U 形管集热器，制冷机组选用了低温热源下即可驱动的溴化锂吸收式制冷机组，末端空调系统采用风机盘管形式。夏季，太阳能集热系统向吸收式制冷机组提供热量，由制冷机组转化为冷量供整个建筑所需的冷负荷；冬季，太阳能集热系统收集的热量通过板式换热器实现整个建筑的供暖。为了充分利用太阳能，分别设计了储热水箱和蓄冷水箱。同时，为了验证不同辅助能源的经济性及可靠性，分别设计了两种辅助能源：生物质锅炉和风冷冷水机组[22-24]。

系统中，集热器效率性能指标经国家太阳能热水器质量监督检验中心（北京）检测，所选用的集热器归一化温差为 $0.07m^2 \cdot K/W$。经瞬时效率测试，当进口温度为 68℃时，集热器效率可达 38%。储热水箱体积为 $15m^3$；蓄冷水箱体积为 $8m^3$；溴化锂吸收式制冷机组功率为 176kW；生物质锅炉功率为 232kW。

控制系统共分为两部分：集热控制系统和空调控制系统。其中集热控制系统主要采用温差循环，且具有过热保护及防冻功能，同时兼具太阳能热水控制系统的其他控制功能，此处不再赘述。对于空调控制系统，为了达到太阳能热利用的最大化，系统分为四种运行工况：制冷工况、制冷加蓄冷工况、蓄冷水箱运行工况及蓄冷工况。通过不同阀门的控制功能，实现四种运行模式之间的自由切换，以更加充分利用太阳能所产生的热量。

该工程的实际造价为 139.4 万元，折算到单位空调面积费用约为 753 元/m。依据夏季实际测试数据，太阳能空调系统在空调工况下的运行费用为 4.2 元/m^2，费效比为 0.15 元/kWh。

6.3.2　太阳能吸附式空调应用实例[2]

零碳馆位于北京奥林匹克森林公园内，为单层复式建筑，建筑面积 $600m^2$，集办公、会议接待等功能于一体。该建筑综合利用太阳能热水、太阳能吸附式制冷、太阳能供暖等多项太阳能技术，力求达到建筑零碳排放，满足夏季冷负荷 60kW，冬季供暖负荷 47kW。建筑中原有地源热泵系统，以风机盘管作为末端，为建筑提供冷热负荷。地源热泵系统与太阳能系统制冷供暖功能相结合，以满足全部建筑冷热负荷需求。该系统全年可分三种运行模式：夏季制冷、冬季供暖、春秋季热水及通风，实现了建筑热水、供暖、制冷三联供。

根据实际需求，所设计的太阳能吸附式空调系统原理如图 6-12 所示，系统中制冷、供暖末端系统设计为毛细管网，其铺设面积为 200m²，该毛细管网对冷水的要求为 18℃左右。根据零碳馆所需冷负荷情况，所选择的太阳能吸附式制冷机组的制冷功率为15kW，该空调系统的额定耗热功率为 20kW，日耗热量为 120kWh，吸附式制冷机组的工质对采用清洁无污染且无腐蚀的良性介质硅胶—水。空调运行时对热源水温度和流量的要求如表 6-7 所示。因空调系统运行所需温度相对较高，故选用热管集热器。所需采光面积为 90m²，集热器安装于建筑顶部钢结构之上，与钢结构相结合形成月牙形状。

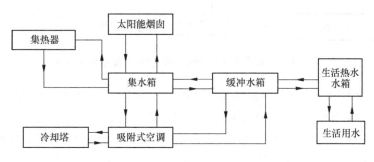

图 6-12　太阳能吸附式空调系统原理图

空调运行时热源水温和流量　　　　　　　　　　　　　表 6-7

热水	进口温度（℃）	80
	出口温度（℃）	75
	流量（m³/h）	3.4

太阳能集热系统提供 70～88℃、5m³/h 的热水作为热源水驱动吸附式制冷机组运行，同时冷却塔提供 30℃ 左右、5.6m³/h 的冷却水，此时机组可输出 17～18℃、3m³/h 的冷水，通入末端毛细管网。该吸附式空调的热力 COP 为 0.45 左右，制冷功率为 15kW，而系统运行耗电量不到 3.0kW，电力 COP 达到 6.0 以上[2,25-28]。

由于吸附式制冷机组所需的热源驱动力为太阳能所提供的热水，且太阳能同时为零碳馆提供生活热水和供暖，因此对于太阳能系统，全年节约能量折合标准煤约为 2753kg，折合电约为 22409kWh。

6.3.3　混合式太阳能空调

1. 太阳能吸收-吸附空调系统

太阳能集成驱动的吸收-吸附冷却系统示意图如图 6-13 所示。太阳能冷却系统包括：①太阳能集热器；②集成吸收-吸附冷却装置，它由蒸发器、吸收器、发生器、冷凝器和两个作为吸附器和解吸器工作的吸附床组成。

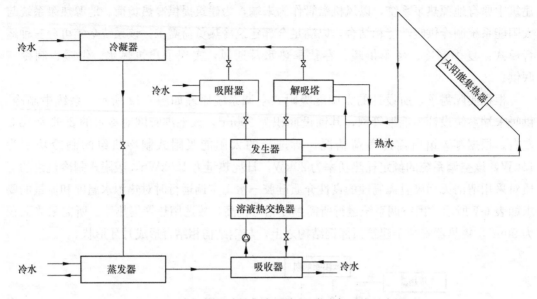

图 6-13　太阳能驱动的集成吸收-吸附冷却系统示意图

集成吸收-吸附冷却系统的典型热循环如图 6-14 中的杜林图所示。该系统有两个主要循环：底部的吸收循环和顶部的吸附循环。吸附系统的吸附器代替了标准吸收冷却系统中的冷凝器。此外，吸收循环的发生器成为标准吸附冷却系统中的蒸发器。因此，吸收循环中的生成压力和吸附循环中的蒸发压力不再分别由冷却水和冷水温度决定。吸收子循环中的生成过程和吸附子循环中的吸附过程发生在综合循环的中间压力下。该压力可根据热源温度和发生液浓度进行调整，以实现系统性能最大化。

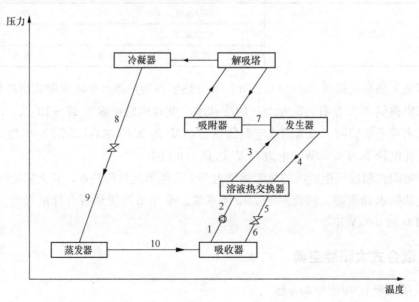

图 6-14　杜林图中集成吸收-吸附冷却系统的典型热循环示意图

制冷剂在蒸发器中蒸发产生冷量，然后制冷剂蒸汽（10）被吸收器中的吸收剂吸收，升温后的吸收剂由冷却水进行冷却。稀释后的吸收剂溶液（1、2、3）通过溶液热交换器泵送到发生器中，发生器与太阳能集热环路相连。在发生器中，制冷剂蒸汽向溶液（7）中释放热量，该部分热量被吸附器中的固体吸附剂吸附，浓缩溶液（4、5和6）经吸收剂节流器降压回到吸收器，与从蒸发器出来的低压制冷剂蒸气混合，吸收低压制冷剂蒸气并恢复到原来的浓度。与此同时，制冷剂蒸气从解吸塔中的固体吸附剂进行热解吸，进入冷凝器中被冷却到液态。解析塔由太阳能集热系统进行干燥。之后，液态制冷剂（8）通过膨胀阀（9）的作用蒸发压力降低，进入到蒸发器中。当吸附器在一定的温度和压力下达到近似饱和时，解吸塔得到充分解吸，吸附器与发生器断开，与解吸塔连接，将吸附器中的制冷剂蒸汽解吸进而转移到冷凝器中；当吸附器被充分解吸后，再与发生器连接，从发生器中吸附制冷剂蒸汽。

在吸收—吸附制冷系统中，流经集热管的热流体从太阳能集热器中吸收太阳辐射热量，用于驱动制冷系统。这种方式必然会提高系统的能源利用率，减少其 CO_2 排放。此外，该系统所需供水温度较低，有利于减小所需太阳能集热器面积和储水箱体积，大大节省初投资。从技术角度看，由于系统运行期间生成压力和蒸发压力之间的压差小，在吸收循环中可采用小功率的溶液泵。结构上，该系统比单独吸收或吸附系统要复杂得多，它不仅涉及普通单个系统的传热传质过程，还涉及发生器和吸附器间的压力平衡、发生器和吸附器之间的传热传质、系统不同部件间的匹配等新问题[28,29]。

2. 太阳能压缩/吸收—喷射式空调系统

在太阳能喷射制冷系统的基础上，太阳能喷射—压缩制冷系统在蒸发器出口处增加了增压器，因此也称其为太阳能增压喷射制冷系统。这种循环改变了常规喷射式制冷循环完全依靠太阳能来提供制冷循环所需能量的思路，由电能辅助提高喷射器的引射压力，提高喷射器入口蒸汽压力，进而提高喷射制冷系统性能。此外，常在冷凝器后增加回热器提高其能源利用率。新型太阳能喷射—压缩制冷系统如图 6-15 所示。

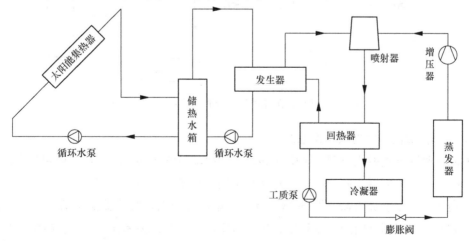

图 6-15　新型太阳能喷射—压缩制冷系统的示意图

该制冷循环系统的集热—储热子系统、储热—发生子系统与单纯的太阳能喷射式制冷系统相同。其中，集热—储热子系统将太阳能收集并储存在储热器中，然后利用储热器中的能量加热发生器中的制冷工质，产生高温、高压的制冷剂蒸汽。在制冷子系统中，从发生器中出来的高压蒸汽进入喷射器，抽吸蒸发器中的低压蒸汽，并使其升压，达到设计冷凝压力；从喷射器出来的工质蒸汽流经回热器，在其中对进入发生器前的工作流体加热，以减少冷凝器散热，提高系统的能源利用率；蒸汽从回热器出来进入冷凝器中冷凝为饱和液体后，液态制冷剂一分为二，一部分经工质泵输送至回热器，再进入发生器中产生高压蒸汽；另一部分经膨胀阀节流后进入蒸发器蒸发产生冷量，从蒸发器中出来的制冷剂蒸汽进入增压器，增压器将制冷剂蒸汽提升至一定压力后送入喷射器完成制冷循环。太阳能增压喷射制冷系统在运行中应注意喷射器与增压器的协调，并应采用流动与压缩性能俱佳的制冷剂。

太阳能喷射—吸收式制冷系统如图 6-16 所示。这种系统由太阳能集热系统与喷射—吸收制冷系统组成。喷射器安装在单效吸收式系统的发生器与冷凝器之间，喷射器从蒸发器中吸收部分蒸汽，从而增加了吸收式制冷系统中蒸发器的蒸发量，提高了单效吸收式制冷系统的性能系数，其复杂程度比双效吸收式制冷系统简单许多，性能却与之相当。但此系统以提高发生器温度作为代价来驱动喷射器正常工作，对太阳能集热温度要求较高，一般要达到 190~205℃，且同时应考虑腐蚀、结晶等问题[30,31]。

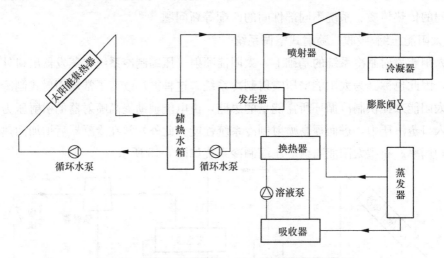

图 6-16　新型太阳能喷射—吸收制冷系统的示意图

3. 太阳能吸附—喷射式空调系统

太阳能吸附—喷射式空调系统由加热系统和冷却系统两部分组成，具体包括太阳能吸附器、喷射器、冷凝器、储液器、蒸发器和水箱等设备，如图 6-17 所示。

在白天，太阳能吸附器（图 6-18）吸收太阳能辐射后，吸附器温度升高，水从沸石上发生解吸。当吸附器内的温度和压力达到一定值时，通过关闭阀门 2，将吸附器与蒸发器断开；打开阀门 1，将吸附器与喷射器连接，此时高温高压水蒸气进入喷射器中，并在喷嘴中加速；打开阀门 3，蒸发器的水蒸气进入喷射器的吸入室中，在喷嘴出口处，主流

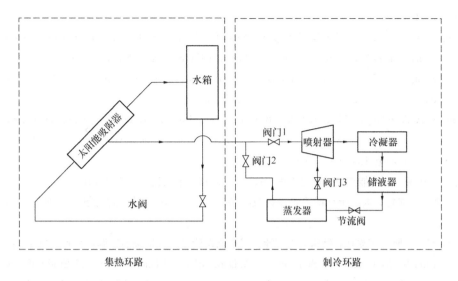

图 6-17　太阳能吸附—喷射器式制冷系统的示意图

达到超音速和较低的压力。两股蒸汽发生混合，混合蒸汽通过喷射器进入冷凝器中，被冷却成液体，然后进入储液器中，最后通过节流阀进入蒸发器。

当吸附器中的温度达到最高值时，关闭阀门1，将吸附器与喷射器断开；并打开阀门 2，将吸附器与蒸发器连接；然后打开水阀，水箱中的冷水进入吸附器中进行加热，随着温度的升高，水在吸附器和水箱之间进行自然循环。在水与吸附器之间的热交换作用下，当吸附器内的温度和压力降低到一定的温度和压力值时，水从蒸发器中蒸发并被沸石吸附，吸附制冷开始。因此，系统会持续制冷。

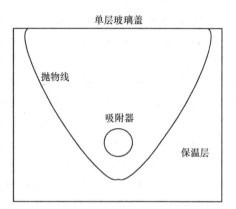

图 6-18　太阳能吸附器与复合抛物面集热器的结构图

此系统克服了吸附制冷的间歇性，白天，吸附器处于解吸过程，同时喷射器处于制冷状态；到了晚上，吸附式制冷从热量回收开始，为第二天的喷射循环提供热量。但由于引入了蒸汽喷射器，该系统的热力学性能受喷射器的影响很大，解吸受到了抑制[32,33]。

本章参考文献

［1］　刘艳峰 主编．太阳能利用与建筑节能［M］．北京：机械工业出版社，2015.
［2］　全贞花 主编．可再生能源在建筑中的应用［M］．北京：中国建筑工业出版社，2020.
［3］　Rasoul Nikbakhti, Xiaolin Wang, Andrew Chan. Performance analysis of an integrated adsorption and absorption refrigeration system［J］. International Journal of Refrigeration，2020，117：269-283.
［4］　Rasoul Nikbakhti, Aghil Iranmanesh. Potential application of a novel integrated adsorption-absorption refrigeration system powered with solar energy in Australia［J］. Applied Thermal Engineering，2021，

194：117114.

［5］ Ranj Sirwan，M. A. Alghoul，K. Sopian，Yusoff Ali. Thermodynamic analysis of an ejector-flash tank-absorption cooling system［J］. Applied Thermal Engineering，2013，58：85-97.

［6］ X. J. Zhang，R. Z. Wang. A new combined adsorption-ejector refrigeration and heating hybrid system powered by solar energy［J］. Applied Thermal Engineering，2002，11：1265-1258.

［7］ Ahmed A. Askalany，Bidyut B. Saha，Keishi Kariya，Ibrahim M. Ismail，Mahmoud Salem，Ahmed H. H. Ali，Mahmoud G. Morsy. Hybrid adsorption cooling systems-An overview［J］. Renewable and Sustainable Energy Reviews，2012，16(8)：5787-5801.

［8］ 代彦军 主编. 太阳能空调设计与工程实践［M］. 北京：中国建筑工业出版社，2017.

［9］ 翟晓强，王如竹. 太阳能空调系统设计及实验研究［C］//全国暖通空调制冷 2006 年学术年会文集，2006.

［10］ 魏立峰，左昕，窦立玮，叶雷. 太阳能空调系统设计方案［J］. 暖通空调，2009，39(10)：97-101.

［11］ J. Dardouch，M. Charia，A. Bernatchou，A. Dardouch，S. Malaine，F. Jeffali. Study of a Solar Absorption Refrigeration Machine in the Moroccan Climate［J］. Materials Today：Proceedings，2019，13：1197-1204.

［12］ Gurprinder Singh Dhindsa. Review on performance enhancement of solar absorption refrigeration system using various designs and phase change materials［J］，Materials Today：Proceedings，2021，37：3332-3337.

［13］ M. U. Siddiqui，S. A. M. Said. A review of solar powered absorption systems［J］. Renewable and Sustainable Energy Reviews. 2015，42：93-115.

［14］ Constantinos A. Balaras，Gershon Grossman，Hans-Martin Henning，Carlos A. Infante Ferreira，Erich Podesser，Lei Wang，Edo Wiemken. Solar air conditioning in Europe-an overview［J］. Renewable and Sustainable Energy Reviews，2007，11：299-314.

［15］ Theocharis Tsoutsos，Joanna Anagnostou，Colin Pritchard，Michalis Karagiorgas，Dimosthenis Agoris. Solar cooling technologies in Greece. An economic viability analysis［J］. Applied Thermal Engineering，2003，23(11)：1427-1439.

［16］ Todd Otanicar，Robert A. Taylor，Patrick E. Phelan. Prospects for solar cooling-An economic and environmental assessment［J］. Solar Energy，2012，86(5)：1287-1299.

［17］ Manish Kumar Ojha，Anoop Kumar Shukla，Puneet Verma，Ravindra Kannojiya. Recent progress and outlook of solar adsorption refrigeration systems［J］. Materials Today：Proceedings，2021，46(11)：5639-5646.

［18］ K. Sumathy，K. H. Yeung，Li Yong. Technology development in the solar adsorption refrigeration systems［J］，Progress in Energy and Combustion Science，2003. 29(4)：301-327.

［19］ M. S. Fernandes，G. J. V. N. Brites，J. J. Costa，A. R. Gaspar. V. A. F. Costa，Review and future trends of solar adsorption refrigeration systems［J］. Renewable and Sustainable Energy Reviews，2014. 39：102-123.

［20］ Mohand Berdja，Brahim Abbad，Ferhat Yahi，Fateh Bouzefour，Maamar Ouali. Design and Realization of a Solar Adsorption Refrigeration Machine Powered by Solar Energy［J］，Energy Procedia，2014，48：1226-1235.

［21］ Sambhaji T. Kadam，Alexios-Spyridon Kyriakides，Muhammad Saad Khan，Mohammad Shehabi，

Athanasios I. Papadopoulos, Ibrahim Hassan, Mohammad Azizur Rahman, Panos Seferlis. Thermo-economic and environmental assessment of hybrid vapor compression-absorption refrigeration systems for district cooling[J], Energy 2022, 243: 122991.

[22] Erjian Chen, Jinfeng Chen, Teng Jia, Yao Zhao, Yanjun Dai. A solar-assisted hybrid air-cooled adiabatic absorption and vapor compression air conditioning system[J]. Energy Conversion and Management, 2021, 250: 114926.

[23] T. S. Ge, R. Z. Wang, Z. Y. Xu, Q. W. Pan, S. Du, X. M. Chen, T. Ma, X. N. Wu, X. L. Sun, J. F. Chen. Solar heating and cooling: Present and future development[J]. Renewable Energy, 2018, 126: 1126-1140.

[24] Da-Wen Sun. Solar powered combined ejector-vapour compression cycle for air conditioning and refrigeration[J]. Energy Conversion and Management, 1997. 38(5): 479-491.

[25] Tianfei Hu, Jiankun Liu, Jian Chang, Zhonghua Hao. Development of a novel vapor compression refrigeration system (VCRS) for permafrost cooling[J]. Cold Regions Science and Technology, 2021, 181: 103173.

[26] Clemens Pollerberg, Ahmed Hamza H. Ali, Christian Dötsch. Experimental study on the performance of a solar driven steam jet ejector chiller[J], Energy Conversion and Management, 2008, 49 (11): 3318-3325.

[27] Mohammad Reza Salimpour, Amin Ahmadzadeh, Ahmed T. Al-Sammarraie. Comparative investigation on the exergoeconomic analysis of solar-driven ejector refrigeration systems[J], International Journal of Refrigeration, 2019, 99: 80-93.

[28] Clemens Pollerberg, Michael Kauffeld, Tunay Oezcan, Matthias Koffler, Lucian George Hanu, Christian Doetsch. Latent Heat and Cold Storage in a Solar-Driven Steam Jet Ejector Chiller Plant [J], Energy Procedia, 2012, 30: 957-966.

[29] X. Q. Zhai, R. Z. Wang, J. Y. Wu, Y. J. Dai, Q. Ma. Design and performance of a solar-powered air-conditioning system in a green building[J]. Applied Energy, 2008, 85(5): 297-311.

[30] Adnan Sözen, Mehmet Özalp, Erol Arcaklioğlu. Prospects for utilisation of solar driven ejector-absorption cooling system in Turkey[J]. Applied Thermal Engineering, 2004, 24(7): 1019-1035.

[31] Adnan Sözen, Mehmet Özalp. Solar-driven ejector-absorption cooling system[J]. Applied Energy, 2005. 80(1): 97-113.

[32] Yuehong Bi, Lifeng Qin, Jimeng Guo, Hongyan Li, Gaoli Zang. Performance analysis of solar air conditioning system based on the independent-developed solar parabolic trough collector[J]. Energy, 2020, 196: 117075.

[33] M. Anoop Kumar, Devendrakumar Patel. Performance assessment and thermodynamic analysis of a hybrid solar air conditioning system. Materials Today: Proceedings, 2021, 46(11): 5632-5638.

第7章 太阳能通风

太阳能通风是将一些通风技术与现代太阳能利用技术结合，利用太阳辐射能为空气流动提供动力，强化自然对流，从而获得良好通风效果的技术。本章介绍太阳能通风的主要形式，主要包括特朗勃墙、太阳能烟囱和太阳能通风屋顶。当太阳能通风与其他技术（如土壤—空气换热器、蒸发冷却腔等）相结合时，有望进一步提高自然通风的冷却效果，实现更好的室内热舒适性。此外，太阳能通风除了可以应用在建筑领域，还可以应用在隧道通风、海水淡化等领域，这些内容将在后面的小节中介绍。

7.1 太阳能通风原理及分类

7.1.1 太阳能通风的结构和原理

通常建筑通风是由无组织自然对流和渗透作用形成的，但仅依靠自然对流及渗透作用产生通风换气，有时并不能产生舒适环境所需要的空气流动，因此有必要利用太阳能来强化室内的自然通风。太阳能通风主要结构形式包括特朗勃墙（Trombe wall）、太阳能烟囱和太阳能通风屋顶，利用吸热板吸收大量太阳辐射热，通道内的空气受热后上升，形成热虹吸效应；在热虹吸的作用下，热空气被抽到顶部排向室外，凉爽的空气不断向室内补充，促进了室内通风换气。

1. 特朗勃墙的结构及原理

特朗勃墙（Trombe wall，又译特隆布墙）是一种位于建筑物墙壁上的太阳能通风系统，是连接建筑物内部与外界的垂直通道。特朗勃墙通常将 0.2~0.4m 的混凝土墙表面

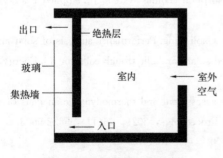

图 7-1 特朗勃墙的原理图

涂黑或加吸热板，在外侧安装单层或层或多层透明玻璃盖板，玻璃盖板与墙之间的距离一般为 0.02~0.15m，从而形成一个小小的空间间隙，在墙和玻璃盖板的上下端均设有通风口，如图 7-1 所示[1]。特朗勃墙在工作时，集热墙吸收大量太阳辐射热，通道内的空气被加热，空气密度减小，在浮升力作用下向上流动。温度低而密度略大的空气不断向室内补充，在风力进出口压力的影响下，促进室内通风换气。热压作用的大小，部分也受到风压作用的影响，但由于风压作用的不确定性和随机性，一般不做讨论[1]。

2. 太阳能烟囱的结构及原理

太阳能烟囱（Solar Chimney，SC）通常应用在太阳高度角较大的地区的建筑中，带

有山墙屋顶的建筑物可以很好地与太阳能烟囱集成以形成屋顶太阳能烟囱。在这种诱导通风策略中，将建筑物朝南方向的坡形屋顶或其中的一部分做成太阳能空气集热器的形式，如图 7-2 所示。利用集热墙吸收的太阳辐射作为驱动力，诱导太阳能烟囱内空气的流动。太阳能烟囱与特朗勃墙原理相同，在太阳辐射下，当太阳能烟囱内空气温度高于室内时，由于热空气密度较小，促使热空气向上升而冷空气往下降，从而形成了室内外空气的对流，起到通风换气的作用[1]。与特朗勃墙相比，太阳能烟囱的光照面积更大，因此，太阳辐射时间相对较长，使得集热板上获得的集热量也相对较多，室内外温差增大，因此通风量和通风时间大大增加，对改善建筑物自然通风有显著的效果。

3. 太阳能通风屋顶的结构及原理

太阳能通风屋顶由隔热板、屋顶面板以及中间的空气夹层组成，如图 7-3 所示。通过将建筑的屋顶或其一部分做成太阳能集热器的形式，利用涂黑集热屋面吸收太阳辐射产生的热压来驱动夹层空气的流动，从而起到强化通风的效果。为了便于冬夏季运行工况的转变，在屋顶内表面设有风阀，用于控制风量的大小和开闭。冬季关闭风阀，让通风间层成为一个温室，通过太阳辐射得热来加热室内空气，以起到给室内供暖的作用；夏季打开风阀，在热压和风压的作用下，将室内热空气通过空气间层带出室外，起到通风降温的作用[2]。

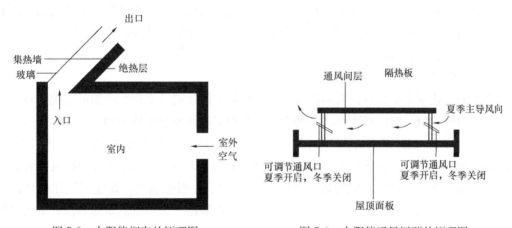

图 7-2　太阳能烟囱的原理图　　　　图 7-3　太阳能通风屋顶的原理图

7.1.2　太阳能通风的影响因素

提高太阳能通风的性能主要可以从结构参数、安装条件、使用材料三方面入手，主要包括高度、间隙厚度、高度间隙比等多个影响因素。另外，太阳能通风系统的性能在很大程度上还取决于当地的气候条件，如太阳辐射强度、空气温度等。本小节针对这些影响因素及其对太阳能通风性能的影响规律进行总结和分析。

1. 结构参数

太阳能通风系统的主要结构参数包括高度、空腔间隙、高度间隙比和空气的进出口位置及面积。

（1）高度

特朗勃墙的高度是指空气流道的垂直高度。增加高度可以提高特朗勃墙的通风性能，这是因为，一方面空气流道增高使得系统获得的热量增多，同时进出口压差增大，进而通风量上升。因此，建议在符合标准规范的前提下，尽可能为特朗勃墙选择最高的垂直高度，以达到最佳通风性能。

太阳能烟囱的高度是指屋顶上方的倾斜空腔或太阳能集热器的垂直高度。在太阳能烟囱中存在最佳空气流道的高度，超过该高度后，太阳能烟囱的吸热和通风性能均无法大幅提高。

（2）空腔间隙

空腔间隙也称为空气流道宽度，对于太阳能烟囱和特朗勃墙而言，均为其内墙与外玻璃之间的距离，这一参数对太阳能通风系统的性能有显著影响。Ong 等人[3]研究表明，当空腔间隙从 0.1m 增大到 0.3m 时，通风量增加了 56%。当其他条件不变，在 0.1～0.6m 的范围内调节空腔间隙时，气流速率随着空腔间隙的增加而增大，但当达到一定的空腔间隙宽度时，气流速率不再持续增加。这是因为随着空腔间隙的增加，出口附近发生的逆流降低了出口温度，对通风效率的影响增大。因此，在太阳能通风系统中存在一个最佳的空腔间隙。从通风性能和建设成本的角度考虑，通常建议使用 0.2～0.3m 的空腔间隙，在该范围内可以使用较少的材料成本实现较优的通风效果。但该范围并不适用于所有配置，且入口面积和空气流道的高度也会影响最佳空腔间隙。例如空气流道的高度为 6m 时，最佳的空腔间隙范围为 0.55～0.6m[4]。

（3）高度间隙比

高度间隙比通常是指特朗勃墙的空腔高度与间隙的比值或太阳能烟囱的空腔垂直高度与空腔间隙的比值。空腔高度和间隙两个独立参数对系统性能的影响如前所述，此处着重分析这两个参数的组合对系统性能的影响。高度间隙比的最佳比值主要取决于入口面积，同时需考虑空气速度、腔体材料、倾角、隔热材料甚至外部风等的影响。对于特朗勃墙，在大多数情况下，高度与间隙的最佳比值为 10；对于太阳能烟囱，高度间隙比最佳值为 12；在一些特殊结构的太阳能烟囱中不存在最佳高度间隙比，空气流量随着该比值的增加而增加。

（4）空气的进出口

出风口的位置直接影响太阳能通风系统的性能。通常将出风口放置在背风处，这样设计有助于提高太阳能通风系统的性能[5]。除此之外，太阳能通风系统的性能还取决于空气进、出口面积。对于太阳能烟囱，如图 7-2 所示，入口和出口面积等于空腔的水平横截面面积。因此，进、出口面积对性能的影响可以通过调整空腔间隙来体现。对于特朗勃墙，进、出口位于玻璃和内墙上，存在进、出口面积不相等的情况，就需要分别考虑进、出口面积对太阳能通风性能的影响。Bassiouny 等人[6]发现在一定的腔隙范围内，将进气口尺寸增加 3 倍，则每小时换气量提高近 11%，更大面积的进、出口有利于减少摩擦力，降低入口流动阻力，增加通风速率。因此，当进、出口面积相等时，建议在一定范围内增大进、出口面积以便提高系统的通风性能；当进、出口面积不相等时，出口面积对系统通风性能的影响更加显著。

2. 安装条件

（1）安装倾角

太阳能烟囱的安装倾角一般是指烟囱腔体与水平面的夹角。由于太阳能烟囱通常与屋顶组装在一起，因此其倾斜角度很大程度上取决于屋顶的倾斜角度；特朗勃墙的倾斜角可认为是 90°。较大的倾角可等价换算为更高的烟囱高度，利于降低流动阻力，增加有效压头；较小的倾角则利于增加集热墙对太阳辐射的直接暴露面积，进而增加太阳辐射吸收量。因此，在太阳能烟囱设计中存在最佳倾角。Chen 等人[7]研究表明，在其他条件相同的情况下，45°倾斜角的太阳能烟囱比垂直烟囱内气流速率高出 45%。与垂直烟囱相比，45°倾斜角的太阳能烟囱内空气流速分布相对均匀，显著降低了烟囱入口和出口处的压力损失。最佳倾角并不等于获得最大太阳辐射时的倾角，同时，最佳倾角取值还受其他设计因素的影响，如空腔间隙、纬度等。

（2）房间的开口

这里的房间开口是指连通房间与房间或房间与室外环境的窗户、天窗、门等，这些开口的位置可以在墙上（例如窗户）或顶棚上（例如天窗）。与开口位置相比，开口的启闭及其宽度对太阳能通风系统性能的影响较大。实验研究表明，门关闭时通道内的局部气流速度大于门打开时，但门打开时的速度分布更加均匀。在炎热天气下，将窗户进行微小改造，使其成为太阳能烟囱的空气入口，在阻挡太阳辐射得热的同时，增强室内通风。此外，开口宽度存在最佳设计值，该值通常随着空腔间隙和烟囱高度的增大而增加。

3. 使用的材料

太阳能通风系统使用的材料主要包括玻璃盖板、储热材料和保温材料。

（1）玻璃盖板

玻璃盖板是太阳能通风系统与外界环境直接接触的结构，其对太阳光的反射比和透射比决定了系统可利用的太阳辐射能的多少。

特朗勃墙采用双层玻璃盖板时，双层玻璃中不通风空腔的传热系数极低，因而增大了系统传热热阻，这一特性利于室内夜间温度保持较佳水平，同时可以预防夏季室内温度过高的现象。

玻璃盖板的数量及厚度不仅影响热量的传递，而且影响太阳光的透射和反射。通常，玻璃的反射比越低，透射比越高，太阳能通风系统可利用的太阳能越多；另外，玻璃厚度越小，其传热阻力越低，热量更容易传递给通风管道；相反地，玻璃数量的增加，其传热阻力增大，有利于夜间或寒冷气候下的保温[8]。

（2）储热材料

相变材料（PCM）因具有轻质、储热容量大等优点被应用到太阳能通风系统中，以改善墙体的储热能力并减轻墙体的质量。相变材料的导热系数越高，导热热阻越低，墙体在单位时间内吸收的热量越多。由于相变材料的导热热阻远大于混凝土层，所以通过热传导的方式传递至内壁面的热量较少，主要依靠对流传热的方式输送热量至通风管道，并随空气流动到达室内。相变材料良好的储热能力可克服太阳能的不稳定性、波动性等不足，提高建筑在冬季和夜间的保温能力，并且防止夏季室内温度过高。

（3）保温材料

太阳能通风系统墙体的热阻一般较低，这直接导致系统在寒冷天气或夜间工况产生大量热损；另一方面，夏季太阳辐射强度大，过多地吸收太阳辐射将使室内环境的热舒适性降低。因此，太阳能通风系统必须采取一定的保温措施，即通过增加保温材料提高系统的传热热阻，降低系统的温度波动。

4. 环境因素

太阳能通风系统主要是利用太阳辐射得热增强建筑物的自然通风。因此，太阳能通风系统是否适用，取决于其所在的地理位置、气候条件、环境温度、室外风、太阳辐射等因素。

（1）气候条件

由于空气流道中的空气运动是由直接或间接太阳能增益产生的温差加剧引起的，所以一般来说太阳能通风不适用于日照不足或湿热气候的地区。

（2）太阳辐射

太阳能通风系统通过收集的太阳辐射能驱动其内的空气产生流动，因此，太阳辐射条件对其运行性能具有决定性影响。现有研究显示，太阳辐射强度从 $300W/m^2$ 增加到 $600W/m^2$ 时，出口处的最大空气流速增加了近 30%，集热墙的最高温度提高了约 10%[9]。太阳能通风系统的通风效率和气流速率都会随着太阳辐射强度的增加而显著提升。在 $200W/m^2$ 的低太阳辐射强度下，太阳能烟囱与蒸发冷却腔相结合的复合系统仅在白天可以实现良好的室内环境。

（3）室外风

室外风的风向及风速都会对太阳能通风系统的性能存在显著影响，因此通常将房间开口放置在迎风侧，出风口放置在背风侧。室外风速在不低于 $2m/s$ 时，可以降低空气阻力，提高太阳能通风系统的空气流速。但当太阳辐射强度高于 $700W/m^2$ 时，太阳辐射成为关键影响因素，室外风速的影响明显降低[9]。

7.1.3　太阳能通风的性能评估

太阳能通风是基于热压通风的原理，其性能通常用系统通道内的空气体积流量、出口空气流速、每小时换气量等参数进行评估。

1. 特朗勃墙的通风性能评估

根据质量守恒定律计算特朗勃墙内的通风量：

$$Q = \frac{C_d \rho_0 A_o [2gl(T_i - T_o)]^{\frac{1}{2}}}{(1 + A_r^2)^{\frac{1}{2}} (T_o)^{\frac{1}{2}}} \tag{7-1}$$

式中　Q——通风量，m^3/s；

C_d——流量系数，取经验值；

ρ_0——室内空气密度，kg/m^3；

A_o——出口面积，m^2；

A_i——进口面积，m^2；

　g——重力加速度，m/s^2；

　l——进出口气流中心高度，m；

T_i——室内空气平均温度值，K；

T_o——室外空气平均温度值，K；

A_r——进、出口面积的比值，A_o/A_i。

特朗伯墙通风系统出口处的空气流速为：

$$v = \frac{Q}{A_o} = \frac{C_d \rho_0 [2gl(T_i - T_o)]^{\frac{1}{2}}}{(1 + A_r^2)^{\frac{1}{2}} (T_o)^{\frac{1}{2}}} \tag{7-2}$$

2. 太阳能烟囱的通风性能评估

与计算特朗勃墙的诱导通风量类似，太阳能烟囱所诱导的通风量可表示为：

$$Q = \frac{C_d \rho_0 A_o [2gl\sin\beta(T_i - T_o)]^{\frac{1}{2}}}{(1 + A_r^2)^{\frac{1}{2}} (T_o)^{\frac{1}{2}}} \tag{7-3}$$

式中　β——太阳能烟囱的安装倾角，°。

太阳能烟囱系统出口处的空气流速为：

$$v = \frac{Q}{A_o} = \frac{C_d \rho_0 [2gl\sin\beta(T_i - T_o)]^{\frac{1}{2}}}{(1 + A_r^2)^{\frac{1}{2}} (T_o)^{\frac{1}{2}}} \tag{7-4}$$

太阳能通风系统的通风效果通常采用每小时换气次数（ACH）来衡量，它是空气体积流量（Q）与房间总体积（V）的比值。

$$ACH = \frac{Q \times 3600}{V} \tag{7-5}$$

式中　V——房间总体积，m^3。

7.2　太阳能通风的改进措施

7.2.1　关于特朗勃墙的改进

1. 针对传统特朗勃墙的改进

传统特朗勃墙在应用中存在一定的局限，比如，冬季白天，厚重的蓄热墙表面温升较慢；冬季夜间，温度较高的蓄热墙向室内散热的同时向室外传热，造成较大热损失；夏季白天，由于蓄热墙表面温度较高，室内易产生过热现象。据此，学者们针对传统特朗勃墙的进、出风口控制进行了大量改进研究。例如，在玻璃盖板上设置合适的风阀，在蓄热墙上设置合适的风口等。对特朗勃墙进、出风口的具体改进如图 7-4 所示。冬季工况下，打开蓄热墙上、下两个通风口形成循环对流对室内空气加热；当需要新鲜空气或室外气温比较合适时，打开玻璃下方的通风口、关闭蓄热墙下方的通风口，对室外空气经过夹层加热后再流入室内。夏季工况下，打开玻璃上方的通风口与蓄热墙下方的通风口，利用夹层空

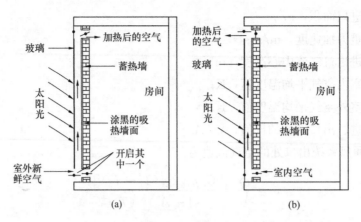

图 7-4　改进后特朗勃墙的运行工况

（a）冬季运行工况；（b）夏季运行工况

气的热压流动来预防室内过热，同时带走室内的部分余热[10]。对进、出风口控制改进后的特朗勃墙能较好地用于冬季供暖和夏季通风降温。

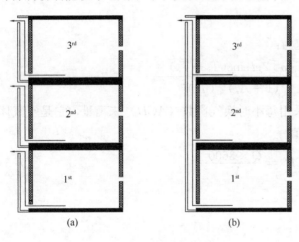

图 7-5　多层建筑的太阳能烟囱配置形式

（a）分离式特朗勃墙；（b）组合式特朗勃墙

2. 多层特朗勃墙

Punyasompun 等人[11]提出了两种适用于多层建筑的特朗勃墙形式，分别是分离式特朗勃墙和组合式特朗勃墙，如图 7-5 所示。在分离式特朗勃墙中，每层均设有一个进风口和一个出风口。而组合式特朗勃墙中，各层都设置了一个入口，出风口仅在第三层设置。这两种系统中，在特朗勃墙对面的墙上每层都设有一个开口，以允许室外空气进入建筑。与分离式特朗勃墙相比，采用组合式特朗勃墙建筑的室温低 $4\sim5℃$。另外，诱导通风量与特朗勃墙开口之间的垂直高度密切相关，即垂直高度越高，诱导通风量越大。由于组合式特朗勃墙的总垂直高度明显高于分离式，因此组合式特朗勃墙内的诱导通风量更大，空气流速更高。因此，在多层建筑中更推荐使用组合式特朗勃墙。从建筑施工的角度，组合式特朗勃墙也更容易应用到实际建筑中。

3. 新型特朗勃墙

为了增强特朗勃墙的通风效果，Hirunlabh 等人[12]提出了一种金属太阳能墙。如图 7-6所示，金属太阳能墙由玻璃盖、间隙、黑色金属板（锌板）和超细纤维与胶合板制成的绝缘体组成。该新型特朗勃墙的工作原理与传统特朗勃墙相同，区别在于将集热墙替换为金属墙，利于提高系统的太阳辐射利用率。

研究表明，关闭金属太阳能墙的进风口，在平均太阳辐射强度为 $425W/m^2$、室内空气温度为 34℃ 的工况下，出口平均温度为 53℃，最高温度达 60℃。此时，进出口的温差形成较大的空气密度差，从而形成强烈的自然空气循环，增强了室内通风效果。研究结果显示，金属太阳能墙在黑色金属板表面积为 2m² 、间隙厚度为 14.5cm 时性能最优，该系统设计产生的最高空气质量流量为 0.01～0.02kg/s。在非常炎热的季节，在没有人为增加通风率的前提下，自然通风通常不能提供足够的舒适性，但金属太阳

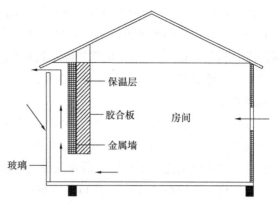

图 7-6 金属太阳能墙自然通风的示意图

能墙可以利用其对太阳辐射的高利用率和隔热效果，提高系统通风量，降低室内热量增加率，保证了室内热舒适性。

7.2.2 关于太阳能烟囱的改进

1. 屋顶太阳能集热器结构的优化

Hirunlabh 等人[13]研究发现屋顶太阳能烟囱的单位面积集热器空气流速随集热器长度的增加而降低。一个较长集热器诱导的空气流速低于总长度与其长度相等的两个集热器的诱导空气流速。据此，他们提出了四种不同的集热器结构（见图 7-7），以期强化屋顶太阳能烟囱的通风效果。

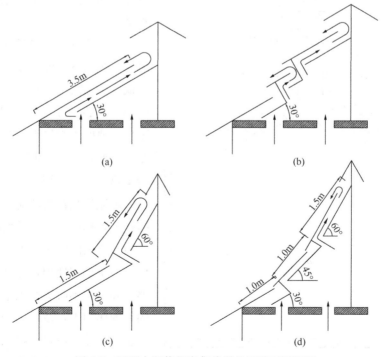

图 7-7 屋顶太阳能烟囱集热器的四种不同配置

图 7-7（a）、（b）两种集热器与通常使用的集热器形式类似，图 7-7（a）中的集热器只有一个较长尺寸的吸热板，图 7-7（b）中的集热器包括几个不同长度的短一些的吸热板组成。图 7-7（c）、（d）中的集热器结构则偏向于泰式建筑的屋顶风格，可以很好地与热带地区的建筑相结合。研究表明，四种结构的集热器都可以在一定程度上提高太阳能烟囱的通风性能。

另外，太阳能集热器的吸热板形状也会影响太阳能烟囱的性能。如图 7-8 所示，El-Sawi 等人[14]提出了一种由连续折叠技术产生的 V 字形吸热板，并将其与平面形和 V 形槽两种形状的集热板进行了对比。研究发现，折叠 V 字形吸热板性能最优，在一定工况下，太阳能集热效率提高了 20%，出口温度增加了 10℃。

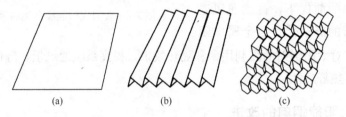

图 7-8　太阳能集热板的三种类型
（a）平面形；（b）V 形槽；（c）折叠 V 字形

2. 屋顶—墙壁太阳能烟囱

在一些特殊气候条件下，单独一种太阳能通风系统几乎不可能产生足够的自然通风量，因此有人提出将太阳能烟囱与特朗勃墙相结合，这种集成系统可以产生更高的空气通风率，并将室内温度保持在舒适水平。

在炎热潮湿气候条件下，自然通风的建筑物室内外温差较小，通风效率低。为克服这种不利工况，Mohammad Yusoff 等人[15]提出了一种屋顶—墙壁太阳能烟囱集成系统。如图 7-9 所示，该集成系统由屋顶太阳能集热器和垂直烟囱两部分组成。屋顶太阳能集热器的功能是尽可能多地捕捉太阳辐射，从而最大限度地提高屋顶通道内的空气温度。垂直烟囱仅作为传统烟囱使用，为该系统提供足够的高度但不收集太阳辐射。在太阳辐射的作用下，该系统的进、出风口产生压力差，屋顶太阳能集热器通道内的热空气上升并流入垂直烟囱，从

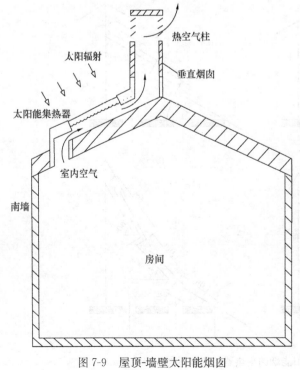

图 7-9　屋顶-墙壁太阳能烟囱

而形成室内外的空气对流，隔热的垂直烟囱墙壁同时可以最大限度地减少热量损失。实验结果表明，该系统产生的空气温差比自然通风建筑物的高，能够在半晴天和阴天条件下增强通风效果。在阴天条件下，最高空气温差也可达 6.2℃。

在炎热干旱的气候条件下，则可以利用太阳辐射强度大的特点增强烟囱效应。据此，AboulNaga 等人[16] 提出了一种建筑一体化设计的屋顶-墙壁太阳能烟囱系统。如图 7-10 所示，该系统将屋顶—墙壁太阳能烟囱与阿莱茵（Al Ain）的一座建筑结合在一起。屋顶太阳能集热器和特朗勃墙同时吸收太阳辐射，系统通道内的空气温度升高、密度减小，进、出风口压差增大，促进室内通风换气。当特朗勃墙的高度为 3.45m，进气口高度为 0.15m 时，通风效果最佳，每小时换气次数（ACH）高达 26 次，诱导空气流量是单独使用太阳能烟囱的 3 倍。

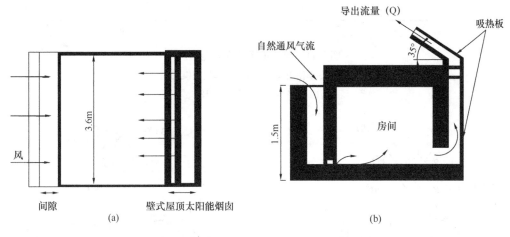

图 7-10　建筑一体化屋顶—墙壁太阳能烟囱
（a）壁式屋顶太阳能烟囱结构设计；（b）剖视图

7.2.3　关于太阳能通风屋顶的改进

1. 太阳能通风屋顶与太阳能烟囱组合

在生态建筑能源系统设计中，太阳能通风屋顶可与特朗勃墙、太阳能烟囱等其他被动式太阳能利用形式组合成各种复合系统。Zhai 等人[17] 提出了一种太阳能屋顶与太阳能烟囱相结合的形式，称为单通道屋顶太阳能烟囱。如图 7-11 所示，通过切换风门 1 和 2，该系统可以实现两种运行模式，兼顾夏季通风和冬季取暖。Zhai 等人对单通道屋顶太阳能烟囱又进行了改进，增加一条通道形成双通道屋顶太阳能烟囱，如图 7-12 所示。通过调整风门 1、2、3、7 的开闭状态，切换使用模式，也可以满足夏季通风和冬季供暖的双重效果。而且，双通道的瞬时集热效率比单通道的平均高 10%。这表明从建筑供暖和自然通风的角度看，双通道屋顶太阳能烟囱的性能优于单通道。因此，双通道屋顶太阳能烟囱在改善室内热环境和建筑节能方面更具潜力。

2. 太阳能通风屋顶与特朗勃墙组合

Raman 等人[18] 提出一种将太阳能通风屋顶与特朗勃墙相结合的系统，该系统适用于

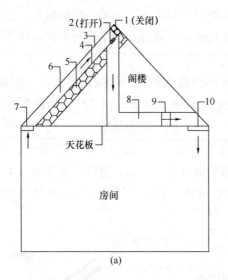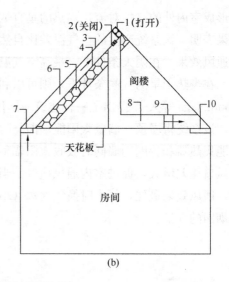

图 7-11　单通道屋顶太阳能烟囱

(a) 冬季使用模式；(b) 夏季使用模式

注：图中编号含义同图 7-12。

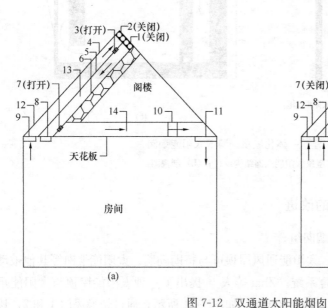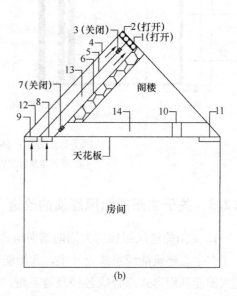

图 7-12　双通道太阳能烟囱

(a) 冬季使用模式；(b) 夏季使用模式

1—风门；2—风门；3—风门；4—玻璃盖；5—吸热板；6—隔热板；7—风门；

8—风口；9—风口；10—风扇；11—风口；12—通风道；13—通风道 2；14—风道

夏热冬冷地区。如图 7-13 所示，南向墙壁被设计为特朗勃墙的形式，在墙的上下部和玻璃的上部共设置 3 个 0.9m×0.1m 的矩形通风口，并在风口处设置风阀。在屋顶放置均匀间隔的砖块，将钢筋水泥板放置在砖块上，然后用水泥砂浆填补钢筋水泥板的缝隙，这样在屋顶上方形成了一个空气空间，空气可以通过合适的通风口从四个侧面进入该空间。在屋顶板上设置两个 0.2m×0.6m 的矩形通风口，并在风口处同样设置风阀。夏季，在屋顶上设置屋顶蒸发式冷却系统，即在钢筋水泥层上覆盖一层麻袋布，并与水箱相连，通过重力调节水流，使麻袋布始终保持湿润。

该系统的原理与太阳能烟囱及特朗勃墙相同，均是利用太阳辐射能产生的热压来驱动夹层空气的流动，从而起到强化通风的效果。夏季运行模式如图 7-13（a）所示，屋顶上的通风口和特朗勃墙中玻璃上部的通风口以及南墙下部的通风口一直保持打开状态，其余风阀关闭。工作时，特朗勃墙吸收太阳辐射，通道内空气温度升高，从南墙底部通风口吸入室内空气并将其排放到周围环境中，房间顶部的较冷空气层向底部移动，外部空气被屋顶蒸发式冷却系统冷却后再进入室内，这样就建立了空气循环，保证了夏季的室内热舒适性。

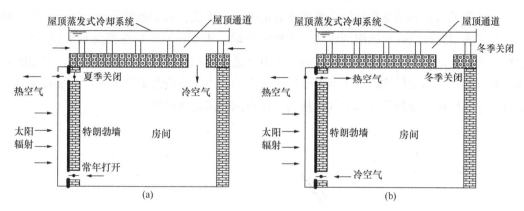

图 7-13 太阳能通风屋顶与特朗勃墙结合系统示意图
(a) 夏季运行模式；(b) 冬季运行模式

冬季运行模式如图 7-13（b）所示，白天屋顶上的通风口和特朗勃墙中玻璃上部的通风口保持关闭状态，南墙上、下部的通风口保持打开状态，夜间南墙上的两个通风口也保持关闭，以防止热量散失。冬季该系统的工作原理与夏季相同，但气流工况不同，室内空气从南墙下部通风口进入特朗勃墙的通道内，在通道中被加热后，温度升高，从南墙上部的通风口进入室内，从而达到通风换气以及室内供暖的目的。为了便于冬夏季运行工况的转变，其集热板可做成活动可拆卸式，即在夏季采用绝热性能好的材料以防室内过热，在冬季即可卸掉集热板让太阳辐射直接进入室内或换成传热蓄热性能好的材料，以起到给室内供暖的作用。

7.3 太阳能通风与其他系统的集成

在一些气候条件下，仅靠单一的太阳能通风系统不能满足通风量和热舒适性的要求，此时可以考虑与其他技术系统进行集成，以弥补独立系统的固有缺陷或不稳定性。而且，集成系统能够通过热管理（温度调节或储热）来增强各种气候条件下的通风，以减少不必要的温度波动。太阳能通风与其他系统的集成大大提高了太阳能通风系统在各种气候条件下的适用性。

7.3.1 太阳能通风与土壤—空气换热器结合

土壤—空气换热器（Earth-Air Heat Exchangers，简称 EAHX）是通过埋在地下几米处的管道，充分利用土壤浅层的地热能，对室外空气进行预冷或预热作用，大大降低新风负荷的一种非常有效的被动式手段。地下 2~3m 的土壤温度相当恒定，该温度冬季高于地表温度，夏季低于地表温度[19]。使用来自土壤—空气换热器的预冷空气是混合模式通风的创新应用，可提高空间冷却的能力和通风性能。

1. 太阳能烟囱与土壤—空气换热器的组合

Maerefat 和 Haghighi[20] 提出了一种被动式太阳能系统，如图 7-14 所示。该系统借助太阳能实现了白天的降温和通风，系统主要由两部分组成：太阳能烟囱和土壤—空气换热器。太阳能烟囱包括一个朝南的玻璃表面和集热墙。土壤—空气换热器由水平长管组成，埋在地表下特定深度，管道平行于地面，各组管道之间相互平行。系统运行时，太阳能烟囱中的空气被太阳能加热，由于烟囱效应向上流动，由于室内外的压力差，系统吸入经过土壤—空气换热器冷却的外部空气，从而实现室内的降温和通风。

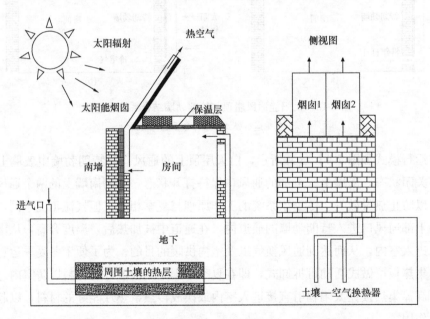

图 7-14 土壤—空气换热器与太阳能烟囱一体化系统

该系统的性能取决于太阳辐射、室外空气温度以及太阳能烟囱和土壤—空气换热器的匹配。太阳辐射强度越大，系统的烟囱效应越强，每小时换气次数越大。室外空气温度对系统性能的影响则刚好相反。当室外空气温度升高时，烟囱效应会减小，系统的通风效果也随之降低，这种工况下可以通过增加太阳能烟囱的数量提高系统的通风性能。在研究中发现，系统的冷却效果随着管道长度的增加而提高。当土壤—空气换热器的管道直径为 0.5m、长度大于 20m 时，使用较少数量的太阳能烟囱和土壤—空气换热器就可以保证室内的热舒适性。通过调整系统的设计匹配，在 100W/m² 太阳辐射强度和高达 50℃ 室外空气温度的条件下，该系统也可以提供良好的室内热舒适性。

2. 太阳能烟囱与土壤—空气换热器组合系统的适用性

应用太阳能烟囱与土壤—空气换热器组合系统可能会出现土壤热饱和问题，该问题在高比热和低水分含量的土壤中比较常见[21]。土壤热饱和是指土壤与空气的温差非常接近以致无法通过土壤与空间之间的热传递从土壤中获取能量的情况。因此，解决土壤热饱和问题是决定该系统能否有效工作的重要因素。Mathur 等人[22-23]建议这种系统采用间歇运行模式。以印度斋浦尔地区为例，夏季系统的运行时间为 9：00～17：00，在非运行时间内，土壤温度可以通过土层间的热传导恢复。并且，在间歇运行模式下，系统的送风量和制冷量均高于连续运行模式（24h 运行）。

另外，湿度和霉菌是太阳能烟囱与土壤—空气换热器组合系统设计的另一个具有挑战性的问题，这对居民的健康构成潜在威胁。Wagner 等人[24]针对 12 个具有不同设计、管道材料、尺寸和使用年限的土壤—空气换热器，研究了地下管道中的微生物生长情况。令人惊讶的是，在大多数土壤—空气换热器中，空气在通过系统的管道后，其中存活的孢子和细菌的浓度降低。根据调查，只要定期进行控制或提供清洁设施，就可以保证太阳能烟囱与土壤—空气换热器组合系统在运行过程中的卫生状况。Wagner 等人还建议太阳能烟囱与土壤—空气换热器组合系统的管道使用抗菌材料层以消除微生物（或者霉菌）污染的风险。另外需要注意的是，地下冷却管道的冷凝排水管非常重要，通常至少要保证 4°的安装坡度，以确保有效去除管道中的冷凝水。

7.3.2　太阳能通风与蒸发冷却腔结合

独立的太阳能烟囱系统无法满足极端炎热天气下的热舒适性，因此建筑通风系统设计参考捕风器的思路，利用太阳能烟囱代替传统的捕风器来提高通风率。此外，利用冷却腔取代捕风器中冷却空气的水池。

1. 太阳能烟囱与吸附冷却腔组合

Sumathy 等人[25]提出了一种由太阳能烟囱和固体吸附冷却腔组合的系统，该系统旨在借助太阳能实现制冷和通风，如图 7-15 所示。太阳能烟囱包括玻璃、空气通道、选择性涂层和蓄热墙。吸附冷却腔的主要部件包括平板吸附床、冷凝器、蒸发器和水箱。水箱用以储存来自蒸发器的冷水，该冷水通过冷却腔中的热交换器循环使用。白天，当太阳辐射加热吸附床时，吸附床脱附（启动解吸过程）；在夜间，当吸附床冷却时会产生冷却效果（启动吸附过程）。

该系统运行时，将玻璃和吸附床之间的两个风门打开，太阳能烟囱和吸附冷却腔都可以利用太阳能加热通道内的空气引起的热浮力诱导通风，室外空气从冷却腔侧入口进入，通过热交换器被冷水冷却，然后再进入室内，从而达到降温和通风的目的。太阳辐射热量可以储存在蓄热墙中，在夜间蓄热墙释放的热量和吸附床冷却产生的吸附热量可以同时诱导通风，因此该系统的夜间通风率比白天高 20％左右。

2. 太阳能烟囱与蒸发冷却腔组合

Maerefat 等人[26]提出了一种由太阳能烟囱和蒸发冷却腔组合的系统，该系统旨在为

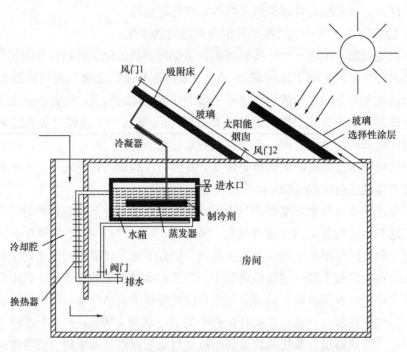

图 7-15 带有太阳能烟囱和吸附冷却腔的太阳能房屋示意图

室外空气相对湿度低于 50% 的地区提供良好的室内热舒适性，如图 7-16 所示。蒸发冷却腔主要包括水箱、循环泵、喷嘴等。在冷却腔中，循环水通过喷嘴喷射到墙壁的顶部，然后以薄膜的形式沿着空气通道的墙壁表面流动。水膜附近的空气温度与水膜的平均温度相同，由于水膜与空气交界面的水蒸气分压力高于空气压力，因此水膜中蒸发的水蒸气与空气发生传质过程。同时，由于水表面和空气之间存在温差，两者之间会发生对流传热，对

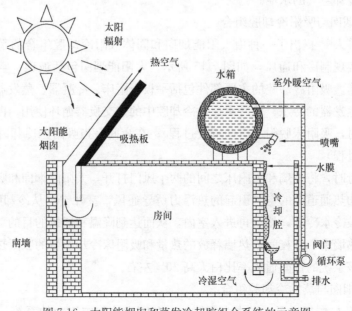

图 7-16 太阳能烟囱和蒸发冷却腔组合系统的示意图

空气进行降温冷却。接着，通过循环泵将水再循环到水箱中。该系统在运行时，太阳能烟囱的吸热板吸收太阳辐射，加热通道内的空气，热空气上升从顶部排出，室外空气由于烟囱效应经过冷却腔冷却后进入室内，满足了室内通风和降温的需求。即使在 200W/m² 太阳辐射强度和高达 40 ℃室外空气温度条件下，该系统也能够满足室内热舒适要求。该系统通常适用于温和且干旱的气候区。

　　由于水危机的威胁影响到许多国家，上述系统可能会因耗水量大而受到限制。此外，解决循环泵的电力需求、降低系统维护成本和所需空间是系统主要的改进方向。Abdallah 等人[27]提出了一套改进方案，即使用蒸发冷却器代替蒸发冷却腔，在室外空气进入室内时通过湿介质对其进行冷却，如图 7-17 所示。蒸发冷却器主要由水箱、湿介质、同心浮球阀等组成。蒸发冷却器由同心浮球阀控制，当湿介质中的水量较低时，该浮球阀打开，让水箱中的水进入湿介质；当湿介质中的水量足够时，阀门自动关闭。该系统运行的原理与太阳能烟囱和蒸发冷却腔组合系统相似，不同点在于室外空气通过蒸发冷却器进入室内，在穿过湿介质时产生了汽化潜热，对空气进行冷却降温。与室外空气温度相比，该系统可将室温降低 10～11.5 ℃。该系统适用于夏季炎热且冬季温和的地区，在白天和夜间均可使用，但在夜间尤其是室外空气温度≤30.5℃时，系统的性能会有所降低。

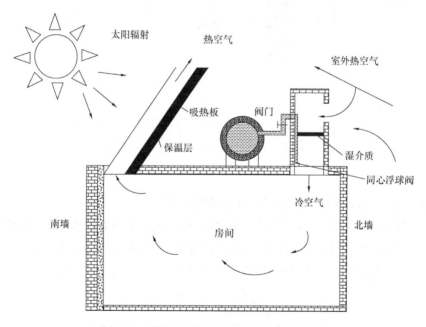

图 7-17　带蒸发冷却器的太阳能烟囱示意图

7.3.3　太阳能通风与相变材料结合

　　相变材料（PCM）是热管理的理想产品。PCM 在熔化和冻结过程中储存和释放热能。当这种材料凝固时，它会以潜热的形式释放大量能量。相反，当 PCM 熔化时，会从环境中吸收等量的能量。在没有日照（如夜间或阴天）的情况下，太阳能烟囱的热效率会急剧下降。此外，太阳辐射的波动也会导致太阳能烟囱性能不稳定。有研究人员建议将

PCM作为热能存储介质，与太阳能烟囱相结合，以克服上述局限。

Liu等人[28]提出了一种带PCM的太阳能烟囱，如图7-18所示，将PCM置于吸收板和绝缘层之间。该系统主要由玻璃、气隙、吸热板、绝缘层和PCM构成。白天，太阳能烟囱吸收太阳辐射热量，气隙中的空气被加热，入口和出口之间的空气出现密度差，从而造成空气流动，同时，一部分热量被储存在PCM中。夜晚PCM相变释放热量，加热气隙中的空气，造成空气流动，提高夜晚通风效果。下面将介绍两种PCM材料与太阳能烟囱结合的例子。

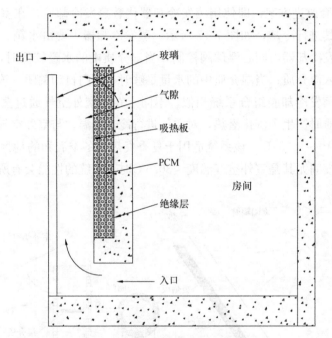

图7-18 带有PCM的太阳能烟囱示意图

1. $Na_2SO_4 \cdot 10H_2O$ 作为PCM与太阳能烟囱组合

Kaneko等人[29]使用$Na_2SO_4 \cdot 10H_2O$作为PCM与太阳能烟囱相结合，实验模型的剖面图如图7-19所示。系统主要包括玻璃、集热板（铝板）、PCM层等。白天，从玻璃透射的太阳辐射部分被集热板吸收，用于加热流经其表面的空气，空气进、出口的温差增大，即烟囱

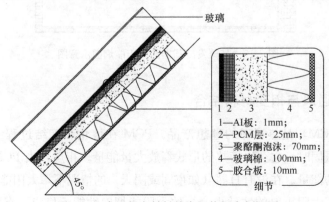

1—Al板：1mm；
2—PCM层：25mm；
3—聚酯酮泡沫：70mm；
4—玻璃棉：100mm；
5—胶合板：10mm

图7-19 内置相变材料的太阳能烟囱剖面图

内外部之间存在密度梯度，因此使热空气上升，形成空气流动；还有部分太阳辐射被 PCM 层吸收，PCM 层内的温度升高到熔点以上，将太阳辐射能存储在其中，作为潜热储能。夜间主要由太阳能烟囱内的 PCM 层释放潜热，加热通道内的空气，热空气上升形成空气流动，达到夜间通风的目的。实验结果表明，如果 PCM 在白天完全熔化，则太阳能烟囱内的 PCM 潜热能够延长夜间通风时间，并可以提供 $155m^3/h$ 的平均通风量。

2. 工业级石蜡 RT42 作为 PCM 与太阳能烟囱组合

Liu 和 Li 等人[30]研究了使用或不使用 PCM 的太阳能烟囱的热性能，实验中采用的 PCM 材料为工业级石蜡 RT42，实验装置如图 7-20 所示。配备 PCM 的太阳能烟囱有三种不同运行模式。在白天不需要空间供暖时，系统以全封闭蓄热模式运行（即烟囱关闭），以最大限度地存储太阳能。在这种情况下，PCM 完全熔化。第二种模式为部分开放式蓄热模式，该模式下打开出口或入口以加热空间。太阳辐射热量部分用于加热空间，剩余热量存储在 PCM 材料中。第三种运行模式是完全开放式蓄热模式，在白天需要利用太阳能烟囱为室内通风时，将系统的入口和出口均打开，太阳辐射热量除了驱动太阳能烟囱内的空气流动外，还可以存储在 PCM 材料中。

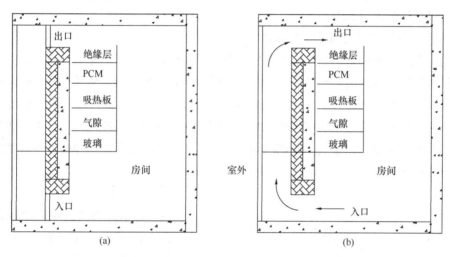

图 7-20　结合 PCM 的太阳能烟囱示意图
（a）封闭模式；（b）开放模式

与没有 PCM 的太阳能烟囱相比，基于 PCM 的太阳能烟囱虽然在蓄热期间空气流量和出风口温度会降低，但在放热期间会使其增加。全封闭蓄热模式与开放部分蓄热模式下的运行性能相比，后者的 PCM 未完全熔化，运行时平均空气流速低于全封闭模式。完全开放式蓄热模式 PCM 的熔化时间比全封闭蓄热模式长 57%。因此，在全封闭模式下太阳辐射全部用于 PCM 的蓄热，显著减少了熔化时间。系统运行时的平均空气流速按从大到小排序为：全封闭蓄热模式、完全开放式蓄热模式、部分开放式蓄热模式。因此，如果在白天室内不需要加热时，则应关闭入口和出口，以提高系统效率。

根据调研，居民只有在没有重大维护成本的情况下愿意使用 PCM 增强型太阳能烟囱。因此，PCM 的长期耐用性对于合理的系统设计至关重要。另外，在设计和使用中要确保系统中 PCM 层的密封性，防止 PCM 泄露对人体健康造成潜在危险[31]。

7.4 太阳能烟囱在其他领域的应用

7.4.1 太阳能烟囱用于隧道通风

随着经济水平和隧道掘进技术的飞速发展，世界范围内修建并投运的公路长隧道（$1000 < L \leqslant 3000$m）和特长公路隧道（$L > 3000$m）越来越多。隧道机械通风的主要模式是由各种组合的喷射风扇提供动力的纵向通风。对于长度超过 5000m 的高速公路隧道，广泛采用通风井（送风/排风）和射流风机的组合。隧道内部是一个半封闭空间，机动车排放的 CO、NO_x、SO_2、HC、颗粒物（PM）、苯、臭氧等多种有毒有害物质在隧道内积聚，尤其是在交通繁忙的地区[32]。这些物质难以分散，严重威胁隧道内司机、乘客和维修人员的安全。通风系统由于具有稀释污染和提高能见度的能力，已成为隧道设计、施工和操作的必需，保证了驾驶安全和身体健康。而将太阳能烟囱与通风井相结合，可显著提高隧道通风系统的通风能力。

1. 太阳能烟囱隧道通风系统的原理及结构

目前，现有太阳能烟囱主要应用于发电与建筑领域，对于太阳能烟囱在公路隧道领域的应用鲜有研究。我国的公路隧道多位于偏远的山区，山坡斜面是建筑太阳能烟囱最有利的地势条件。结合地理条件，选用太阳能烟囱实现公路隧道的通风是一种因地制宜的方法。太阳能烟囱在公路隧道中应用的原理与应用在建筑通风中的原理相同。太阳能烟囱隧道通风基本系统主要包括集热棚和烟囱两部分，其中集热棚主要用来加热空气，烟囱主要用来排出或收集空气[33]。

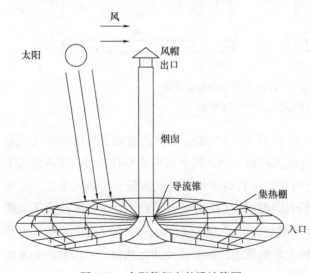

图 7-21　太阳能烟囱的设计简图

在基本系统的基础上，可结合设计需求适当增设相应的设备或部件，如风帽、导流锥、发电装置等，如图 7-21 所示[33]。集热棚的建设材料有玻璃或树脂等透热或集热材料。针对结构大的集热棚，可在集热棚内部布设金属支撑框架。同时，烟囱的顶壁也可采用透明材料或是吸热材料，吸收太阳能，提高气流速度。在隧道较长时，通常会建设竖井来辅助通风，竖井底部可当作空气入口。

太阳能烟囱公路隧道通风系统的结构简图如图 7-22 所示。该系统由竖井、集热棚、烟囱、风帽等构成。最底部是连接集热棚和隧道的竖井，中部是加热空气的太阳能集热棚，上部为烟囱部分。系统运行时，集热棚通过吸收太阳辐射能加热棚内的空气，棚内空气温度升高、密度下降，不间断地流向太阳能烟囱，并通过烟囱上下的温差和压差产生的向上的浮动力，使底部空气不断向上部流动，最终通过烟囱上部排出。由于气体的排出导致上部棚内压力降低，使得隧道内的空气不断向集热棚内涌入，实现隧道内外的不间断通风换气。

由于我国的公路隧道多位于偏远的山区，太阳能烟囱可沿山坡建造，从而大大降低建造成本和难度，便于施工。在山坡平坦的区域，可将集热管道和通风烟囱直接架设在山坡上；在沟壑或坡度不连续的区域，可通过跨越沟壑建造或者建造支柱支撑。由于有山坡的支撑，太阳能烟囱对风力载荷、地震等自然灾害的抵抗能力有了明显的提高，同时建造费用也显著降低，从而大大降低了系统建造成本。另外，在隧道建造施工时需要开凿辅助施工的斜竖井，施工完成后通常需要进行填埋，但在太阳能烟囱隧道通风系统中，可以利用斜竖井作为连接集热棚和隧道的通道，在斜竖井中完成空气流通，实现节能运营[34]。

此外，该系统中还可以加入太阳能风泵系统和通风竖井入口端的电力驱动通风系统。太阳能风泵系统由太阳能集热器和烟囱组成，其中太阳能集热器安设在竖井出口端，主要包括：透光层、吸热层和保温层三部分，太阳能风泵系统的剖视图如图 7-23 所示。透光层的材料为硬质钢化玻璃，在它的表面增设了一层增透膜，太阳光穿过透光层可深入集热器内部，从而实现空气的加热；透光层的下端为吸热层，可吸收穿过透光层的太阳辐射量并加热经过其表面的空气；在吸热层的正上方需要布置与空气流动方向相同的散热齿；保温层主要位于烟囱的顶部，通常需要安装防雨罩以阻挡雨、雪等流入烟囱和竖井。系统设计通常选用圆平面型集热器，该集热器可以提高太阳能利用率，增加集热器内部温度来加大竖井负压。同时，可安装多根通风管道以降低风阻，实现竖井出口处空气的均匀输送。电力驱动通风系统由安装在竖井入口端的风流量传感器、控制器和风机构成，主要用来辅助隧道的通风换气。当风流量传感器感应到隧道通风量较低时，向控制器传输通风量不足的检测信号，控制器把控风机的开启、终止及调速，进而实现辅助隧道通风的目的[23]。

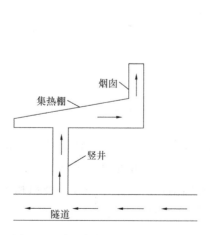

图 7-22　太阳能烟囱的通风结构简图

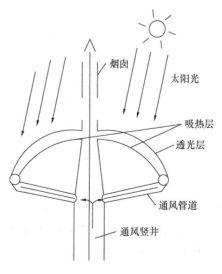

图 7-23　太阳能风泵系统剖视图

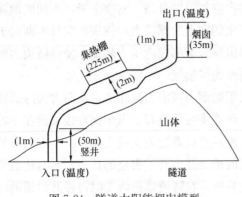

图 7-24 隧道太阳能烟囱模型

2. 太阳能烟囱隧道通风系统的应用实例

雷家坡一号隧道位于陕西省咸旬高速[34]，该隧道位于黄土高原南缘。遂址地区地形起伏，山体上植被稀少，隧道轴线横穿基岩山脊，山脊最高部位发育风积黄土，隧道最大埋深204m。

隧道通风原设计采用机械通风，通风方式为全纵向式射流通风。根据理论研究及现场调研，利用定点抽风、太阳能烟囱、负压抽风等技术改进了隧道通风系统。改进后系统的模型如图 7-24 所示，系统结构如图 7-25 所示。雷家坡一号隧道使用了"竖井＋集热棚＋烟囱"的太阳能烟囱结构，其中太阳能烟囱部分包括：竖井、一号检查箱、二号检查箱、集热管道、通风烟道、排风烟囱。研究结果表明，在隧道中污染最严重的部分区域首先通过管道抽风，而后采用太阳能烟囱、负压抽风等技术将废气排出。由于太阳能烟囱体积较大，选择了将集热棚依山坡而建的"倾斜热板式太阳能烟囱"，并将集热棚改为 19 根集热管道，集热管道之下铺有蓄热材料。烟囱部分由通风烟道和排风烟囱构成。集热管道与竖井、烟道之间用检查箱实现无缝连接。此外，为了加强太阳能烟囱的通风效果，还在排风烟囱顶部安装了负压抽风装置、在二号检查箱后建造了聚光墙

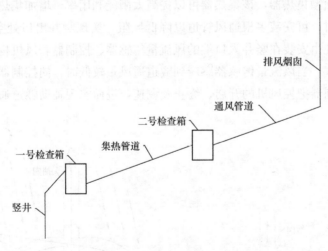

图 7-25 雷家坡一号隧道太阳能烟囱系统结构图

雷家坡一号隧道太阳能通风系统工作时，集热管道内的空气被太阳能加热，密度减小，向上方流动，汇聚于二号检查箱，之后进入通风管道，并通过排风烟囱排出通风系统。空气排出后产生的负压将隧道内的废气从竖井抽出，依次进入一号检查箱和集热管道，并在集热管道中被加热。如此循环往复，实现隧道的通风换气。

7.4.2　太阳能烟囱用于空气净化

大气气溶胶引起的空气污染问题在许多发展中国家的特大城市中日益严重。大气气溶胶包括固体或液体颗粒，可以通过空气动力学直径被划分为细颗粒（PM2.5）、可吸入颗粒（PM10）和总悬浮粒子，主要来自工业和交通活动，以及一系列光化学反应。高浓度的细颗粒是造成雾霾的主要原因，因为入射的阳光会被散射和吸收，造成大气能见度降低。近年来在许多发展中国家都有观测到，因此，需要一种能够长期改善空气质量的方法来解决这个问题[35]。

太阳能烟囱是一种热虹吸空气通道，通过吸收太阳辐射利用热浮力驱动通道内的空气上升，随着高度的增加，烟囱内的空气温度升高、密度下降，可以利用太阳能烟囱的这一特性加上其他技术达到空气净化的目的。下面介绍三种利用太阳能烟囱净化空气、减轻空气污染的方法。

1. 利用高太阳能烟囱减轻空气污染

（1）利用高太阳能烟囱减轻空气污染的原理

太阳能烟囱通过将污染空气由行星边界层（又称大气边界层，Planetary Boundary Layer，简称 PBL）转移到特大城市的高对流层来减轻雾霾，如图 7-26 所示[36]。由于 PBL 是污染物垂直扩散的天然屏障，如果污染物低于 PBL 的上边缘，它们将通过 PBL 内部的平流传播。而当污染物穿过边界层时，它们会延伸到对流层上空很长的距离。高大太阳能烟囱可以利用城市热岛效应（城市中较暖空气与周边地区相比的空气密度差异）推动空气向上并将受污染的空气输送到自由对流层。这些太阳能烟囱不仅能够突破 PBL 屏障（如图 7-26 所示为稳定分层），而且促进了雾霾与空气的混合，PM2.5 等污染物最终被空气稀释到对人类无害的浓度。

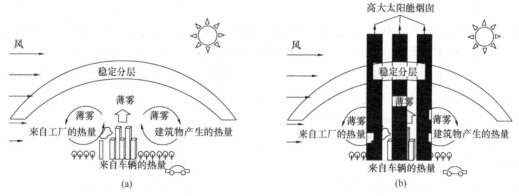

图 7-26　通过太阳能烟囱减轻雾霾

(a) 在 PBL 下再循环的雾霾；(b) 通过太阳能烟囱在 PBL 上方传输的雾霾

（2）利用高太阳能烟囱减轻空气污染的要求

首先，需要确定高太阳能烟囱的高度要求。PBL 高度呈现明显的季节性变化。以武汉地区为例，白天 PBL 的年平均高度在 1100m 左右（夏高冬低），夜间 PBL 的年平均高度从未高于 659m。由于冬季雾霾发生频率高于夏季，且烟囱出口处的气流仍具有向上的垂直速度，因此，采用 1000m 的太阳能烟囱即可[37]。

其次，需要考虑烟囱的高成本。可以采用浮动太阳能烟囱，即利用附着在烟囱上的气球的浮力来维持结构的重量，或者可以采用飘浮式太阳能烟囱，或者将烟囱附着在山腰上而进行加固，能够在高山上延伸数千米[38]。

Louis Michaud[39] 提出了利用大气涡流发动机的概念来产生旋风柱，用旋风器代替高烟囱。被机盖（或其他废热）加热的空气穿过设置在机盖中心的旋流叶片。热空气随着旋转上升，从而形成旋风。由于离心力和密度（温度）差产生的负压，旋风器可以将排出的空气吸入装置。由于旋风器的高切向速度，其与冷环境空气之间的热交换被隔离。旋风将不断上升，直到涡流减弱，气流温度达到与周围空气相同的温度。

2. 通过太阳能烟囱内喷洒水滴消除空气污染

（1）水滴去除细小气溶胶的原理

当水滴穿过雾霾时，空气中的气溶胶会被水滴清除并聚集，从而净化空气。工作中的清除机制是直接惯性碰撞、布朗扩散、扩散泳、热泳和由于各种电相互作用而产生的沉积。粒径小于 $0.02\mu m$ 的超细气溶胶被布朗扩散和电相互作用清除，而粒径大于 $2\mu m$ 的粗粒子或更大的气溶胶则利用惯性撞击清除。当雨滴穿过污染空气时，研究人员可以观察到雨滴对于气溶胶的清除作用，雨水可以清除研究区 40％ 的 PM2.5[40]。粒径在 $0.2\sim 0.4\mu m$ 之间的细颗粒主要被直径为 $0.3\sim 1mm$ 的雨滴清除，而粗颗粒（大于 $1\mu m$）可以被以直径大于 $1.5mm$ 为主的水滴有效收集[41]。

YuShaocai[42] 提出了一种空气净化的方法，通过向整个城市的高层建筑顶部的污染空气喷水，旨在模拟降雨，以清除空气中的气溶胶，还可以通过喷洒增加的环境湿度防止臭氧形成和破坏臭氧光化学反应链来减轻地面臭氧污染。但该方法仅可以保持具有特殊功用的建筑物（例如医院）周围的空气清洁，要在城市范围内去除空气污染物，可以将喷水系统与太阳能烟囱结合。通过将污染的空气吸入正在喷洒的区域，在太阳能烟囱内喷洒水滴来实现大范围的空气净化。在太阳能烟囱顶部喷水以抑制大城市的空气污染与雨水清除过程相比具有以下优势：①可以针对特定粒径的颗粒物选择喷嘴；②连续喷洒系统，可连续工作 24h；③由气压差驱动的可控气流速率。太阳能烟囱喷水系统的清除效率取决于喷嘴类型、喷雾模式、水质量流量、喷雾角度和液滴尺寸。

（2）太阳能烟囱喷水系统的改进

这是太阳能烟囱喷水系统的一种变形，喷淋系统中清除空气污染所需的水可以从烟囱中高处的空气中收集，原理类似于人工降雨。由于烟囱出口处的空气比周围空气的温度更高、密度更低，因此，该空气将上升到烟囱上方，直到气流与周围空气的温差（或相对速度）变为零。在上升过程中，气流因绝热冷却而温度下降，相对湿度增加，达到 100％ 相对湿度后可能形成降雨（见图 7-27）。结果表明，较高的烟囱更容易使通道内的空气达到饱和点。这种技术不仅可以达到消除空气污染的目的，而且可以用于支持干旱地区（例如中国北部和西部的大部分地区）的农业，并可以恢复沙漠土地[43]。

为了提高这一空气净化措施的经济可行性，人们提出了许多创新做法来降低巨大烟囱系统的建设和运营成本。Bonnelle[44] 提出了一种无顶棚的太阳能烟囱，利用上升气流中蒸汽的冷凝潜热作为驱动力（见图7-28）。当上升气流在烟囱内达到饱和时，空气中会发生水蒸气凝结，释放潜热并加热空气，这种来自空气本身的热量被用来代替从顶棚中获得的热量。这个过程可以自我维持，不需要额外的能量，类似于自然对流过程，在干旱地区蒸汽冷凝产生的温升将达到10K[45]。

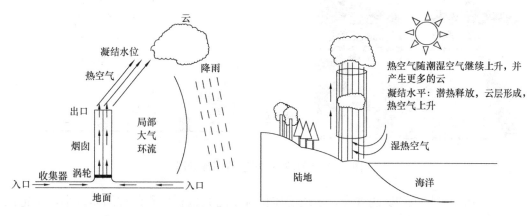

图7-27 太阳能烟囱形成的人工降雨　　　图7-28 水蒸气在无顶棚的烟囱中凝结过程

与吸附法、蒸汽压缩循环的冷凝法、干燥剂等其他消除空气污染的方法相比，利用太阳能烟囱内冷凝水消除空气污染是唯一能同时大规模产水和引风的方法。另外，人们可能会担心空气中的污染会转移到水中并污染水。但是，这种喷洒后收集的水与工业废水有很大不同，前者可以作为雨水以较小的成本进行处理。

3. 通过太阳能烟囱内的过滤器消除空气污染

（1）太阳能烟囱过滤系统的原理

利用烟囱效应吸入污染空气并将空气引导通过过滤器，整个系统类似于巨型真空吸尘器。Cao等人[46]提出了一种太阳能辅助大规模清洁系统（Solar-Assisted Large-Scale Cleaning System，简称SALSCS）的概念，它是太阳能烟囱的变体，用于过滤污染空气。这个用于减少空气污染的SALSCS包括一个高500m的烟囱和过滤器，过滤器安装在集热器的顶棚下，据称其空气处理能力可达$2.64×10^5 m^3/s$。

（2）太阳能烟囱过滤系统的评估

为了研究SALSCS的实际空气污染物去除能力和效率，在我国西安市中心建造了一个原型（见图7-29）。该系统有一个$43×60 m^2$的太阳辐射顶棚和一个60m高的烟囱，该原型的初始成本为200万美元。该系统的PM2.5过滤效率平均达到73.5%，通道内体积流量可达$35 m^3/s$。根据公布的实验数据，周边$10 km^2$空气中PM2.5浓度降低15%，这意味着将惠及附近约30万人。该空气过滤系统的性能受天气条件的影响，较高的太阳辐射通量将导致更多空气进入系统，但周围空气的温度对系统的气流速度影响不大。该空气过滤系统的性能也受烟囱高度的影响，烟囱越高，吸入的空气越多，系统的性能越高。

为了提高太阳能烟囱的效率并在固定的太阳辐射下将更多空气引入系统，Huang等人[47]在SALSCS系统的基础上用光伏板取代了烟囱下的玻璃顶棚，光伏板被用来发电以驱动吸风机并将空气推入烟囱。当整个顶棚面被光伏板取代时，总空气流量将增加到

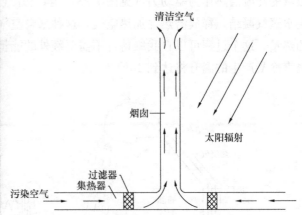

图 7-29　SALSCS 的图片及其原理图

2.21 倍。由于光伏板的遮阴效应，系统的体积流量随光伏板面积的增加而减小，涡轮机的功率降低，但总发电量大大增加，系统总输出功率也明显提高。这一效果是通过烟囱和光伏板的共同作用来实现的，如果没有烟囱中气流的冷却效果，光伏板的效率会因温度的升高而降低。

7.4.3　太阳能烟囱用于海水淡化

能源危机和淡水短缺是全世界面临的两个问题。海水淡化是获得大量淡水的重要方法之一。利用太阳能建立太阳能烟囱海水淡化系统，对海水或者微咸水进行淡化，可以在一定程度上解决上述问题。太阳能烟囱海水淡化系统包括太阳能烟囱发电系统和太阳能海水淡化系统。

太阳能烟囱发电系统由四个主要部件组成：太阳能集热器、烟囱、涡轮机和储能层。在集热器中，太阳辐射被用来加热地面上的储能层，然后由于烟囱底部与环境之间的空气密度差异，被该层加热的大量空气上升到烟囱，上升的空气驱动安装在烟囱底部的涡轮发电机发电。由于太阳能集热器提供的热空气温度很低，太阳能烟囱发电系统的太阳能转换效率通常不高。

太阳能海水淡化系统通常分为直接系统和间接系统。两类在直接系统中，太阳能吸收和海水淡化在同一设备中进行。在间接系统中，常分为两个子系统：太阳能集热器和海水淡化系统。太阳能蒸馏器是最简单、最常见的直接海水淡化技术，是一种热脱盐过程，利用太阳能从海水或微咸水中蒸馏淡水。太阳辐射将海水加热蒸发，随着水的蒸发，水蒸气上升，凝结在玻璃罩表面进行收集。这个过程去除了盐和重金属等杂质，具有零燃料成本的优点，价格便宜，维护成本低，但单位面积生产率较低。太阳能蒸馏器产水率低的主要原因包括[48]：蒸馏器内表面释放的水蒸气冷凝潜热没有被重新利用，而是被释放到环境空气中形成浪费；太阳能蒸馏器的自然对流换热方式极大地限制了蒸馏器热性能的提高；待蒸发海水的热容量大，运行温度的提升有限，蒸发的驱动力弱。

1. 海水淡化一体化太阳能烟囱发电系统

针对太阳能烟囱发电系统的特点和不足以及太阳能蒸馏器生产效率低的问题，有学者提出将太阳能烟囱发电系统和太阳能海水淡化系统（太阳能蒸馏器）相结合的技术，用以提高太阳能的利用率和产水率。

Zuo等人[49]提出了一种海水淡化一体化太阳能烟囱发电系统，主要由烟囱、集热器、涡轮机、储能层和盆式太阳能蒸馏器五个主要部件组成（见图7-30）。在集热器下方是盆式太阳能蒸馏器和岩石储能层，盆式太阳能蒸馏器是一个浅黑色环状的池塘，将其涂成黑色是为了最大限度地吸收太阳辐射。在盆式太阳能蒸馏器的底部和壁外面铺设了一层绝缘层，以减少向环境的热量损失。绝缘层下铺设淡水收集总管、咸水排放总管和海水进水总管。为了降低集热器的高度，必须降低太阳能蒸馏器的高度。因此，盆式太阳能蒸馏器沿径向和环形方向铺设了许多圆柱支架，支架顶部装有透明玻璃盖，可倾斜至较小角度，让冷凝在其下侧的淡水滴流至玻璃罩下端的环形集水槽中，用一条穿过支架的垂直淡水排水管将环形集水槽与淡水收集总管连接起来。由支架抬高的玻璃盖板高度向集热器中心逐渐增加，在集热器的中心、烟囱的底部有一个进气口，风力发电机也安装在此位置。

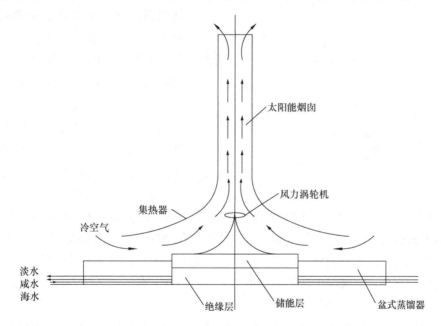

图7-30　海水淡化一体化太阳能烟囱发电系统示意图

太阳能烟囱、集热器和涡轮发电机的原理与单独的太阳能烟囱发电系统类似。太阳辐射经透明集热器和玻璃盖板反射吸收后，传输至蒸馏器内部。透过的太阳辐射除去被海水表面反射和吸收的部分外，其余的最终到达蒸馏器内部且大部分被吸收。吸收的能量大多数被转移到海水中，小部分则通过绝缘层散发到环境中。蒸发的水在释放潜热后凝结在玻璃盖的内表面，冷凝水即淡水在重力作用下滴入环形集水槽。水槽中收集的淡水通过垂直淡水排水管和淡水收集总管排出系统，供进一步使用。通过集热器的太阳辐射被内部岩石储能层吸收，用于进一步加热空气。由于系统内部的热空气密度小于相同高度环境中的冷空气密度，自然对流成为驱动力。在集热器中，热空气的浮力与其中空气温度的升高和流动的空气量成正比，烟囱起到了负压管的作用扩大了浮力。集热器下缘周围的空气进入集热器，最后从烟囱顶部扩散到大气中，形成连续的空气循环流，气流的能量通过烟囱底部的风力涡轮机转换为机械能，并最终通过与涡轮机耦合的发电机转换为电能。另一方面，风力涡轮机可以加快集热器内的气流，反过来有利于提高玻璃罩的散热，从而提高玻璃罩与海水蒸发面的温差，提高淡水的产量。由于白天部分太阳辐射被储能层吸收，在夜间或阴天释放，该系统可以全年连续提供电力、淡水的输出。

2. 传统太阳能烟囱海水淡化系统的改进

由于大气中存在不稳定的气温递减率，空气可以沿着烟囱冷却并在一定条件下自发沉淀冷凝水。但是该方法存在一些局限：一方面有可能在太阳能烟囱内直接生产淡水，但烟囱需要达到足够的高度；另一方面，在集热器中通过地面的热气流的加热导致空气温度升高，但也降低了相对湿度，热气流进入烟囱后，冷凝水在达到露点之前需要较长的高度冷却。为了解决上述问题，Ming 等人[50]对传统太阳能烟囱海水淡化系统进行改进，改进后的系统主要由集热器、烟囱、海水喷洒系统等组成，如图 7-31 所示。当太阳辐射通过集热器到达地面并被地面吸收时，地面温度升高，集热器内的空气被加热，空气密度降低。由于空气浮力的差异产生的自然对流在烟囱内可引起上升气流，并由

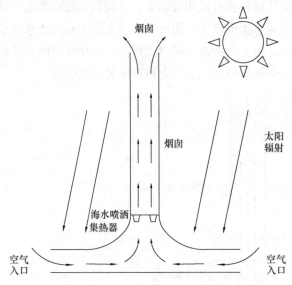

图 7-31　改进后的太阳能烟囱海水淡化系统示意图

于系统内外的压力差，环境空气从烟囱入口处进入并经过海水喷洒系统，通过喷洒海水或微咸水的方式对气流进行润湿，使湿空气更接近饱和状态。在气流上升过程中，由于大气中存在气温递减率，空气温度随烟囱高度的升高而降低，在一定条件下会自发凝结出冷凝水（淡水），将其进行收集即可。

与传统的太阳能烟囱海水淡化系统相比，最明显的区别在于，它没有安装风力涡轮机，而是在烟囱底部喷射海水液滴，从而使气流受到加湿处理。这种利用从空气中回收水的原理进行海水淡化的技术，可以大大降低烟囱高度，从而降低烟囱建造成本。

3. 无温室棚的太阳能烟囱海水淡化系统

Ming 等人[51]提出了一种改进的无温室棚的太阳能烟囱海水淡化系统，其主要结构包括烟囱、黑色管道等，如图 7-32 所示。在该系统中，用充满热水的黑色管道代替集热器，以加热入口空气并使其保持与环境空气相同的相对湿度。该设备的原理与云形成的原理相同：随着空气的上升，温度降低，从而导致相对湿度降低，当空气上升到一定高度时，空气温度下降到露点以下或达到饱和温度，水蒸气开始冷凝到任何可接触的固体表面。该系

统在运行时，由于太阳辐射的作用，系统内外空气密度不同，气流被对流引导向上运动，并从烟囱底部引入室外气流。由于烟囱足够高，烟囱内绝热上升的空气达到露点，水蒸气凝结在固体表面上并作为淡水收集。在这个冷凝过程中，水蒸气释放的潜热会加热向上流动的湿空气，导致其密度降低，增加系统的浮力，最终加速空气流动。另外，代替集热器的黑色管道除了集热外，还可以储存热能。黑色管道内的水暴露在阳光下吸收太阳辐射升温，当晚上开始降温时，管内的水会释放白天储存的热量。由于水的比热容高于空气、沙子或砾石，因此，用水蓄热的效率更高。

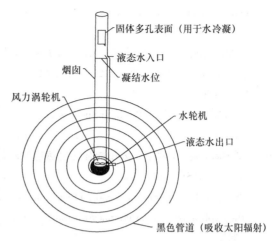

图 7-32　无温室棚的太阳能烟囱海水淡化系统示意图

　　在系统运行过程中，进入烟囱的室外空气的温度应该高于周围环境的温度，可以通过增加进入烟囱之前的空气的湿度来实现。当空气流过海水时，海水和流动的空气都能被太阳辐射预热，以增强蒸发过程，从而增加空气的湿度和温度。上述方法可以通过安装风力涡轮机和水轮机来实现，将上行气流和下流淡水由不同的流道分开。内部通道与传统的烟囱相同，热湿空气向上流动，底部安装了风力涡轮机；外部通道用于产生的淡水向下流动，在出口附近安装了水轮机。在烟囱中，具有固体多孔表面的冷凝系统安装在冷凝水平以上的高度，冷凝的液态水颗粒粘附在这些固体多孔表面上。这些积聚的液态水滴形成水流，最终进入出口管道。因此，通过烟囱内湿热空气的相变过程从空气中提取水分并从向上的气流和向下的水流中获取电力的过程可以提高该系统的整体性能。

　　太阳能海水淡化是解决世界能源和水问题的潜在可持续替代方案。然而，与传统的基于化石燃料的海水淡化相比，基于太阳能的海水淡化工艺的生产成本仍然较大。但太阳能烟囱是具有较长预期使用寿命的可靠设备，它具有简单而坚固的结构，可确保低维护成本，具有潜在可行性。

本章参考文献

[1]　白璐．秦巴山地建筑太阳能通风设计研究[D]．西安：西安理工大学，2017.

[2]　郑文亨．太阳能通风在广西地区的应用潜力分析[J]．四川建筑科学研究，2016，42(4)：134-137.

[3]　K. S Ong, C. C Chow. Performance of a solar chimney[J]. Solar Energy，2003，74(1)：1-17.

[4]　G. H. Gan. Simulation of buoyancy-induced flow in open cavities for natural ventilation[J]. Energy Build, 2006. 38：410-420.

[5]　Md. Mizanur Rahman, Chu-Ming Chu. Cold Inflow-Free Solar Chimney：Design and Applications[M]. Singapore：Springer, 2021.

[6]　R. Bassiouny, N. S. A. Koura. An analytical and numerical study of solar chimney use for room natural ventilation[J]. Energy Build, 2008. 40：865-873.

[7]　Z. D. Chen, P. Bandopadhayay, J. Halldorsson, C. Byrjalsen, P. Heiselberg, Y. Li. An experi-

mental investigation of a solar chimney model with uniform wall heat flux[J]. Build Environ, 2003. 38：893-906.

[8] 洪炳华，张浩，吴伟雄，蔡阳，张磊，孟庆林，汪维伟，赵福云. 太阳能通风墙系统结构及其关键因素综述[J/OL]. 暖通空调. 2022-2-23[2022-6-1]. https：//kns. cnki. net/kcms/detail/11. 2832. Tu. 20220223. 1048. 002. html.

[9] A. Y. K. Tan，N. H. Wong. Influences of ambient air speed and internal heat load on the performance of solar chimney in the tropics[J]. Solar Energy, 2014. 102：116-125.

[10] 刘雨曦，谢玲，罗刚. 太阳能强化自然通风的研究现状与问题探讨[J]. 土木建筑与环境工程，2011，33(S1)：134-138.

[11] Sompop Punyasompun, Jongjit Hirunlabh, Joseph Khedari, Belkacem Zeghmati. Investigation on the application of solar chimney for multi-storey buildings[J]. Renew Energy, 2009，34(12)：2545-2561.

[12] J. Hirunlabh，W. Kongduang，P. Namprakai，J. S Khedari. Study of natural ventilation of houses by a metallic solar wall under tropical climate[J]. Renew Energy, 1999，18(1)：109-119.

[13] Jongjit Hirunlabh, Sopin Wachirapuwadon, Naris Pratinthong, Joseph Khedari. New configurations of a roof solar collector maximizing natural ventilation[J]. Build Environ, 2001，36(3)：383-391.

[14] A. M. El-Sawi，A. S. Wifi，M. Y. Younan，E. A. Elsayed，B. B. Basily. Application of folded sheet metal in flat bed solar air collectors[J]. Applied Thermal Engineering, 2010，30：864-871.

[15] Wardah Fatimah Mohammad Yusoff, Elias Salleh, Nor Mariah Adam, Abdul Razak Sapian, Mohamad Yusof Sulaiman. Enhancement of stack ventilation in hot and humid climate using a combination of roof solar collector and vertical stack[J]. Build Environ, 2010，45(10)：2296-2308.

[16] M. MAboulNaga，S. N Abdrabboh. Improving night ventilation into low-rise buildings in hot-arid climates exploring a combined wall - roof solar chimney[J]. Renewable Energy, 2000，19(1-2)：47-54.

[17] X. Q. Zhai，Y. J. Dai，R. Z. Wang. Comparison of heating and natural ventilation in a solar house induced by two roof solar collectors[J]. Appl Therm Eng, 2005，25(5-6)：741-757.

[18] P Raman, Sanjay Mande. A passive solar system for thermal comfort conditioning of buildings in composite climates[J]. Solar Energy, 2001，70(4)：319-329.

[19] Nima Monghasemi, Amir Vadiee. A review of solar chimney integrated systems for space heating and cooling application[J]. Renewable and Sustainable Energy Reviews, 2018，81(2)：2714-2730.

[20] M. Maerefat，A. P. Haghighi. Passive cooling of buildings by using integrated earth to air heat exchanger and solar chimney[J]. Renew Energy, 2010，35(10)：2316-2324.

[21] F. Niu，Y. Yu，D. Yu，H. Li. Investigation on soil thermal saturation and recovery of an earth to air heat exchanger under different operation strategies[J], ApplTherm Eng, 2015，77：90-100.

[22] A. Mathur，A. K. Surana，P. Verma，S. Mathur，G. Agrawal，J. Mathur. Investigation of soil thermal saturation and recovery under intermittent and continuous operation of EATHE[J]. Energy Build, 2015，109：291-303.

[23] A. Mathur，A. K. Surana，S. Mathur. Numerical investigation of the performance and soil temperature recovery of an EATHE system under intermittent operations[J]. Renew Energy, 2016，95：510-521.

[24] Wagner R, Beisel S, Spieler A, Vajen K, Gerber A. Proceedings of the ISES Europe solar congress [M]. Dänemark: Kopenhagen, 2000.

[25] Y. J. Dai, K. Sumathy, R. Z. Wang, Y. G. Li. Enhancement of natural ventilation in a solar house with a solar chimney and a solid adsorption cooling cavity[J]. Solar Energy, 2003, 74(1): 65-75.

[26] M. Maerefat, A. Haghighi. Natural cooling of stand-alone houses using solar chimney and evaporative cooling cavity[J]. Renew Energy, 2010, 35: 2040-2052.

[27] A. S. H. Abdallah, H. Yoshino, T. Goto, N. Enteria, M. M. Radwan, M. A. Eid. Integration of evaporative cooling technique with solar chimney to improve indoor thermal environment in the New Assiut City, Egypt[J]. Int J Energy Environ Eng, 2013, 4: 1-15.

[28] S. Liu, Y. Li. An experimental study on the thermal performance of a solar chimney without and with PCM[J]. Renew Energy, 2015, 81: 338-346.

[29] Y. Kaneko, K. Sagara, T. Yamanaka, H. Kotani, S. Sharma. Ventilation performance of solar chimney with built-in latent heat storage[C]//Proceedings of the 10th international conference of thermal energy conference (ECOSTOCK), 2006.

[30] S. Liu, Y. Li. An experimental study on the thermal performance of a solar chimney without and with PCM[J]. Renew Energy, 2015, 81: 338-346.

[31] S. Chandel, T. Agarwal. Review of current state of research on energy storage, toxicity, health hazards and commercialization of phase changing materials[J]. Renew Sustain Energy Rev, 2017, 67: 581-596.

[32] Chao Qian, Jianxun Chen, Yanbin Luo, Zhongjie Zhao. Monitoring and analysis of the operational environment in an extra-long highway tunnel with longitudinal ventilation[J]. Tunnelling and Underground Space Technology, 2019, 83: 475-484.

[33] 马哲, 徐琨, 方勇刚. 公路隧道太阳能自然通风系统设计与实现[J]. 交通节能与环保, 2017, 13 (4): 45-48.

[34] 高一然. 利用太阳能烟囱的公路隧道自然通风数值模拟与研究[D]. 西安: 长安大学, 2015.

[35] Yang Liu, Tingzhen Ming, Chong Peng, Yongjia Wu, Wei Li, Renaud de Richter, Nan Zhou. Mitigating air pollution strategies based on solar chimneys[J]. Solar Energy, 2021, 218: 11-27.

[36] X. Zhou, Y. Xu, S. Yuan, C. Wu, H. Zhang. Performance and potential of solar updraft tower used as an effective measure to alleviate Chinese urban haze problem[J]. Renew. Sustain. Energy Rev, 2015, 51: 1499-1508.

[37] Y. Zheng, H. Che, X. Xia, Y. Wang, H. Wang, Y. Wu, et al. Five-year observation of aerosol optical properties and its radiative effects to planetary boundary layer during air pollution episodes in North China: Intercomparison of a plain site and a mountainous site in Beijing[J]. Sci. Total Environ, 2019, 674.

[38] X. Zhou, J. Yang. A Novel Solar Thermal Power Plant with Floating Chimney Stiffened onto a Mountainside and Potential of the Power Generation in China's Deserts[J]. Heat Transfer Eng, 2009, 30: 400-407.

[39] Louis Michaud. Atmospheric Vortex Engine[P]. us. us 7086823 B2, 2006.

[40] X. Lu, S. C. Chan, J. C. H. Fung, A. K. H. Lau. To what extent can the below-cloud washout

effect influence the PM2. 5Acombined observational and modeling study[J]. Environ. Pollut, 2019, 251: 338-343.

[41] C. Blanco-Alegre, A. Castro, A. I. Calvo, F. Oduber, E. Alonso-Blanco, D. Ferández- González, et al. Below-cloud scavenging of fine and coarse aerosol particles by rain: The role of raindrop size [J]. Q. J. R. Meteorolog. Soc, 2018, 144: 2715-2726.

[42] Yu, S. Water spray geoengineering to clean air pollution for mitigating haze in China's cities[J]. Environ Chem Lett , 2014, 12: 109-116.

[43] X. Zhou, J. Yang, B. Xiao, X. shi. Special Climate around a Commercial Solar Chimney Power Plant [J]. J. Energy Eng, 2008, 134: 6-14.

[44] D. Bonnelle. Solar Chimney, Water Spraying Energy Tower, and Linked Renewable Energy Conversion Devices: Presentation, Criticism and Proposals[D]. France: University Claude Bernard, 2004.

[45] B. A. Kashiwa, C. B. Kashiwa. The solar cyclone: A solar chimney for harvesting atmospheric water [J]. Energy, 2008, 33: 331-339.

[46] Q. Cao, D. Y. H. Pui, W. Lipiński. A Concept of a Novel Solar-Assisted Large-Scale Cleaning System (SALSCS) for Urban Air Remediation[J]. Aerosol. Air Qual. Res. , 2015, 15: 1-10.

[47] M.-H. Huang, L. Chen, L. Lei, P. He, J.-J. Cao, Y.-L. He, et al. Experimental and numerical studies for applying hybrid solar chimney and photovoltaic system to the solar-assisted air cleaning system[J]. Appl. Energy, 2020, 269.

[48] T. Ming, T. Gong, R. K. de Richter, C. Cai, S. A. Sherif. Numerical analysis of seawater desalination based on a solar chimney power plant[J]. Appl. Energy, 2017, 208: 1258-1273.

[49] L. Zuo, Y. Zheng, Z. Li, Y. Sha. Solar chimneys integrated with sea water desalination[J]. Desalination, 2011, 276 : 207-213.

[50] Tingzhen Ming, Tingrui Gong, Renaud K. de Richter, Cunjin Cai, S. A. Sherif. Numerical analysis of seawater desalination based on a solar chimney power plant[J]. Applied Energy, 2017, 208: 1258-1273.

[51] T. Ming, T. Gong, R. K. De Richter, W. Liu, A. Koonsrisuk. Freshwater generation from a solar chimney power plant[J]. Energy Convers. Manag, 2016, 113: 189-200.

第8章 太阳能干燥

太阳能干燥的对象是物料，所以本章将从介绍物料干燥的相关概念开始，按物料接收太阳能的方式对太阳能干燥系统进行分类，分别介绍直接式太阳能干燥系统、间接式太阳能干燥系统、混合式太阳能干燥系统；然后，介绍太阳能干燥系统的设计及计算，分别从设计的一般原则、太阳能干燥系统物料衡算和结构设计三方面进行阐述；最后，介绍当前一些新型的太阳能干燥系统。

8.1 太阳能干燥基础

8.1.1 物料干燥相关概念

干燥是从天然或工业产品中去除多余水分以达到标准规格水分含量的简单过程，它能够降低物料内部水分，抑制内部微生物生长、物料霉变和储存过程中的化学变化，从而延长物料的保质期，提高物料质量，降低储运成本。太阳能干燥则是利用太阳能代替常规能源产生热能从而对物料进行干燥的过程，被干燥的物料通过直接吸收太阳能并将其转化为热能，或与被太阳能加热过的空气进行对流换热得到热能，或同时使用直接或间接方式吸收太阳能得到热能。干燥过程涉及两种基本的水分转移机制：一种是水分从物料内部通过内部孔隙传到表面；另一种是水通过蒸发从物料表面扩散到环境中。物料得到热量，并将热量传到内部驱动上述两种传水方式，以达到干燥的目的，因此干燥的过程实际上是一个同时的传热传质过程[1,2]。

太阳能干燥是对物料的干燥，所以首先应对物料干燥的相关概念有所了解，下面将对这些概念进行一一阐述。

1. 物料的含水形式

根据各物料中水分的存在状况，一般可分为：化学结合水、物化结合水和游离水。

化学结合水指按照一定数量或比例与化合物结合生成带结晶水的化合物中的水分。此种水分与化合物的结合力是最强的，一般常温干燥过程难以除去。要除去此种化合物的结晶水，必须在较高温度下加热才能实现。因此，在干燥过程计算中不必考虑。

物化结合水指以一定的物理化学结合力与物料结合起来的水分，包括渗透水分、结构水分及吸附水分。此类水分与物料结合比较稳定，且有较强的结合力，较难除去。所以，除去或部分除去此类水分是物料干燥的任务之一。其中渗透水分是由于物料组织壁的内外溶解物的浓度有差异而产生的渗透压所造成，结合强度相对弱小，当组织壁外面的浓度大于内部浓度时，渗透水会自由析出；结构水分存在于物料组织内部，是当胶体溶液凝固时保持在胶体内部的水分，此水分的排除可通过蒸发、外压或组织的破坏等方式；吸附水分是指在物料胶体微粒内、外表面上因分子吸引力而被吸着的水分，此水分与物料结合最强，需变成蒸汽后才能从物料中排出。

机械结合水包括存在于物料孔隙或物料外表面的游离水分、润湿水分和毛细管中保留或吸着水分等。此类水分与物料的结合力较弱或自由分散于物料表面，干燥过程中最易去除。

此外，根据水分除去的难易程度，物料中所含的水分又可分为：非结合水分和结合水分两类。

非结合水分包括存在于物料表面的吸附水分以及物料孔隙中的水分等，其主要是以机械方式结合，它与物料的结合程度较弱。物料中非结合水分所产生的蒸汽压等于同温度下纯水的饱和蒸汽压，因而非结合水分的去除与水的汽化相同，比较易于去除。非结合水分也称为自由水分。

结合水分包括物料细胞内的水分以及物料内部毛细管中的水分等，它与物料的结合力强，会产生不正常的低气压，其蒸汽压低于同温度下纯水的饱和蒸汽压。因此，在干燥过程中，水汽至空气主体的扩散推动力下降，所以，物料内结合水分的去除比自由水难。

非结合水是在干燥中容易除去的水分，而结合水部分较难去除。是结合水还是非结合水仅仅取决于物料本身的性质，与周围环境的状态无关。

湿物料的干燥过程与其所含水分的类型有较大关系。如砂粒、焦炭、碎矿石、非吸湿结晶等非吸湿多孔物料，所含水分以游离水分为主，较易干燥且干燥中不收缩；如黏土、谷物、烟草、木材、棉织品等吸湿多孔物料，虽含一定的游离水分，但物理化学结合水含量较高，干燥过程缓慢，尤其是结合水排除阶段，且物料在干燥中通常会出现收缩状况；如肥皂、橡胶和各种食品等无孔胶体物料，所含水分基本为物理化学结合水，因此干燥难度大，通常需要更长时间的缓慢干燥或者更高的干燥温度才能完成干燥。

2. 物料的含水率

物料中的含水率可以用湿基或干基表示，并以小数或百分数表示。湿基水分含量是每单位重量未干燥材料产品中存在的水分重量，表示为：

$$w = \frac{W}{G_c + W} \times 100\% \qquad (8-1)$$

式中　w——湿基含水率，%w. b；

　　　W——湿物料中所含水分重量，kg；

　　　G_c——湿物料中绝干物料重量，kg。

而干基水分含量是指每单位重量干物质产品中存在的水分重量，表示为：

$$C = \frac{W}{G_c} \times 100\% \qquad (8-2)$$

式中　C——干基含水率，%d. b。

湿基和干基的水分含量根据下列公式相互关联：

$$C = \frac{w}{1-w} \times 100\% \qquad (8-3a)$$

$$w = \frac{C}{1+C} \times 100\% \tag{8-3b}$$

由此可见，用不同方法表示的物料含水率数值是不相同的。一般来说，从实用角度出发，湿基含水率的表示方法比较直观，并且易于理解和运算。但从上式可知，干燥过程由于物料水分的蒸发，在湿物料含水量减小的同时，其总重量也是逐步降低的。如果把恒速干燥过程的湿基含水率描绘在直角坐标上，连接起来则是一条曲线。干基含水率以绝干物料重量为基准，干燥过程中绝干物料不会增加，也不会减少。用干基含水率表示的恒速干燥过程曲线为一条直线[3]。湿基含水率通常用于商业用途，而干基水率往往用于工程设计。在木材干燥行业，木材的湿含量通常称为木材的含水率，干基和湿基含水率分别称为绝对含水率和相对含水率，通常用绝对含水率[4]。

3. 物料的平衡含水率

平衡含水率指的是在特定的温度和水分含量下，作物所具有的特征性水蒸气压力。这决定了作物在暴露于空气中时会吸收或解吸水分。因此，吸湿产品的平衡含水率是指产品在某一特定环境中无限期长时间暴露后的含水率。在此水分含量下，产品内所含水分所产生的蒸汽压力等于周围空气的蒸汽压力。这意味着一种平衡条件，因此产品向周围环境解吸水分的速率等于其从环境中吸收水分的速率。在这种情况下，即与环境处于平衡状态，周围空气的相对湿度称为平衡相对湿度。如果周围的空气不断被较低蒸汽压的空气替换，则会产生蒸汽不足，作物将继续向空气中解吸水分。平衡含水率受品种、成熟度和作物历史等特性的影响，这些特性可能会显著改变作物的化学成分。研究发现含油量高的作物往往比淀粉作物从周围空气中吸收的水分少。

平衡含水率可以在一个装有作物的封闭环境中通过恒温控制空气温度的实验来确定，而周围空气的蒸汽压则由酸或饱和盐溶液调节。一种更准确但更昂贵的确定平衡水分含量的方法是使用真空容器。当作物与其周围环境达到平衡时，即在水分从作物扩散到真空中停止后，记录作物外壳的温度、蒸汽压力和作物的水分含量。在恒温条件下，平衡含水率与相对湿度曲线呈 S 形曲线，称为平衡含水率等温线[5]。

4. 物料干燥的汽化潜热

物料干燥的汽化潜热是产品蒸发水分所必须吸收的能量。从湿润物料中将单位质量的水分蒸发所需要的热量，称为物料干燥过程的汽化热，单位为 kJ/kg。

当周围空气流过物料时，蒸发潜热会从周围的空气中吸收。物料的汽化热与物料的含水率和干燥温度有关。在干燥初期，物料含水较多，物料的汽化热与自由水分的汽化热比较接近；随着物料含水率的降低，物料的汽化热逐渐增加，其原因是物料水分汽化时，除了使水分汽化需要消耗能量之外，还需要克服水分子与物料表面的物化结合力而消耗更多的能量。此外，物料汽化热与干燥温度的关系，其规律性与自由水分汽化的规律性大致相同，即干燥温度越低，消耗的汽化热就越多。

物料干燥过程的汽化热必高于自由水分的汽化热，物料含水率较低时，可能高出 25%～35%，在计算太阳能干燥系统的干燥效率时必须加以注意[6]。

5. 物料的安全储存时间

物料安全存储时间是将特定水分含量的产品暴露在特定相对湿度和温度下的时间，低于该时间段可能会发生作物变质，超过该时间段可能会损害作物。为了保持低损失，作物必须在安全储存时间内干燥到安全储存水分含量，即长期储存所需的水分含量。在高温和高水分含量的环境下，作物需要用很短的时间来干燥。对于需要重新种植的作物（如作物的种子），应避免出现高温。在湿热气候条件下，作物在相对较高的水分含量下收获，安全储存时间较短[5]。

6. 物料干燥速率及干燥阶段

物料的干燥是物料表面水分汽化和内部水分扩散同时进行的过程。物料表面汽化和内部水分扩散的影响因素不同，空气温度、相对湿度、空气流速及物料与空气的接触程度直接影响物料表面汽化；物料温度和物料特性参数直接影响内部水分传导，所以干燥过程中物料表面汽化速度和内部水分扩散速度有差别[7]。

因此，干燥过程实际上存在着两种速率，即物料表面水分的汽化速率和物料内部水分的扩散传递速率。一般来说，非吸湿性的疏松性物料，两种速率大致相等。而吸湿性的多孔物料，如黏土、谷物、木材和棉织物等，干燥的前期取决于表面水分汽化速率，后期由于物料表面水分汽化后，内部水分扩散传递速率较慢，导致干燥速率下降[8]。由此可知，干燥速率的大小取决于上述两种速率当中的主要矛盾方面。换句话说，干燥速率主要是由速率较低的过程所支配。

定义干燥速率为单位时间内在单位干燥面积上汽化的水分重量，可用下式表示：

$$u = \frac{\mathrm{d}\overline{W}_c}{F \cdot \mathrm{d}\tau} \tag{8-4}$$

式中　u——干燥速率，$kg/(m^2 \cdot h)$；

　　$\overline{W}_c$——物料表面汽化水分重量，kg；

　　F——物料干燥面积，m^2；

　　τ——物料干燥所需时间，h。

如果以物料水分含量为纵坐标，以干燥时间为横坐标，所得到的物料含水率随干燥时间而变化的曲线，称为干燥曲线。干燥曲线明确地表示出干燥全过程各个不同阶段的干燥速率。典型的物料干燥曲线如图 8-1 所示。

在稳态干燥条件下，即在整个干燥过程，湿空气状态参数不变，物料的干燥曲线通常可划分为三个阶段：预热干燥阶段、恒速干燥阶段和降速干燥阶段。

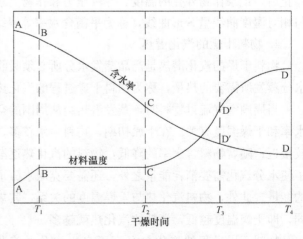

图 8-1　物料干燥曲线

（1）预热干燥阶段（A-B）。干燥过程从 A 点开始，热源将热量传递到物料表面，随着物料温度逐渐升高，干燥速率迅速增加到最大值 B 点。此阶段的特点是：物料被热空气或太阳辐射能加热，物料温度从 θ_1 迅速提高到该热空气的湿球温度。此阶段的热量消耗主要用于增加物料的内能。当物料表面温度到达 B 点，热空气或太阳辐射热能将主要消耗于物料水分的汽化。

（2）恒速干燥阶段（B-C）。此时物料表面保持着恒定的温度，此温度与热空气的湿球温度大致相等，物料水分将以恒定的速率进行汽化。物料水分能够保持恒速汽化的原因是：物料表面水分的汽化速率与物料内部水分向表面扩散的速率相等。故物料水分含量的减少对干燥时间的变化率为一常数，即曲线中的 B-C 段基本为一直线。当干燥作业进行到 C 点，干燥速率将会发生变化，干燥曲线从直线转变为曲线。

恒定干燥速率期结束的标志是来自产品内部的水分迁移速率降低，低于足以补充从表面蒸发的水分的速率。在这个阶段，它定义了临界含水量，即 C 点所对应的物料含水量，C 点称为临界点。物料的临界含水量，即从产品内部迁移到表面的最小自由水分速率等于从表面蒸发的最大水分速率时的最小水分含量。这是一种平衡条件，此时环境条件对干燥速率不再起作用。一般情况下，物料的组织越致密，水分由内部向外部扩散的阻力越大，临界含水量值越高。

（3）降速干燥阶段（C-D'-D）。干燥过程过 C 点以后，水分的内部扩散速度低于表面蒸发速度，使物料表面的含水率比内部低。随着干燥时间增加，物料温度升高，蒸发不仅在表面进行，还在内部进行，移入物料的热量同时消耗在水分蒸发及物料温度升高上。该阶段称为降速干燥的第一阶段（C-D'）。干燥过程继续进行，表面蒸发即告结束，物料内部水分以蒸发的形式扩散到表面上来。这时干燥速度最低，在达到与干燥条件平衡的含水率时，干燥过程即告结束。这一阶段称为降速干燥的第二阶段（D'-D）。如物料的初始湿含量相当低且要求最终湿含量极低，则降速阶段就很重要，干燥时间就很长。

应该说明的是，干燥曲线中的临界点 C 和曲线转折点 D' 往往不是固定的，它随热空气温度、干燥强度和物料形态的不同而异[10]。

从干燥速率的定义出发，通过积分推导算出干燥过程所需的时间。

恒速阶段所经历的时间为：

$$\tau_1 = \frac{G_c}{K \cdot F} \cdot \left(\frac{C_1 - C_c}{C_c - C_p} \right) \tag{8-5}$$

降速阶段所经历的时间为：

$$\tau_2 = \frac{G_c}{K \cdot F} \cdot \ln \frac{C_c - C_P}{C_2 - C_P} \tag{8-6}$$

式中 K ——热空气湿含量固定时，以物料表面湿含量和空气的湿含量差为推动力时的汽化系数，$kg/(m^2 \cdot h \cdot \Delta d)$；

     G_c ——湿物料中绝干物料重量，kg；

     F ——物料干燥面积，m^2；

     C_1 ——物料初始含水率，%d. b；

     C_c ——物料临界含水率，%d. b；

     C_2 ——物料最终含水率，%d. b；

C_P——物料在该热空气状态时的平衡含水率，%d. b.。

式中给出了计算干燥所需时间的方法，式中的各项数值必须通过实际测定干燥曲线才能得到。以上阐述了稳态干燥过程的普遍规律[9]。实际上，在太阳能干燥过程中，由于太阳辐射能是瞬时变化的，干燥时间也很难根据上述理论准确计算，但通过对稳态干燥过程的研究，将有助于掌握干燥过程的规律和影响干燥速率的各种因素，为干燥工艺设计提供理论支撑。

8.1.2 太阳能干燥系统分类

太阳能干燥系统是将太阳能转换为热能以加热物料并使其最终达到干燥目的的完整装置。太阳能干燥系统的形式很多，有不同的分类方法，主要包括：①按物料接收太阳能的方式分类；②按空气流动的动力类型分类；③按干燥系统的结构形式及运行方式分类，具体如表 8-1 所示。

太阳能干燥系统分类　　　　　　　　　　　　　　　　　　　表 8-1

	分类原则①	分类原则②	分类原则③
类型 1	直接式	主动式	温室型
类型 2	间接式	被动式	集热器型
类型 3	混合式	—	集热器温室型
类型 4	—	—	整体型

一般来说，温室型太阳能干燥系统都是直接式太阳能干燥系统；集热器型太阳能干燥系统都是间接式太阳能干燥系统；集热器温室型太阳能干燥系统是同时带有直接式和间接式的混合式干燥系统；整体型太阳能干燥系统则是将直接式和间接式合并在一起的混合式太阳能干燥系统[10]。

温室型太阳能干燥系统大多是被动式干燥系统，也有少数是主动式干燥系统；集热器型太阳能干燥系统大多是主动式干燥系统，尤其是较大规模的更是如此[10]；集热器温室型太阳能干燥系统和整体型太阳能干燥系统则大多是主动式干燥系统。

本节将按物料接收太阳能的方式对太阳能干燥系统进行分类，具体介绍直接式太阳能干燥系统、间接式太阳能干燥系统和混合式太阳能干燥系统。

8.2 典型系统运行原理及工程应用

直接式太阳能干燥系统是以产品本身以及干燥室的内表面吸收太阳辐射能，并将其转换为热能的干燥系统，适用于可以直接接受太阳辐射的物料干燥过程。

间接式太阳能干燥系统首先利用集热器加热空气，再通过热空气与物料的对流换热，使被干燥物料获得热能的干燥系统，适用于物料不能被太阳光直射的干燥过程。

混合式太阳能干燥系统，太阳辐射直接入射到待干燥物料上，与在集热器中预热的空气共同作用，提供干燥过程所需热能的干燥系统，实质是上述两种系统的集成，其特点是干燥速率快，干燥效率高。

8.2.1　直接式太阳能干燥系统

直接式太阳能干燥系统一般将要干燥的材料放在一个空箱或小室中，上部透明产品本身以及干燥室的内表面吸收太阳辐射会产生热量[11]。比较常见的直接式太阳能干燥系统是温室太阳能干燥系统，而常说的柜式干燥器、箱式干燥器，其基本原理与温室干燥系统基本相似，下面将从基本结构、物料承载方式、工作过程、运行特点、应用实例等几方面对温室太阳能干燥系统进行详细介绍。

1. 基本结构

温室太阳能干燥系统利用温室效应原理，对物料进行干燥，其结构示意图如图 8-2 所示。上面盖有一层向南倾斜的玻璃盖板，其倾角与当地的地理纬度一致。北墙为隔热墙，东、西、南三面墙的下半部分也都是隔热墙，隔热墙的内壁面均涂抹黑色，以提高太阳能吸收率。东、西、南三面墙的上半部都是玻璃，用以更充分地透过太阳辐射能。所谓的隔热墙，就是中间夹有保温材料的双层砖墙。同时，南墙靠近地面的部位和北墙靠近顶部的部位都开有一定数量的通风口，新鲜空气从底部气孔进入，蒸发出来的水汽随热空气从顶部排出。

2. 工作过程

在干燥过程中，物料被摊置或悬挂在温室内。此时太阳能辐射一部分入射到玻璃盖上被反射回大气，其余部分则被传输到室内。传到室内的太阳辐射能，一部分透射辐射被作物表面吸收，并转化为热能，使物料中的水分不断汽化；一部分被黑色的内壁面吸收并转化为热能，加热干燥室的空气，通过热空气将热量传递给物料，使物料中的水分不断汽化。水分通过进排风带入周围环境中[12]。

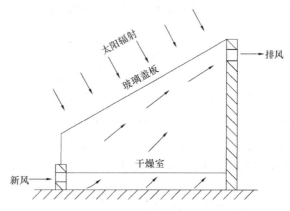

图 8-2　温室型太阳能干燥器结构示意图

温室型太阳能干燥系统也可根据干燥空气的加热程度进行分类，即温室型太阳能干燥系统的主动模式和被动模式。①被动模式下的温室干燥系统基于热传递的自然对流运行。在自然通风的情况下，若在干燥室顶部增加一段烟囱，由于要排出的湿空气在它离开到环境中之前，被烟囱吸收器再次加热，保持了太阳能烟囱内的温度高于干燥室内的温度，这使得烟囱中的空气比干燥室中的空气密度小，以增强整个干燥室的空气流动，从而提高干燥性能[13]。可以在排气烟囱处安装调节风门，来控制干燥室的温度和湿度。②主动模式下的温室干燥系统基于热传递的强制对流运行。主动模式与被动模式相比，提高了风速，可以使整个干燥室分成几个区域，风速可以进一步提高，加快干燥速率，同时还可以实现部分换气。即使在阴天或傍晚，仍可利用风机鼓风干燥。

3. 物料承载方式

物料摊置于干燥室内时常见的承载方式有箱式、带式和推车式等[14]。

(1) 箱式承载

箱式承载是一种容易装卸的承载设备，相比于带式承载、推车式承载，其物料损失小、易拆装清洗。当干燥物料的量不多时，箱式承载的效果较好。但箱式承载的缺点也有许多：物料得不到分散，干燥不均匀，干燥时间长；装卸物料耗时、耗人工，劳动强度大，设备利用率低；卸物料时粉尘飞扬，环境污染严重；热效率低等。

(2) 带式承载

带式承载是一种连续式干燥物料的干燥设备，适用于含水量高、干燥温度要求低的物料，如脱水蔬菜、催化剂、中药饮片等。这种干燥设备的干燥速率较快、产品的品质较好，适合大批量连续自动生产。根据物料干燥工艺可设置多层干燥带，温度在 40～180℃，运行速率可调节。但带式承载价格较高，安装、拆卸困难，热效率低，不适合对干燥温度要求高的物料。

(3) 推车式承载

推车式承载具有设备小、产量多的特点；干燥设备可以根据天气因素进行方位调节、设备的结构简易、成本低、占地面积小、物料易流动。除一些辅助装置外（风机等），无其他活动部分，因而维修费用低，物料和设备的磨损也相对较小，其缺点为需人工操作。

4. 运行特点

研究发现，强制对流或主动模式更适合高水分含量的作物，而自然对流或被动模式适合低水分含量的作物、水果和蔬菜。温室型太阳能干燥系统在产品的质量、质地和颜色方面比露天晒干有更多优越，具有简单且便宜的结构，可以使干燥产品免受灰尘、雨水、碎屑、露水等的影响。但温室型太阳能干燥系统在功能方面也存在一些缺陷，如产品过热、产品质量不佳、干燥能力有限、干燥时间长和水分蒸发并凝结在玻璃盖上，引起玻璃盖的透射率降低等问题[15]，主要适宜于谷物等对干燥温度要求较低而又允许直接阳光曝晒的干燥过程。

为提高干燥器的性能，可以从减少干燥器热量损失和增加太阳辐射两方面考虑。对于减少干燥器的热量损失，具体措施包括：①通过在顶部玻璃盖板下面增加一层或两层透明塑料薄膜的方法，利用各层间的空气提高干燥室的保温性能，从而减少干燥器顶部的热量损失；②通过使用不透明北墙的隔热来防止热量流失；③使用沙子、岩床、黑色喷漆混凝土地板和 PVC 板等蓄热材料，暂时将热量储存起来防止直接流失。对于增加太阳辐射，可采取以下措施：①使用倾斜和反射的北墙以收集最大的辐射，②通过提供额外的面积增强面板增加干燥面积。

5. 应用实例

以建在英国牛津（北纬 51°）的温室型太阳能干燥室为例[16]，此结构用来干燥木材。干燥室整体尺寸为 6.4m×4.9m×3.4m，南墙高 0.9m，干燥体积为 7m³，采光面积为 33m²。干燥室屋顶的朝南面比朝北面长一倍多，以增加屋顶的采光。干燥室透过覆盖的单层聚乙烯薄膜采光，材堆上方各有一层黑色金属吸热板和保温层。室内空气循环依靠材堆侧面布置的两台功率为 180W、直径为 60cm 的风扇，强制气流通过涂黑的金属吸热板后流进材堆。进、排气装置为后墙排气，侧墙靠近前墙处安置进气口。夏季，太阳能温室内白天最高温度较荫棚内高 15℃。该太阳能室无储热装置。塑料薄膜的使用期限，热带地区为 1 年，英国为 2～2.5 年。

在英国，将木材干燥至含水率 12％～14％，适宜时期是 4～10 月份，其余时段干燥速度较慢。该干燥室主要用于干燥厚 2～3 英寸的栎木板材。夏季，将 5cm 厚的栋木板材从含水率 40％以上干至 10％～12％需用时 4 个月，同样条件在大气中干燥要 6 个月。并且太阳能干燥木材质量良好，没有或略有表裂，栋木板材夏季和冬季均可干燥。太阳能干燥的费用仅为同容积常规干燥炉费用的 1/10。

8.2.2　间接式太阳能干燥系统

直接式太阳能干燥系统的主要缺点是：①所需的干燥时间很长；②由于水分蒸发并凝结在玻璃盖上，玻璃盖的透射率降低；③作物直接暴露在太阳光下可能会导致过热，进而导致质量变差；④效率低，因为部分太阳能输入用于诱导空气流动，而产品本身充当吸收器。为了解决直接式太阳能干燥系统的问题，人们开发了间接式太阳能干燥系统设计已被推荐用于商业目的[17]。

间接式太阳能干燥系统是指太阳辐射不直接入射到干燥器中，而使用单独的单元来收集热能，通常被称为太阳能空气加热器，并有单独的干燥室用于干燥作物。其中，干燥室是不透光的，加热空气所需能量全部由空气集热器提供。考虑到集热器和干燥物对空气的阻力，在这种系统中通常利用风机强迫空气循环。比较常见的间接式太阳能干燥机是集热器型太阳能干燥系统，下面将从基本结构、工作过程、运行特点、应用实例等方面对其进行详细说明。

1. 基本结构

集热器型太阳能干燥系统由太阳能空气集热器与干燥室组合而成，主要的组成部件是：空气集热器、干燥室、风机、管道，其基本结构如图 8-3 所示。空气集热器可以根据吸热板的结构划分为非渗透型和渗透型两类。集热器安装倾角应与当地的地理纬度一致，并通过风管系统与干燥室相连。干燥室的顶部设有排风口，用于将湿空气排放到周围环境中。

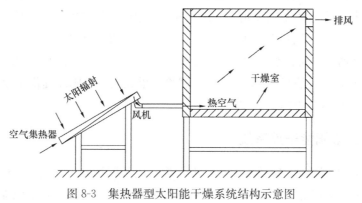

图 8-3　集热器型太阳能干燥系统结构示意图

2. 工作过程

太阳辐射穿过空气集热器的玻璃盖板后，投射到集热器的吸热板上，被吸热板吸收并转化为热能，用以加热集热器内的空气，并使其温度不断升高。被加热后的热空气被送进干燥室，通过待干物料的表面或穿过待干物料，热空气与待干物料进行热湿交换，使物料内的水分不断汽化，然后将湿空气排放到周围环境中，达到干燥物料的目的。在太阳能干燥系统工作过程中，可以安装一个排气烟囱以达到更好的排气效果。同时，可以在排气烟囱处安装调节风门，并对其进行调节，以便根据物料的干燥特性控制干燥室的温度和湿度，使被干燥物料达到要求的含水率。太阳能干燥大多是主动式太阳能干燥系统，即热空气通过风机进入干燥室，实现干燥介质的强制循环，强化对流换热，缩短干燥周期[10]。

集热器型太阳能干燥系统根据热空气的重复使用情况又可分为直流式和循环式。直流式太阳能干燥系统中热空气经过干燥室后，被直接排到大气中，不再循环使用。循环式太阳能干燥系统中热空气经过干燥室后，一部分被排到大气中，另一部分进入空气集热器，多次循环使用。

3. 运行特点

集热器型干燥系统将集热器和干燥室分开，集热器可以把空气加热到较高温度，满足对热风温度有较高要求的物料干燥的需要，使干燥速度比一般温室型干燥系统的高；该干燥器能把空气加热到 60~70 ℃[18]，适合不能受阳光直接曝晒的药物干燥，如鹿茸、切片黄芪等，有助于避免作物开裂问题；在间接式太阳能加热器中，可以更好地控制干燥参数并获得良好的产品质量，因此可以在更大的范围内满足不同物料的干燥工艺要求；集热器型干燥系统配置和安装较灵活，可根据阳光条件选择集热器放置场地，按工艺要求选择集热器和干燥室；集热器可以由若干节串联或并联组成，根据太阳光强弱和干燥量大小调节使用节数[7]。

4. 应用实例

美国加州应用的太阳能葡萄干燥器是一种集热器型干燥器[19]，集热器阵列由 30 个空气集热器单体组成，采光面积 1951m^2。吸热板采用平板钢板，涂黑漆，其下侧与底部保温层之间构成 8.9cm 高的空气通道。顶部透明盖板起初用聚碳酸酯薄膜，后改为玻璃盖层。它设有一个岩石床储热装置，体积为 396m^3。此外还有热回收装置。热回收装置从排出的湿气中回收废热，代替了热风回流系统。预热的新鲜空气通过太阳能集热器进一步加热，或通过储热装置或辅助能源加热，最后热空气输送到隧道干燥室。结果表明，采用玻璃盖板造价虽高，但透光性好，使用寿命长，空气集热器的集热效率为 35%~48%。干燥的物料主要是葡萄，初含水率为 83%，24h 后脱水至 14%，每天可干燥 6~7t 湿葡萄，干燥温度为 66℃，设计流量为 9.44m^3/s。试验结果表明，太阳能提供了全年干燥窑所需能量的 24%，燃烧器节约燃油 20%左右。

8.2.3 混合式太阳能干燥系统

在这种类型的太阳能干燥系统中，待干燥物料通过两种方式加热，即通过直接吸收太阳辐射加热和来自太阳能空气加热器的预热空气加热。常见的混合式太阳能干燥系统有集热器温室型太阳能干燥系统和整体型太阳能干燥系统。下面将从基本结构、工作过程、运行特点、应用实例等方面对其详细说明。

1. 集热器温室型太阳能干燥系统

（1）基本结构

集热器温室型太阳能干燥系统主要由空气集热器和温室两部分组成。空气集热器的安装倾角与当地的地理纬度基本一致，集热器通过管道与干燥室连接。干燥室的结构与温室型干燥器相同，顶部有向南倾斜的玻璃盖板，内壁面都涂抹黑色，室内有放置物料的托盘或支架，其基本结构如图 8-4 所示。

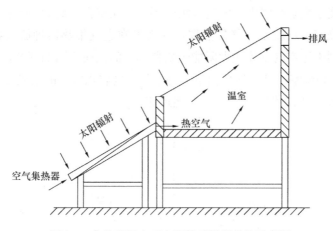

图 8-4　集热器温室型太阳能干燥器结构示意图

（2）工作过程

一方面，太阳辐射被空气集热器吸收转化为热能，用来加热集热器内的空气。被加热的空气通过风机输送到干燥室内，使物料内水分不断汽化。另一方面，太阳辐射穿过温室的玻璃盖板后，一部分直接被干燥物料吸收转化为热能，用来将物料中的水分汽化；一部分则被干燥室内的壁面吸收并转化为热能，用以加热干燥室内的空气，再通过热空气将热量传递给物料，使物料中的水分不断汽化。最后通过对流的形式将含有水分的热空气排到周围环境中去，从而达到干燥物料的目的。

（3）运行特点

集热器温室型太阳能干燥系统同时兼备两种干燥系统的加热和脱水过程。它不但利用干燥室壁的向阳面加热空气，而且用附加的集热器加热空气，既利用了干燥室的壁面，又利用集热器弥补了干燥室壁有效面积的不足，适用性更强，兼具两种干燥系统的优点[16]。当温室透光面积和集热器面积为 1:1 时，温度可提高 5~10℃。适用于干燥含水量较高、同时要求干燥温度较高的物料，如含浆汁果实类中药、水分含量较高的根及根茎类中药等的干燥[18]。

（4）应用案例

广州能源研究所在广州市建成的大型太阳能腊肠干燥示范装置[20]，是一种集热器温室型干燥器，总采光面积达 620m²。它采用太阳能和蒸汽热能联合供热，以满足全天连续运行的工业化生产需要，腊肠以竹竿吊挂形式置于干燥器内。干燥器内的温、湿度可以根据物料在不同干燥阶段的工艺要求进行调节，可采用手动方式，也可采用自动控制。本项设计使广式腊肠生产过程中的日晒过程和热风干燥工艺合二为一，采用大回流比的空气内循环方法，实现了在不同气候条件下的稳定生产。腊肠、腊肉投料量每天 9000kg，成品日产量 4000kg，干燥周期为 42～44h，优质产品成品率超过 99％，节电 21％，节煤 20％～40％。

2. 整体型太阳能干燥系统

（1）基本结构

整体型太阳能干燥系统将太阳能空气集热器与干燥室合并成为一个整体。在这种太阳能干燥器种，干燥室本身就是空气集热器，或者说在空气集热器种放入物料而构成干燥室。一个具有两列干燥室的整体式太阳能干燥器单元的截面简图如图 8-5 所示。这是两个只有 0.7m 高的长列温室，其空气容积小，每单位空气容积所占的采光面积是一般温室型干燥器的 3～5 倍，所以热惯量小，空气升温迅速。

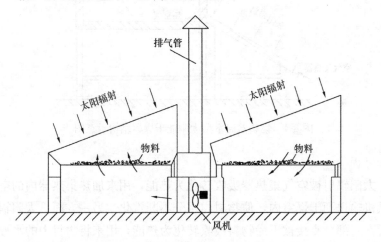

图 8-5　整体型太阳能干燥系统结构示意图

（2）工作过程

物料放在有四个小轮的料盘上沿着轨道推入干燥室中。太阳辐射能透过玻璃盖层直接射入干燥室，物料本身起着吸热板的作用，直接接收太阳辐射能。而在设计十分紧凑及热惯性小的干燥室内，空气因温室效应而被加热。通过安装在两列干燥室之间隔墙开口处的轴流风机，使空气在两列干燥室中不断循环，并上下穿透物料层，增加物料表面与热空气的接触机会。在整体型太阳能干燥系统内，辐射换热与对流换热同时起作用，干燥过程得以强化。吸收了水分的湿空气从排气管排出，通过控制阀门，可以使部分热空气随进气口补充的新鲜空气回流，再次进入干燥室，可提高风速，减少排气热损失[21]。

（3）运行特点

两列干燥室组成一个干燥单元，每个单元各有自己的进气口、排气口及循环风机，可独立运行。采用单元组合布置，干燥器规模可大可小；各单元连接在一起，可减少边墙及地底的热损失；热空气在干燥室内循环，提高物料表面的风速，可增强物料表面与空气间的传热与传质；热惯性小，温升保证率较高；结构简单，投资较少。

（4）应用案例

中国科学院广州能源研究所和广州市农业机械研究所[20]于 1983 年在广州市郊区三元里农村建造了一座采光面积为 187m² 的整体式太阳能干燥生产试验装置，应用于中药材、红枣、莲子、干果等的干燥加工，物料含水率从 40％降至 15％的日平均干燥量为 1500～2000kg，最大投料量达 5000kg，该装置太阳能热利用效率高，日平均效率达 30％～40％，产品干燥均匀，质量好。

8.3　太阳能干燥系统设计及计算

8.3.1　设计一般原则

上节对太阳能干燥系统的不同类型做了详细介绍，了解到不同的太阳能干燥系统其结构各有特点，使用上各有利弊，因此针对不同应用场景要设计不同的太阳能干燥系统。设计之初要先对当地的太阳能资源进行调查，了解干燥物料的具体特性，进行太阳能适用性分析，计算太阳能保证率，做好基础的规划与决策。之后再进行太阳能干燥过程计算和结构设计计算，完成系统的整体设计。

1. 太阳能干燥适用性分析

在进行太阳能干燥系统设计前，应对当地的太阳能资源进行考察。因为太阳能辐射量与地区、季节、昼夜的关系很大，不同时刻、不同地区的太阳能辐射量有较大不同。因此，在设计太阳能干燥系统前，要根据本地区所处的纬度和年平均日照量来决定是否采用或采用什么形式的太阳能干燥系统。

纬度和气候对太阳能资源的影响是巨大的。低纬度地区，全年日照时间长，而且接近直射，太阳能的可利用性好；较高纬度地区全年太阳直射时间较短，斜射时间较长，太阳能的可利用性较差；更高纬度地区太阳基本无直射，太阳能可利用性就更差。在晴朗的白天，大气透明度高，对太阳辐射的削弱作用较小，太阳直射或斜射量大，太阳能的可利用性高；而阴雨天时的散射则没有多大利用价值。但我国有些低纬度地区（如江浙一带），阴雨天气较多，太阳能干燥系统运行时间受到限制；有些较高纬度地区，虽然太阳直射时间较短，但晴朗的天气多，也可采用太阳能干燥系统。我国中部地区，虽然太阳辐射不那么强烈，但晴天多，干燥系统的运行时间相对较长，干燥系统的利用率高，经济性好。

干燥是否是季节性的对太阳能干燥有很大影响。有些干燥过程是季节性的，例如水果、药材及谷物。若干燥物料的季节正好处于该地太阳辐射较好的时期，那么使用太阳能进行干燥是不错的选择；反之，就不太容易达到预期的效果。以干燥谷物为例，谷物在收获季节时含水量较高，为了更好地储存需要立即干燥加工，因此收获季节的太阳辐射状况与气候条件决定了是否可以采用太阳能干燥。例如小麦的收获季节是夏季，此时的太阳辐射量大，白天长，气温高，很适合采用太阳能干燥系统；玉米的收获季节是秋季，此时的大气温度较低，但空气湿度也较低，雨天少，也适合采用太阳能干燥系统。有些干燥物料是不分季节的，例如陶瓷的泥胎和木工场干燥的木板等，对于这些物料的干燥系统设计需要保证其可以全年进行干燥任务，这时可以采用电加热及燃料加热等方式辅助太阳能干燥，以保证阴雨天和晚上的时候仍能进行干燥工作。

干燥物料的干燥特性对太阳能干燥也有很大影响。对物料干燥特性的分析主要是确定该物料是否适合低温太阳能干燥。根据物料干燥温度的不同，可分为低温干燥和高温干燥，低温干燥的干燥温度一般低于 60℃，高温干燥则一般高于 60℃[22]。在进行太阳能干燥系统设计时必须根据物料的特性来确定适当的空气温度，避免发生物料局部过热或物料表面硬化干瘪而影响后期的干燥速度和产品质量。例如木材适合采用太阳能低温干燥，可以降低开裂、弯曲变形和皱缩概率，提高木材合格率。部分中药材也适合采用低温太阳能干燥，因为药材水分含量较少，干燥时间稍长也不至于发霉变质，而且低温干燥有利于保持其药用价值。相反，高水分易变质的物料不宜采用太阳能干燥；一些胶黏性物料，低温干燥后平衡含水量较高，不利于保存，也不宜采用太阳能干燥。对于粮食这种初收获时水分含量较大的物料，需要及时干燥到安全含水量以下，避免发霉变质，此时可以添加辅助热源保证干燥效率，缩短干燥时间。

设计太阳能干燥系统前，要充分考虑纬度、气候、物料特性，对太阳能干燥的适用性进行分析，必要时应添加辅助热源。同时，太阳能干燥系统使用前应对其进行性能测试，试验周期应与物料干燥期同步，即设计干燥物料的一个干燥周期作为测试周期。测试期间总太阳辐射值应达到系统设计需要的值，且应至少包括 1 整天并满足以下条件：①日太阳辐射量大于等于 $16MJ/(m^2 \cdot d)$；②测试期间日平均环境温度 t_{ad} 满足：$15℃ \leqslant t_{ad} \leqslant 30℃$[23]。

2. 系统方案选择

选定太阳能作为干燥能源后，就要进行系统方案的选择，这是太阳能干燥系统设计的主要环节。一个好的系统方案不仅能降低成本，提高干燥效益，而且能保证干燥后物料的品质。进行系统方案选择的原则如下：

（1）经济情况：农户经济条件较差，农产品季节性强，小型的柜式干燥器费用低、见效快，农民可自己建造，比较适合农村使用。工厂经济条件较好，需要长期干燥作业，可以选择大型自动化程度较高的干燥系统。

（2）气候情况：阴雨天气较多的季节、地区，可以考虑选用辅助加热装置，以提高干燥效率，缩短干燥时间；气候条件好的地区，太阳辐射量较大，选择方案时可以更加灵活。

（3）场地条件：白天无其他设施遮荫是太阳能干燥场地的必要条件。宽敞、阳光条件好的场地适合于各种干燥系统；窄狭、阳光条件较差的场地要寻求拆装方便、集热器和干燥室容易重新组合、集热器能够在不同场地条件（如屋顶、道旁、田间）安装的干燥系统。

（4）物料特性：对于降水速度很快的物料，如切成薄片的果品、中草药等，可采用连续干燥；对于降水速度较慢的物料，如陶瓷泥胎、烟叶、木板、成捆的牧草等，需采用间歇式干燥。

（5）物料批量：批量大的干燥工厂选用大型的干燥系统，如隧道式干燥系统、大型温室干燥系统等；批量小的工厂可选用柜式干燥器、集热器型箱式干燥器等。

（6）水分含量：调节系统的通风情况可以控制物料干燥的速度和质量。含水分较小的物料可以采用自然通风；含水分大和干燥数量多时，需要装设风机以加强通风。

3. 太阳能干燥保证率

太阳能干燥保证率是指干燥系统中太阳能集热系统得热量与干燥时系统在干燥周期内所需的总能耗比值。在设计时应合理确定太阳能干燥保证率。不同地区太阳能干燥系统的太阳能保证率推荐值参考表8-2。

不同地区太阳能干燥系统的太阳能保证率推荐值 表8-2

资源区划代号	太阳能资源区划分	太阳能干燥保证率
Ⅰ	资源极富区	≥40%
Ⅱ	资源丰富区	≥30%
Ⅲ	资源较富区	≥20%
Ⅳ	资源一般区	≥10%

太阳能集热系统得热量Q_s的测量，按以下两种情况进行：

（1）太阳能干燥系统采用空气为传热介质，其得热量测试按现行国家标准《太阳能空气集热器热性能试验方法》GB/T 26977规定的方法进行。

（2）太阳能干燥系统采用水、油为传热介质，其得热量测试按现行国家标准《太阳能供热采暖工程技术标准》GB/T 50495规定的方法进行。

干燥周期内所需的系统总能量为太阳能集热器提供的能量与辅助能源提供的能量之和，辅助能源的测试根据所消耗的煤、油、气、电等能源进行换算。

太阳能干燥保证率按下式计算：

$$f = \frac{Q_s}{Q} \times 100\%$$
（8-7）

式中　f——太阳能干燥保证率，%；

　　Q_s——太阳能集热系统得热量，MJ；

　　Q——干燥时系统在干燥周期内所需的总能量，MJ。

对于干燥周期超过24h的太阳能干燥保证率按下式计算：

$$f = \frac{f_1 + f_2 + f_3 + \cdots + f_i}{i}$$
（8-8）

式中　f_i——在测试周期各太阳辐照量下的单日太阳能干燥保证率，%；

　　i——测试天数，即物料的干燥周期，d。

太阳能保证率应满足设计要求，太阳能保证率测量值与设计值的偏差不应大于10%。只使用太阳能进行干燥无法满足此条件时，可以对太阳能干燥系统添加辅助热源，辅助热源的选择应因地制宜、经济适用。在太阳能与辅助热源联合供热条件下，干燥室内平均温度应达到设计温度[23]。

确定了太阳能干燥系统方案之后，应对其进行设计计算，设计计算包含两个方面，即太阳能干燥系统的物料衡算和热量衡算。

8.3.2 太阳能干燥系统物料衡算与热量衡算

太阳能干燥装置中的干燥介质一般为湿空气，关于湿空气的基本知识可以参考《空气调节》[35]一书，本书不再进行赘述。

1. 物料中水分去除量

假设干燥前后物料中的绝干物料量不变，则有：

$$G_c = G_1 \frac{100 - w_1}{100} = G_2 \frac{100 - w_2}{100} \tag{8-9}$$

式中　G_1——干燥前湿物料重量，kg/h；

G_2——干燥后湿物料重量，kg/h；

w_1——干燥前的物料含水率，%w.b；

w_2——干燥后的物料含水率，%w.b；

由上式可得干燥后物料的重量为：

$$G_2 = G_1 \frac{100 - w_1}{100 - w_2} \tag{8-10}$$

显然，在干燥过程中被排除的水分重量 W_c 应为物料在干燥前后重量之差，即

$$W_c = G_1 - G_2 \tag{8-11}$$

如果已知物料干燥前后的含水率和物料干燥前后的重量，那么干燥过程排除水分的重量可用下式计算：

$$W_c = G_1 \frac{w_1 - w_2}{100 - w_2} \tag{8-12a}$$

$$W_c = G_2 \frac{w_1 - w_2}{100 - w_1} \tag{8-12b}$$

2. 空气消耗量

物料的干燥过程一方面是将物料中的水分汽化，另一方面是通过干燥的空气把所汽化的水分带走。因此，可以根据湿空气的性质预定干燥任务所需的绝干空气量：

$$L = \frac{W_c}{d_2 - d_1} \tag{8-13}$$

式中　L——通过干燥器的绝干空气量，kg$_{干空气}$/h；

d_1——进入干燥器时空气的含湿量，kg$_水$/kg$_{干空气}$；

d_2——离开干燥器时空气的含湿量，kg$_水$/kg$_{干空气}$。

空气消耗量如果用体积表示，则有：

$$V = L/\gamma \tag{8-14}$$

空气重度 γ 值与空气温度、压强等参数有关，可用式 $\gamma_{空} = p_{空}/(R_{空} \cdot T)$ 计算。在标准条件下（10330kg/m²、0℃），带入空气气体常数 $R_{空} = 29.24$kg/(kg·K)，即可得到 $\gamma_{空} = 1.294$kg/m³。

单位空气消耗量是指从湿物料中排除 1kg 水分所需消耗的绝干空气重量：

$$l = \frac{L}{W_c} = \frac{1}{d_2 - d_1} \tag{8-15}$$

单位空气消耗量 l 是评价干燥器工作性能的指标之一，它既与风机的动力消耗有关，也与干燥强度和热能消耗有关。

3. 热量衡算

干燥系统热量衡算的目的是确定各项热量的分配情况和热量消耗量，是计算集热器吸热板面积、干燥室尺寸、干燥室热效率和干燥效率的依据。根据能量守恒定律可以得出能量方程。

(1) 进入干燥器的热量

1) 湿物料 G_1 带入热量 Q_1：

由于 $G_1 = G_2 + W_c$，故可以认为 G_1 带入的热量是 G_2 和 W_c 两部分之和，则有：

$$Q_1 = (G_2 C_m + W_c C_w) \theta_1 \tag{8-16}$$

式中 C_m ——干燥后物料比热，$kJ/(kg \cdot K)$；

C_w ——水的比热，$kJ/(kg \cdot K)$；

W_c ——排除的水分重量，kg/h；

θ_1 ——进干燥器时物料温度，$℃$。

2) 原始空气带入的热量 Q_2：

$$Q_2 = L \times h_0 \tag{8-17}$$

式中 L ——进入干燥系统绝干空气流量，$kg_{干空气}/h$；

h_0 ——原始空气的焓，kJ/kg。

3) 集热器中热空气吸收的太阳能 Q_3：

$$Q_3 = L \times (h_1 - h_0) \tag{8-18}$$

式中 h_1 ——经集热器加热后湿空气的焓，kJ/kg。

4) 输送装置带进的热量 Q_4。

5) 空气进入集热器前的补充热量 $Q_补$。

(2) 离开干燥器的热量：

1) 干燥后物料 G_2 带走的热量 Q'_1：

$$Q'_1 = G_2 C_m \theta_2 \tag{8-19}$$

式中 θ_2 ——出干燥器时物料温度，$℃$。

2) 废气带走的热量 Q'_2：

$$Q'_2 = L h_2 \tag{8-20}$$

式中 h_2 ——出干燥室热空气的焓，kJ/kg。

3) 周围环境散热 Q'_3（包括干燥室壁板与周围环境的对流换热和输送装置带走的热量）。

对整个系统而言，能量是守恒的，输入热量等于输出热量：

$$Q_1 + Q_2 + Q_3 + Q_4 + Q_补 = Q'_1 + Q'_2 + Q'_3$$

即

$$(G_2 C_m + W_c C_w) \theta_1 + L h_0 + L(h_1 - h_0) + Q_4 + Q_{补} = G_2 C_m \theta_2 + L h_2 + Q'_3$$

经整理得：

$$L h_0 + L(h_1 - h_0) = L h_2 + G_2 C_m (\theta_2 - \theta_1) - W_c C_w \theta_1 + Q'_3 - Q_4 - Q_{补}$$

设 $\sum Q_L = G_2 C_m (\theta_2 - \theta_1) - W_c C_w \theta_1 + Q'_3 - Q_4 - Q_{补}$，为干燥系统的热损失，于是有：

$$L h_0 + Q_3 = L h_2 + \sum Q_L \tag{8-21}$$

式中　$L h_0$——原始空气带进的热量，kJ/h；

　　　$L h_2$——废空气带出的热量，kJ/h。

若将上式除以每小时汽化的水分量 W_c，可得以 1kg 水分为基准的热量衡算式，即：

$$\frac{Q_3}{W_c} + \frac{L h_0}{W_c} = \frac{L h_2}{W_c} + \frac{\sum Q_L}{W_c}$$

可将上式化简为 $q_3 = l(h_2 - h_0) + \sum q_L$，其中 $q_3 = \frac{Q_3}{W_c}$。

根据式（8-15）、式（8-18）可最终化简得：

$$\varepsilon = \frac{h_2 - h_1}{d_2 - d_1} = l(h_2 - h_1) = -\sum q_L \tag{8-22}$$

ε 为角系数，在焓湿图上表示湿空气状态变化的方向。因此，由热量衡算可以确定热空气在干燥室内与物料进行热质交换时状态参数变化的方向及集热器中空气吸收的能量 Q_3。

4. 太阳能干燥器的性能评价指标

衡量太阳能干燥过程中热能利用程度的参数有集热器热效率、干燥室的热效率、干燥器蒸发效率和干燥效率。效率值越大，能源利用程度越高，其中干燥效率表示太阳能干燥系统的整体热利用率，是评价干燥系统性能的主要指标。集热器效率在本书第 2 章已有讲述，本节主要介绍干燥器的热效率、干燥器的蒸发效率和干燥效率。

（1）干燥室的热效率

干燥器的热效率 η_h 是指空气在干燥室内放出的显热量与空气在集热器中获得的热量之比，可由下式表示：

$$\eta_h = \frac{L(C_{H1} T_1 - C_{H2} T_2)}{L(C_{H1} T_1 - C_{H0} T_0)} \times 100\% = \frac{(C_{H1} T_1 - C_{H2} T_2)}{(C_{H1} T_1 - C_{H0} T_0)} \times 100\% \tag{8-23}$$

式中　C_{H0}——空气在原始状态的比热，kJ/kg；

　　　C_{H1}——空气在预热以后的比热，kJ/kg；

　　　C_{H2}——空气在干燥室的比热，kJ/kg；

　　　T_0——空气在原始状态的温度，℃；

　　　T_1——空气在预热以后的温度，℃；

　　　T_2——空气在干燥室的温度，℃

因为湿空气的 $C_{H0} \approx C_{H1} \approx C_{H2}$，因此上式可简化为：

$$\eta_h = \frac{T_1 - T_2}{T_1 - T_0} \times 100\%$$

（2）干燥器的蒸发效率

干燥器的蒸发效率 η_c 是指干燥室中物料水分蒸发所需要的能量与热空气在干燥室中放出的显热量的比值，可表示为：

$$\eta_c = \frac{W_c \cdot L_v}{L(C_{H1} T_1 - C_{H2} T_2)} \times 100\% \qquad (8\text{-}24)$$

式中　W_c——单位时间内蒸发的水分量，kg/h；

　　　L_v——每蒸发 1kg 水分所需的热量，kJ/kg。

（3）干燥效率

干燥效率 η 是指蒸发水分所需的热量与加入系统的热量的比值，是集热器热效率、干燥器的热效率、干燥器蒸发效率之积，即

$$\eta = \eta_d \cdot \eta_h \cdot \eta_c \qquad (8\text{-}25)$$

式中　η_d——集热器热效率，%。

1）若忽略湿空气的干燥势能，干燥效率可直接表示为：

$$\eta = \frac{W_c \cdot L_v}{A' \cdot H'} \times 100\% \qquad (8\text{-}26a)$$

式中　A'——温室的采光面积，m^2；

　　　H'——太阳辐射强度，$kJ/(m^2 \cdot h)$。

2）如果考虑了环境湿空气的干燥势能，则计算较复杂。所谓环境湿空气的干燥势能，是由于环境空气的相对湿度低时，其本身具有的用以蒸发待干物料中水分的势能。

环境空气每千克干空气的干燥势能 e 为：

$$e = (X_c - X_0) \cdot L_v$$

式中　X_c——与物料含水率相对应的空气平衡相对湿度下的空气含湿量，$kg_水/kg_{干空气}$；

　　　X_0——环境空气的含湿量，$kg_水/kg_{干空气}$。

那么每小时进入干燥系统的干空气的干燥势能 E 为：

$$E = L \cdot e$$

因此，干燥效率可由下式得出：

$$\eta = \frac{W_c \cdot L_v}{E + A \cdot H'} \times 100\% \qquad (8\text{-}26b)$$

3）如果干燥系统中风机消耗的能量不能忽略，则干燥效率应修正为：

$$\eta = \frac{W_c \cdot L_v}{E + A' \cdot H' + P} \times 100\% \qquad (8\text{-}26c)$$

式中　P——风机功率，kW。

当用常规能源进行干燥时，由于输入干燥系统的能量远大于环境空气带入干燥系统的干燥势能，所以后者可以不予考虑。但对于太阳能干燥系统，由于单位时间内供给热空气的能量较少，空气升温较小，因此环境空气的干燥势能不能忽略。否则，确定干燥系统的效率时会有较大误差。同样的太阳能干燥系统，即使干燥同样含水率的同一种物料，其干燥效果将随环境空气相对湿度的高低而不同。因此，必须考虑环境空气干燥势能的干燥作用，才能客观地对不同太阳能干燥系统的优劣进行比较[7]。

8.3.3 太阳能干燥系统结构设计

太阳能干燥系统结构设计主要包含两个方面，一方面是结构设计原则，另一方面是结构设计计算。

1. 太阳能干燥系统结构设计原则

太阳能干燥系统主要包含集热器、干燥室、风机、管路四种基本构件，并且系统本身也要保证其安全性，它们的设计原则如下：

（1）集热器结构设计原则

1）吸热板：吸热板的设计着重考虑提高光的吸收率，减少反射率。平面吸热板简单，但反射光无法吸收；波纹板日光俘获率高，热效率也较高。必要时可选用真空管及热管吸热体，吸热板表面应进行涂黑或其他发黑处理。

2）气流通道：性能好的气流通道能提高集热效率。气流通道的设计应满足气流通畅要求，减少折流，同时要保证气流在集热器内的流动时间，提高换热效果。

3）材料：建造集热器所用的材料主要有钢板及木板，与通道内气流接触的材料尽量选用金属材料，提高换热系数；与环境接触的材料尽量选用绝热材料，减少散热损失；与外界环境接触的构件应进行防腐处理。

4）密封：集热器在露天环境中使用，结构设计时要考虑密封问题。既防止热气流的散失，提高效率，又防止雨水进入腐蚀内部构件，影响工作性能，减少寿命。

5）固定：集热器各部件之间要连接牢固，集热器与地面之间也要固定。特别是使用可移动的集热器的场合，集热器与地面的固定更需注意[7]。

（2）干燥室结构设计原则

1）进气和出气口合理配置：进、出气口的配置要求使室内气流流动通畅，避免不必要的折流，减少气流阻力损失，并避免在干燥室内形成死角。出气口截面积应大于等于进气口截面积。一般情况下，进、出气口应分别位于两侧，或上下，或前后。

2）物料放置：干燥室内物料盘、物料堆，或者悬挂的物料应尽量占满整个流道截面，少留空隙，避免因热空气的短路（空气不流经物料层，而是直接流向出气口）降低热效率。

3）风速均匀性：干燥室内风速分布均匀是获得均一含水率的高品质产品的重要保证。风速分布不均匀是干燥不均匀的主要原因。物料干燥不均匀时，不但增加干燥时间和能耗，而且无法保证干物料品质。一般情况下，干燥室内应设置挡风板、均风板或其他均风装置。

4）绝热：干燥室内温度高于环境温度，存在向外的散热损失。干燥室四周及上下与外部环境接触的壁板应为绝热板，以减少与外界的换热损失，提高热效率。

5）材料：干燥室的材料一般为钢铁。干燥食品及药品等一些卫生要求高的物料时，干燥室内壁应选不锈钢、铝板、镀锌板等耐腐蚀材料，避免选用在高温下散发有毒物质的材料及油漆。干燥室外部可选用耐腐蚀材料，也可使用油漆[7]。

（3）风机及管路设计原则

1）风机应与传热工质有很好的兼容性。

2）风机的安装应按制造厂家的要求进行，并做好接地保护。

3）干燥系统设计应保证管路中不会因出现结渣或沉积而严重影响系统性能。

4）对于以空气作为干燥介质的系统，连接管路宜短。

5）系统管路与连接件采用标准件。

6）管路的保温制作应符合现行国家标准《设备及管道绝热技术通则》GB/T 4272 要求[23]。

（4）系统安全设计原则

1）电气安全：太阳能干燥系统的电器设备电气安全应符合现行国家标准《机械安全　机械电气设备　第 1 部分：通用技术条件》GB/T 5226.1 的规定；辅助电加热器及其他电气设备的电击防护、防水等级、泄漏电流、电气强度、接地措施应符合 GB/T 5226.1 的规定。

2）雷电保护：太阳能干燥系统应置于避雷保护系统范围中，如不处于建筑物上避雷系统的保护中，应按现行国家标准《建筑物防雷设计规范》GB 50057 的规定增设避雷措施。

3）系统防过热：太阳能干燥系统应设置可靠的防过热措施，在非干燥季或太阳能集热系统采集的热量大于供热负荷时，保证系统能正常运行；太阳能干燥系统配置温度安全泄压阀和排气口不应由于排放蒸汽或热水而对人构成危险。

4）耐候性：太阳能干燥系统暴露在室外的各部件应有良好的耐候性，应能耐受使用地点的最高工作温度和最低工作温度。

5）支撑结构：集热器基座和支架应符合现行国家标准《民用建筑太阳能热水系统应用技术标准》GB 50364 的规定[23]。

2. 太阳能干燥系统结构设计计算

太阳能干燥系统的采光面积会对干燥效果产生重要影响，本节有关太阳能干燥系统的结构设计主要是指采光面积设计计算，着重介绍了温室型太阳能干燥系统和集热器型太阳能干燥系统采光面积的计算。

（1）温室型系统的采光面积计算方法

温室热负荷 Q_0 为干燥时需要的最大热量，可通过物料的热量衡算求得：

$$Q_0 = W_c L_v \tag{8-27}$$

式中　W_c——物料去水量，kg/h；

　　　L_v——蒸发 1kg 水分所需热量，kJ/kg。

根据温室的集热量和物料中水分蒸发需要热量列出能量守恒式：

$$A' n l'_s \eta_d = \delta Q_0 \tag{8-28}$$

式中　A'——温室的采光面积，m²；

　　　n——每次干燥所需日数，d；

　　　l'_s——水平面上的日太阳辐射强度，kg/(m²·d)；

　　　η_d——温室集热效率，%；

　　　δ——太阳热依存变，为干燥室热效率与蒸发效率之积的倒数。

对于单位时间所集热量为 Q 的温室，$\eta_d = Q/l'_s$，带入式（8-28）得：

$$A = \frac{\delta\, Q_0}{nl'_s \eta_d} = \frac{\delta Q_0}{nQ} = \frac{\delta L_v W_c}{nQ}$$

集热量 $Q = V_0 \rho\, C_H t \Delta T$，上式又可化为：

$$A = \frac{\delta L_v W_c}{n V_0\, \rho C_H t \Delta T} \tag{8-29}$$

式中　　V_0——通风量，m^3/m^2；

　　　　ρ——空气比重，kg/m^3；

　　　　C_H——空气比热，$kJ/(kg \cdot K)$；

　　　　t——每天通风时间，h/d；

　　　　ΔT——温室内外空气的温差，K。

（2）太阳能集热器采光面积的确定

由于各地的纬度、海拔高度、气温、太阳辐射强度等地理气候条件各不相同，被干燥物料种类及含水率也有差异，因此干燥每千克（或每立方米）物料所需配置的集热器面积也不同。一般来说，太阳能木材干燥中，每干燥 $1m^3$ 木材配置集热器 $2\sim8m^2$。若所配集热器面积偏小，则干燥室温度低，干燥周期长；若配置的集热器面积偏大，则干燥室温度高、升温快，可缩短干燥周期，但投资增大[24]。

具体到每一种情况所需配的集热器面积，可通过下式计算确定：

$$A = \frac{Q_0}{(\overline{HR_h})(\tau \cdot \alpha)\eta} \tag{8-30}$$

式中　　$(\overline{HR_h})$——倾斜面上的太阳辐射强度，可以用专门的辐射仪测定，$kg/(m^2 \cdot h)$；

　　　　τ——集热器玻璃盖板的透射率，$\%$；

　　　　α——集热器吸热板的吸收率，$\%$；

　　　　η——集热器的瞬时热效率，$\%$。

8.4　太阳能干燥系统的发展趋势

太阳能干燥的一个缺点是当太阳能作为干燥的唯一能源时，并不总是能满足干燥要求。因为太阳能资源是间歇性的，传统的太阳能干燥会因日照和非日照时间循环而导致干燥不连续。因此，一些研究引入了复合太阳能干燥。在复合太阳能干燥系统中，除了太阳能之外，还使用辅助能源来加热干燥空气。除了辅助能源外，将蓄热应用到太阳能干燥系统也得到了广泛的研究。

8.4.1　太阳能—热泵复合干燥

热泵以电力驱动，将低品位热源的热量通过工质传递给高品位热源，获得高温以加热空气。它主要由蒸发器、压缩机、冷凝器和节流阀四部分组成。其热力学过程为：低温低压液态制冷剂从环境温度中吸热，在蒸发器中蒸发成高温低压蒸汽，再经压缩机压缩成高温高压蒸汽，蒸汽放出热量，在冷凝器出口处变成低温高压液体，经过节流阀后，液体变成低温低压液体。

与传统的热风干燥机相比，热泵的优点包括节能、干燥的农业材料的色香味更好，而其局限性是蒸发器在特殊情况下（如结霜后）很难从环境中吸收足够的能量。许多研究指出，环境温度和空气相对湿度会影响太阳能辅助系统的效率。通过对传统单一热泵的研究，发现当环境温度低于5℃，相对湿度高于70%时，热泵蒸发器翅片之间的结霜现象会非常明显，阻碍了空气与翅片的热交换，进而影响热泵的性能。随着环境温度的升高，翅片蒸发器的传热效率和热泵系统的加热效率（COP）逐渐提高。在－3℃的环境温度下，直接膨胀式太阳能辅助热泵系统，当相对湿度在50%～70%之间时，霜冻随着相对湿度的升高而变厚。对于翅片管系统，当相对湿度低于70%时也会出现上述现象，但当相对湿度从70%增加到90%时，系统的COP将得到改善。这主要是因为霜层不厚，热阻增加有限，自然对流换热不受影响，但结霜过程中释放的潜热充分增加了蒸发器的传热。因此，热泵系统可能需要辅助热源来补充蒸发器的能量。而太阳能辅助热泵能够利用太阳能作为辅助热源，同时，通过优化系统设计可以实现高效节能运行。

太阳能—热泵复合干燥系统常见的形式有直膨式太阳能辅助热泵干燥系统和间膨式太阳能—热泵干燥系统。直膨式系统中，太阳能集热器同时作为热泵的蒸发器，与其余部件共同组成热泵循环，进行物料干燥；间膨式系统则是将太阳能集热环路与热泵两个独立工作的环路相结合，对物料进行干燥，其工作方式有：（1）太阳辐射较强时，只利用太阳能对物料进行干燥，不启动热泵系统；（2）阴天或夜间等太阳辐射较弱时，直接使用热泵对物料进行干燥；（3）同时使用太阳能和热泵对物料进行干燥。

使用太阳能对物料进行干燥的过程是：集热器加热的空气由风机直接送入干燥箱或热交换液对物料进行干燥。后者可以更好地控制烘箱内的温度，此外，这种模式在辐照度好的情况下可以快速提高干燥温度。但由于干燥过程缓慢且耗时，在太阳辐照度低于800W/m² 或日照时间短的地区难以满足干燥要求；当太阳辐射为350～800W/m² 时，采用太阳能辅助热泵系统可以保证干燥过程的顺利进行，而且热泵的干燥温度较高，系统运行良好，能满足干燥要求。

因此，在使用太阳能热泵系统进行干燥时，应根据太阳辐照度选择不同的干燥方式。当太阳辐照度大于800W/m² 时，可单独使用集热器干燥物料。当辐照度为350～800W/m² 时，可利用太阳能辅助热泵进行干燥，使系统长期稳定运行。但当环境温度低于5℃、相对湿度大于70%时，热泵就会结霜。因此，系统运行效率低，不适合长期、大规模的干燥。

太阳能辅助热泵干燥系统，有效缩短了干燥周期。研究发现，使用该系统可以使蘑菇的味道和颜色更好，保存时间更长；由于药材的干燥特性对表面承载能力和干燥温度比风速更敏感，所以使用该系统的效果更好。于是分别对相同的物料进行了日晒干燥和太阳能—热泵干燥，比较干燥物料的颜色和质量。表8-3显示了这两种干燥方法下干燥材料的颜色变化[2]。

两种干燥方式干燥物料结果对比　　　　　　　　　　　　　表 8-3

干燥物料 干燥方式	白萝卜	龙胆	天麻
日晒干燥			
太阳能—热 泵干燥			

8.4.2　储热型太阳能干燥系统

由于受到季节、阴晴、云雨、气候变化等偶然因素的影响，太阳能具有较大的不稳定性和随机性，随季节、昼夜的规律变化而呈间歇性，这种间歇性会造成供需矛盾。研究人员发现，将热能存储集成到太阳能干燥系统中，可以改善这种供需矛盾或不确定性。

太阳能热能储存的主要方式有三种类型：第一种是采用没有相变的显热储存；第二种是利用相变（潜热）储热；第三种是热化学储存：用化学反应方式进行热储存。在显热储存中，通过提高固体或液体的温度，利用材料在吸热和放热过程中的热容量和温度变化来存储热能；相变（潜热）储存是指利用物质的相变潜热进行热量储存，储存材料可以在一定温度下经历物质状态的转变，从而吸收或释放热量；热化学储存依赖于在完全可逆的化学反应中破坏和重组分子键时吸收和释放的能量[25]。本节主要介绍热能储存中的显热储存和潜热储存，热化学储存在 8.4.3 小节介绍。

显热储热介质包括液体介质（水、盐水、液态金属等）和固体介质（岩石、沙子、混凝土、砾石等）；相变（潜热）储热材料分为有机类型（石蜡和脂肪酸和乙二醇等非石蜡型）、无机类型（盐水合物和金属）和共晶类型（无机—无机、有机—有机和无机—有机的组合类型）[26]。

Natarajan 等人[27]在印度 Negamam 提出并建造了一种太阳能隧道式干燥器，用于干燥葡萄和苦瓜样品，其实验装置如图 8-6 所示。沙床、岩床和铝屑被用作储热器的材料。在干燥器（使用和不使用蓄热材料）干燥和露天晒干之间进行了比较，以检查样品脱水的有效性。

实验发现，将葡萄样品含水率从 85％降至 10％和将苦瓜样品含水率从 88％降至 6％，在露天晒干中分别用了 80h 和 11h、在无蓄热材料太阳能干燥器中分别用了 53h 和 7h、在使用沙子为蓄热材料的太阳能干燥器中分别用了 28h 和 5.3h、在使用岩床为蓄热材料的太阳

图 8-6 太阳能隧道干燥系统实物图

能干燥器中分别用了 31h 和 6h、在使用铝屑为蓄热材料的太阳能干燥器中分别用了 29h 和 7h。与没有蓄热材料的太阳能隧道干燥机相比，使用蓄热材料的太阳能隧道干燥机的平均热效率提高了 2%～3%。在蓄热材料中，沙子在干燥葡萄和苦瓜时的平均热效率分别为 19.6% 和 15.46%。相较于岩床、铝屑，沙床在太阳能干燥器除湿和热效率方面表现略好。

为了评估间接式太阳能干燥器与石蜡（PCM）结合时干燥马铃薯的性能，N. Vigneshkumar 等人[28]在印度南部进行实验研究，并与不使用 PCM 的太阳能干燥器进行对比。实验选用石蜡作为相变材料，具体实验装置参见图 8-7。本次实验研究了两种情况下干燥切片马铃薯的除湿率、水分比和干燥机入口温度等工艺参数。空气的质量流量保持在 0.065kg/s，干燥器从 10:00 到 19:00 运行。结果表明，太阳能集热器内 PCM 的使用提高了日照后两个小时内的干燥室入口温度。此外，马铃薯切片的水分含量在没有 PCM 的干燥器中从 81% 浓缩到 13.3%，而在 PCM 集成干燥器的帮助下，水分减少到 8.2%。可知在石蜡的帮助下，每天从马铃薯切片中去除水分的重量百分比提高了 5.1%。

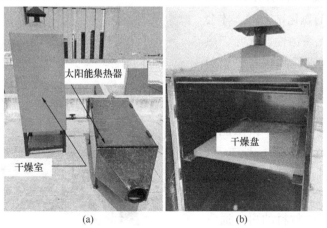

(a) (b)

图 8-7 石蜡 PCM 太阳能干燥器

(a) 完整设置；(b) 干燥室内部

内嵌 PCM 的太阳能干燥系统用于干燥具有多种优势，其通过在白天捕获额外的能量并在日照时间后延长干燥器的运行来提高间接式太阳能干燥器的性能；以高效率生产出质量更好的干燥产品，并且可以在非日照时间使用。一般而言，石蜡是用于太阳能干燥的主要 PCM 材料。

8.4.3 太阳能—吸附材料复合干燥

太阳能热储存除了有显热储存与潜热储存外，还有热化学储存，即利用储热材料发生可逆的化学反应来储存和释放热能。吸附材料作为一种热化学储能介质，被广泛应用到太阳能干燥器中，理论上吸附材料的体积储能密度是显热存储材料的 3 倍，是潜热存储材料的 2 倍而且还具有减少热量损失和允许季节性储存的优势[29]。除了用作储热介质外，吸附材料还可用作太阳能干燥器中的除湿器。

吸附材料在太阳能干燥系统中可用于两个主要目的：除湿和蓄热。①使用吸附材料作为除湿剂的目的是降低干燥空气进入干燥室前的相对湿度。在实践中，通常在太阳能集热器的入口处，在干燥空气的路径中提供吸附材料床。当干燥空气通过除湿床流向太阳能集热器时，吸附材料吸收/吸附空气中的水分子，以降低其相对湿度。这种放热的吸附/吸收过程也会增加干燥空气的温度，然后增强其整体干燥潜力。②至于太阳能干燥系统中的热量储存，解吸过程通常在白天通过太阳能供热进行，这会再生干燥材料的吸附潜力。在晚上，干燥的吸附剂与待干燥的湿产品一起被引入太阳能干燥器。干燥器中的空气停止进入，以便封闭的空气可以通过风扇在吸附剂材料床和待干燥的产品之间再循环。此时吸附过程开始，空气中的水分子被吸附剂吸附，由于该过程是放热的，因此会释放热量。这种热量传递给待干燥的产品，物料中的水释放到空气中，这些水分子便再次被吸附材料吸附并再次释放热量。通过这个循环，产品的干燥继续进行[30]。

1. 吸附材料用作除湿剂

硅胶是最著名的用于物理吸附水蒸气的吸附材料。事实上，标准的白色硅胶是无毒的，只有当硅胶浸渍了水分指示剂（例如具有致癌性的氯化钴）时，才会变得危险[31]。它无腐蚀性、无味、热稳定、有较强的吸水性并且需要相对较低的再生温度，这样的特性使硅胶成为太阳能干燥系统除湿材料的首选。氯化钙水溶液也被考虑用于太阳能干燥中的除湿，因为它也是一种丰富、廉价且无毒的材料，然而它所能提供的处理能力有限。这些在太阳能干燥系统中用作除湿器的材料的再生通常是利用太阳能完成的。

Misha 等人[31] 研究了在低太阳辐

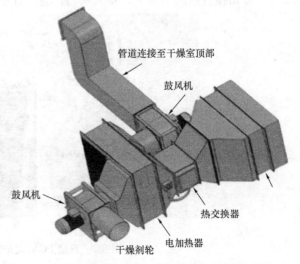

管道连接至干燥室顶部

鼓风机

鼓风机

热交换器

电加热器

干燥剂轮

图 8-8　太阳能辅助固体干燥剂干燥系统详细图解

射下，使用太阳能—固体干燥剂干燥器对红麻芯纤维的干燥情况。为了比较，还同时进行了日光干燥，图 8-8 显示了干燥剂干燥系统详细结构。研究发现，整个干燥室干燥过程的均匀性是可以接受的，因为 5 个随机托盘上的样品在两天内达到了低于 18% 的最终水分含量。与露天干燥相比，使用太阳能干燥器实现产品水分含量低于 18% 的干燥时间从 20.75h 减少到 15.75h。由于电加热器和持续的气流供应，即使在没有阳光照射的情况下，使用干燥系统的过程也能继续进行。平均太阳辐射强度（394W/m²）下的干燥机效率约为 12%，该系统中使用的太阳能百分比约为总能量的 44%。与其他太阳能干燥器相比，这款干燥器的优点是：产生较低的空气湿度（从干燥剂材料中吸附），干燥容量大，产生更好的干燥均匀性，可在低太阳辐射下运行，适用于任何类型的产品。

2. 吸附材料用于蓄热

大多数使用吸附材料进行蓄热的研究都在干燥室上方设置吸附床。在考虑集成到太阳能干燥系统的热化学存储时，需要在此期间实现高能量存储密度和足够的温度水平。为了满足这些要求，一些研究者提出了复合材料，这些研究集中在具有高孔隙率、低成本和低再生温度的适合集成到太阳能干燥系统中的材料上。现有的复合材料已被确定能够表现出优异的吸湿能力并实现深度除湿，它们是通过将吸湿性盐浸入多孔干燥剂主体材料的孔中而获得的。在这方面，氯化钙是最受青睐的吸湿性盐类之一，它很容易获得、价格便宜，在热和化学性能上比其他几种盐水合物更稳定，无毒，并能提供高吸湿干燥和吸附能力，同时可以在相对较低的温度下再生。总体而言，与除湿相比，蓄热在减少太阳能干燥机的干燥时间方面略有优势，不同的研究报告显示，干燥时间减少了 30%～45%。

在炎热潮湿的气候条件下，Shanmugam 和 Natarajam[32] 将质量比为 6：1：2：1 的膨润土、$CaCl_2$、蛭石和水泥的吸附材料用于间接强制对流太阳能干燥器中进行蓄热。在室外对绿豌豆和菠萝片进行实验，研究了三种不同模式下的干燥特性和干燥器性能：①带反射镜的复合干燥；②不带反射镜的复合干燥；③太阳能单一干燥。其实验装置如图 8-9 所示。实验表明，带反射镜的复合干燥在 19h 内可将绿豌豆的含水量从 80% 降到 5%；不带反射镜的复合干燥需要 21h 才能将其含水率降至

图 8-9　太阳能复合储热式干燥剂实验装置图

5%；太阳能单一干燥则需要 2 个日照日（累计 31h）才能达到此效果。带反光镜与不带反光镜的复合干燥与太阳能单一干燥相比分别节省 12h（38.7%）和 10h（32.2%）。菠萝片在带反光镜和不带反光镜的复合干燥中分别需要 28h 和 32h 才能达到平衡含水量；太阳能单一干燥则需要 2 个日照日（累计 34h）才能使其达到相同的湿度水平。带反光镜与不带反光镜的复合干燥与太阳能单一干燥相比分别节省 6h（17.6%）和 2h（5.9%）。该系统的干燥效率在 43% 和 55% 之间变化，拾取效率在 20% 和 60% 之间变化。在所有的干

燥实验中，大约 60％ 的水分通过使用太阳能加热的空气去除，其余的通过干燥剂去除。干燥剂床上的反射镜的作用是使干燥剂材料的再生速度更快。

8.4.4　太阳能干燥与光伏复合系统

由于单一日光温室干燥或隧道干燥受可用太阳辐照度的限制，夜间操作困难。此外，日照度也受季节影响。因此，为了保证夜间和跨季节的使用，需要使用电加热设备进行辅助加热。然而，使用额外的电加热可能会增加干燥成本。因此，利用 PV 或 PV/T 将多余的太阳能以电能的形式储存在电池中，可以解决辐照度不足带来的间歇性干燥的问题。PV/T 集成式温室干燥机可以使其独立于电网工作，是难以获得电力的偏远地区的最佳选择。

有多种干燥结构可应用太阳能光伏组件来辅助温室和隧道干燥。常见的技术之一是光伏驱动系统，即光伏发电为干燥室内的风扇供电。

图 8-10　带有黑色混凝土地板的温室太阳能干燥器

Janjai 等人[33] 开发了带有黑色混凝土地板的抛物线形光伏通风温室太阳能干燥器，如图 8-10 所示。干燥器安装在泰国佛统的 Silpakorn 大学太阳能研究实验室。干燥器的占地面积为 $44m^2$ 并用聚碳酸酯板包裹。系统中设置了一个额定功率为 53W 的太阳能电池板，以提供 3 个直流风扇的运行耗电。实验中，干燥机装载 150kg 新鲜辣椒。结果表明，辣椒可以从 80％ 的水分含量干燥到 10％。干燥时间在 2～3.5 天之间，而露天晒干需要 6 天。由于通风风扇的工作电压阈值相对较低，因此通风风扇在干燥过程中几乎连续运行；由于采用了光伏通风系统，使其可以在没有电网的农村地区使用。

另一种是 PV/T 温室干燥系统。采用光伏集热系统，与单一光伏干燥系统相比，在运行效率和干燥速度上都有一定程度的提高。

Fterich 等人[34] 构建了一个集成 PV/T 的集热混合型太阳能干燥器（Mixed Solar Drying，MSD），测试了 PV/T 集热器在干燥时间和食品质量方面的特性，同时与自然晒干（Direct Solar Drying，DSD）进行了对比实验，其装置如图 8-11 所示。

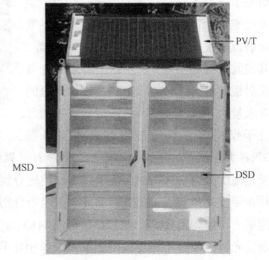

图 8-11　MSD 与 DSD 装置图

与传统的自然干燥相比，PV 或 PV/T 温室干燥可以达到更高的干燥温度，同时保证一定的干燥质量。设计中需要根据干燥机所处的地理位置，在计算太阳方位角后，以最佳倾斜角度安装 PV 或 PV/T 集热器。但是，由于太阳能的不稳定性，在连续阴雨（雪）天的情况下，系统在干燥过程中难以保持稳定的温度。该系统的设备价格虽然相对较低，但受天气和温度影响较大，因此只适用于太阳辐照度充足且温度较高的地区。

本章参考文献

[1]　V. Belessiotis & E. Delyannis. Solar drying[J]. Solar Energy, 2011, 85(8): 1665-1691.

[2]　Zhihan Deng et al. A literature research on the drying quality of agricultural products with using solar drying technologies[J]. Solar Energy, 2021, 229: 69-83.

[3]　岑幻霞. 太阳能热利用[M]. 北京: 清华大学出版社, 1997.

[4]　张壁光. 太阳能干燥系列讲座(2)太阳能干燥的基础知识—湿空气和湿物料的性质[J]. 太阳能, 2008(2): 11-13.

[5]　O. V. Ekechukwu. Review of solar-energy drying systems I: an overview of drying principles and theory[J]. Energy Conversion and Management, 1999, 40(6): 593-613.

[6]　方荣生 等编著. 太阳能应用技术[M]. 北京: 中国农业机械出版社, 1985.

[7]　董仁杰, 彭高军. 太阳能热利用工程[M]. 北京: 中国农业科技出版社, 1996.

[8]　张壁光. 太阳能干燥系列讲座(3)物料的干燥过程[J]. 太阳能, 2008(3): 17-19.

[9]　梁博森. 太阳能干燥知识讲座 第四讲 干燥过程物料水分汽化的规律[J]. 太阳能, 1985(2): 26-29.

[10]　罗运俊 等编著. 太阳能利用技术[M]. 北京: 化学工业出版社, 2005.

[11]　Atul Sharma et al. Solar-energy drying systems: A review[J]. Renewable and Sustainable Energy Reviews, 2009, 13(6-7): 1185-1210.

[12]　Sumit Tiwari et al. Development and recent trends in greenhouse dryer: A review[J]. Renewable and Sustainable Energy Reviews, 2016, 65: 1048-1064.

[13]　J. K. Afriyie et al. Simulation and optimisation of the ventilation in a chimney-dependent solar crop dryer[J]. Solar Energy, 2011, 85(7): 1560-1573.

[14]　李明煜. 蛤仔太阳能干燥系统设计及联合干燥试验研究[D]. 辽宁: 大连海洋大学, 2019.

[15]　Mahesh Kumar et al. Progress in solar dryers for drying various commodities[J]. Renewable and Sustainable Energy Reviews, 2016, 55: 346-360.

[16]　伊松林 等编著. 太阳能干燥技术及应用[M]. 北京: 化学工业出版社, 2021.

[17]　A. A. El-Sebaii & S. M. Shalaby. Solar drying of agricultural products: A review[J]. Renewable and Sustainable Energy Reviews, 2012, 16(1): 37-43.

[18]　刘明乐 等. 太阳能干燥器分类及其在重要干燥中的应用[J]. 中国医院药学杂志, 2008, 28(15): 1323-1324.

[19]　张建国. 太阳能干燥器发展综述[J]. 新能源, 1999, 7: 30-34.

[20]　李戬洪. 我国太阳能干燥器应用[J]. 太阳能, 1999, 4: 23-24.

[21]　李宗楠, 仝兆丰. 整体式太阳能干燥器及其性能评价[J]. 太阳能学报, 1989, 10(1): 14-23.

[22]　唐官鹏, 赵纯清. 低温干燥方法及其在农业工程中的应用[J]. 农业工程, 2016, 6(3): 42-45.

[23]　云南师范大学 等, 太阳能干燥系统通用技术要求[S]. NB/T 34022—2015. 北京: 中国电力出版社, 2015.

［24］ 张壁光. 太阳能干燥系列讲座（5）太阳能供热系统及热计算［J］. 太阳能，2008(5)：18-20.

［25］ Lalit M. Bal et al. Solar dryer with thermal energy storage systems for drying agricultural food products：A review［J］. Renewable and Sustainable Energy Reviews，2010，14(8)：2298-2314.

［26］ G. Srinivasan et al. A review on solar dryers integrated with thermal energy storage units for drying agricultural and food products［J］. Solar Energy，2021，229：22-38.

［27］ Karunaraja Natarajan et al. Convective solar drying of Vitis vinifera & Momordica charantia using thermal storage materials［J］. Renewable Energy，2017，113：1193-1200.

［28］ N. Vigneshkumar et al. Investigation on indirect solar dryer for drying sliced potatoes using phase change materials (PCM)［J］. Materials Today：Proceedings，2021，47(15)：5233-5238.

［29］ H. Jarimi et al. Review on the recent progress of thermochemical materials and processes for solar thermal energy storage and industrial waste heat recovery［J］. Low Carbon Technol，2018，14：44-69.

［30］ Rock. Aymar Dake et al. A review on the use of sorption materials in solar dryers［J］. Renewable Energy，2021，175：965-979.

［31］ S. Misha et al. Performance of a solar assisted solid desiccant dryer for kenaf core fiber drying under low solar radiation［J］. Solar Energy，2015，112：194-204.

［32］ V. Shanmugam & E. Natarajan. Experimental study of regenerative desiccant integrated solar dryer with and without reflective mirror［J］. Applied Thermal Engineering，2007，27(8-9)：1543-1551.

［33］ S. Janjai et al. Experimental and simulated performance of a PV-ventilated solar greenhouse dryer for drying of peeled longan and banana［J］. Solar Energy，2009，83(9)：1550-1565.

［34］ M. Fterich et al. Experimental parametric study of a mixed-mode forced convection solar dryer equipped with a PV/T air collector［J］. Solar Energy，2018，171：751-760.

［35］ 赵荣义　等编著. 空气调节［M］. 4 版. 北京：中国建筑工业出版社，2009.

第9章 太阳能热发电

太阳能热发电技术是一个复杂的系统工程，涉及光学、工程热力学、传热学、流体力学、材料力学、结构力学、化学、物理等多学科知识。同时，太阳能热发电作为一种绿色、友好、可持续、安全环保的发电技术，其工程应用前景非常广阔。本章主要介绍聚光类太阳能热发电系统的工作原理及分类，概述了其系统设计原则、方法以及最新研究进展，以期为今后太阳能热发电技术的发展提供参考。

9.1 太阳能热发电系统工作原理

太阳能热发电就是指通过水或其他工质和装置将太阳辐射能转换为电能的一种发电方式，目前是国内外太阳能应用领域的研究重点和热点之一[1]。太阳能热发电系统原理如图9-1所示。由图可知，太阳能热发电系统主要由五部分组成：太阳能集热系统、吸热与输送热量系统、储能系统、蒸汽发生系统、动力发电系统。其中，前三部分共同构成太阳能集热场，是太阳能热发电系统的核心部分，占系统总投资的一半以上。

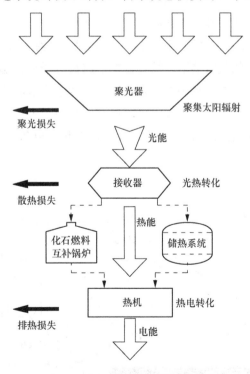

图 9-1 太阳能热发电系统原理图

运行过程中，系统利用聚光集热装置将太阳能收集起来，把传热工质加热到一定温

233

度，经过换热设备将热能传递给动力回路中的工作介质或直接产生高温高压的过热蒸汽，最后驱动汽轮发电机组做功发电。太阳能热发电系统与常规的传统能源热力发电的工作原理基本相同，都是利用朗肯循环、布雷顿循环或斯特林循环将热能转换为电能，两者的区别仅在于热源不同以及太阳能电站一般需配备储能装置[2]。

9.2 太阳能热发电系统的分类

关于太阳能热发电系统的分类，在第1.2节已经有了详细的介绍。在这里将着重对聚光型太阳能热发电技术及其应用进行介绍。

聚光型太阳能热发电系统是利用聚焦型太阳能集热器把太阳能转变成热能，然后通过汽轮机、发电机来发电。根据聚焦形式的不同，聚光型太阳能热发电系统主要有塔式、碟式、槽式和线性菲涅尔式。

9.2.1 塔式太阳能热发电系统

1. 塔式系统介绍

塔式系统又称为集中型系统，在该系统中，选用对太阳能吸收率不同的热流体来配用相应的接收器类型，其工作原理有所差别，下面以熔盐为热流体的塔式系统为例进行介绍。

对于直接蒸汽生产方式的塔式太阳能发电系统，为了获得更高的工质温度，同时为了避免其接收器泄漏，可采用熔盐作为接收器中的吸热流体。

在以熔盐为热流体的塔式热发电系统中，采用熔盐液为接收器的工作介质，经定日镜反射的太阳能聚集到塔顶的接收器上，接收器中的熔盐液受热升温，在加热到600℃左右或更高温度后，被输送到高温储热装置，在热交换装置中将水加热成高温蒸汽，最终驱动汽轮机组发电。为了保证系统能够持续供电，低温储热装置可以将高峰时段的热量进行存储（约280℃），熔盐泵再把低温熔盐液送入接收器加热，以备早晚、阴雨天或者调峰时使用，如图9-2所示。

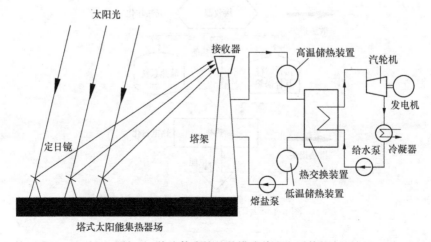

图 9-2　热流体为熔盐的塔式热发电系统

为了避免高温熔盐液温度的散失，可以在接收器附近安装热交换器，高温熔盐在高温热交换器中把中间介质（传热油之类）加热到 500℃或更高的温度后，传热油在储热装置内储存并通过热交换器产生高温蒸汽。

相较于水（蒸汽）电站系统，熔盐电站系统由于高温运行时管路压力较低，甚至可以实现超临界、超超临界等高参数运行模式，从而进一步提升塔式热发电系统的效率，并可以方便地储能，是一种高效、规模化前景较好的技术[3]。

目前，使用熔盐作为热流体的塔式太阳能发电站有我国的新疆哈密 50MW 熔盐塔式发电站、美国的 MSEE 电站及 Solar Two 电站、西班牙的 Solar Tres 电站等。

塔式集热器采用点聚光集热形式，通常配套安装了大面积定日镜场，装有吸收器的集热塔则通常位于定日镜场的中心（见图 9-3）。其聚光比通常为 200～1000，甚至更高，运行温度通常在 650℃以上，属于高温太阳能热发电。目前太阳集热塔的塔高一般为 75～150m。传热工质在吸收器中吸收热能，并在吸收器和蒸汽发生器/储能系统所组成的闭环系统中循环流动，吸收器中的工作介质主要包括水/蒸汽、熔盐、液态金属、空气和二氧化碳等[4]。

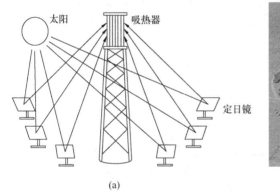

(a)   (b)

图 9-3 塔式集热器示意图与实物图

(a) 示意图；(b) 实物图

每块定日镜安放在一个双轴跟踪的基座上，其表面积一般为 50～150m²，均采用双轴跟踪或单独转动方式将入射光线直接反射到中心吸收器上。定日镜也可使用微凹的镜面，提高太阳光反射性能，但相应地会增加制造成本。塔式聚光集热器的优势在于它可以将大量的太阳能（200～1200kW/m²）聚焦在一个单独的吸收器上，既能减小热损失，又能简化热传递和热存储的方式。这种聚集方式使其能够与化石燃料发电系统进行简单的互补和集成。塔式太阳能热电站容量通常在 10MWe 以上，规模化生产可以有效降低投资和运行成本。对于在更高集热温度下运行的塔式太阳能电站可以采用布雷顿循环，但会对太阳能集热器效率和热功转换效率产生一定影响。

目前，对于塔式聚光集热器，研究人员提出了多种反射型的设计方案。例如，将第二级反射镜安装在塔顶部，而将吸收器安装在地面上，利用第二级反射镜将收集的入射太阳能继续反射至地面的吸收器中。吸收器安装在地平面，将会为后续的系统运行带来诸多便利，同时多级化的光学设计也增加了聚光比，使得定日镜尺寸能够更小，并减少能量损失。此外，还能将透平发电装置安装在吸收器附近，由此可以降低传热工质在传输过程中的热量损失[5]。

塔式系统的优点在于聚光比高、工作温度高；工质流程短，散热损失小；光电转换效率高；提高效率和降低成本的空间大；相对于槽式，对地面平度要求小，选择场地较为灵活；容易实现大容量和长时间储热。其局限在于聚光场和吸热器需要耦合集成，技术难度较高；镜场、吸热器成本高，投资成本较高；对跟踪控制精度要求高[6]。

2. 应用实例——新疆哈密 50MW 熔盐塔式光热发电项目

新疆哈密 50MW 熔盐塔式光热发电项目（见图 9-4），2021 年完成地面 14500 面定日镜安装调试，进入稳定发电期。该项目是我国首批光热发电示范项目，也是新疆首个光热发电示范项目。项目的规划容量为两台 50MW 机组，本期建设一台 50MW 塔式熔盐光热发电机组，总投资 15.8 亿元，设计年利用小时数 3980h，正式投产后每年可以向电网提供 1.98 亿 kWh 清洁电力。

图 9-4　新疆哈密 50MW 熔盐塔式光热发电站

据分析，该项目有三大优势。首先，地理位置优越。项目所在的新疆哈密伊吾县淖毛湖镇，地处天山东麓，是我国太阳能资源最好的区域之一，平均太阳总辐射量约 6200mJ/m^2，全年光照可利用小时数达 4000h。其次，项目采用先进的塔式熔盐发电技术，利用布置于地面的 14500 面定日镜将太阳光反射到位于 181m 的吸热塔上，吸热塔中的熔盐吸收热量，将约 300℃的熔盐加热成 560℃的高温熔盐，再经过热能交换产生高温高压蒸汽，推动汽轮发电机发电。与传统发电相比，光热发电的最大优势是能够将热能储存，实现24h 持续发电，就像"蓄电池"，白天充电，晚上能实现放电。第三，该项目选择了国内首创的五边形巨蜥式定日镜（见图 9-5），载荷分布更加均匀，受力特性好。一方面曲圆形的镜子隐形遮挡面积小，有利于土地资源的有效利用，另一方面"定日镜"通过调试可实现让其"追着太阳跑"，最大限度提升光照效率。

图 9-5 新疆哈密 50MW 熔盐塔式光热发电站定日镜

该项目的顺利投产为新疆光电产业、绿色发展起到了积极示范作用。据悉，项目投产后，每年可节约标准煤 6.19 万 t，减排二氧化硫约 61.89t，减排氮氧化物约 61.89t，减排烟尘约 19.84t；相应地，每年减排温室效应气体二氧化碳 15.48 万 t，实现污染物零排放。

在光伏、风电等一众新能源产业中，光热电站具有连续、稳定输出的优点。在"双碳"目标下，其热能储存、24h 持续发电的特点将成为未来解决新能源并网消纳的一大优势。

9.2.2 碟式太阳能热发电系统

1. 碟式系统介绍

碟式太阳能热发电装置如图 9-6 所示。碟式太阳能热动力发电装置由旋转抛物面聚光

图 9-6 碟式太阳能热发电系统

器、跟踪控制系统、热动力发电机组、储能装置和监控系统组成，电力变换和交流稳压系统构成一个紧凑的独立发电单元。碟式反射镜可以是一整块抛物面，也可由聚焦于同一点的多块反射镜组成[7]。碟式太阳能热发电系统工作原理如图9-7所示。

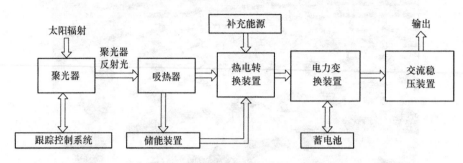

图9-7　碟式太阳能热发电系统工作原理

碟式太阳能热动力发电的基本工作原理是在旋转抛物面聚光器焦点处配置空腔接收器或热动力发电机组，加热工质，推动热动力发电机组发电，从而将太阳能转换为电能。

根据其热力循环原理的不同，碟式太阳能热动力发电装置可以分为以下两种基本形式。①太阳能蒸汽朗肯循环热动力发电：将小型空腔接收器配置在旋转抛物面聚光器的焦点处，直接或间接产生高温高压蒸汽，驱动汽轮发电机组发电。②太阳能斯特林循环热动力发电：将热气发电机组配置在旋转抛物面聚光器的焦点处，直接接收聚焦后的太阳辐射能，加热汽缸内的工质，推动热气发电机组发电。热气机为外燃机，即著名的斯特林热机，故名太阳能斯特林循环热动力发电，简称斯特林发电[3]。

碟式集热器采用点聚焦抛物面反射镜，通过双轴跟踪系统来追踪太阳，将太阳辐射能汇聚在其焦点上，聚光比通常为100～1000。而吸收器则安装在碟式反射镜的焦点上，以收集并吸收太阳辐射热量（见图9-8），吸收器的运行温度为750～1500℃[8]。

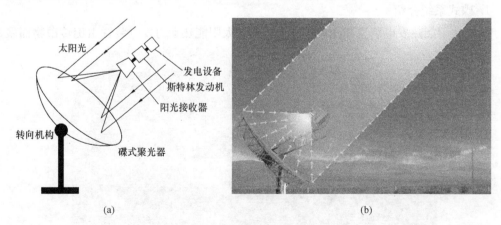

(a)　　　　　　　　　　　　　　　　(b)

图9-8　碟式集热器示意图与实物图

(a) 示意图；(b) 实物图

对于碟式集热器，通常采用两种方式将热能转换为电能。①将各碟式聚光集热器的吸收器相连接，利用传热工质将热量集中输送至中心发电系统，由于需要安装适用于高温工作条件的管道系统和泵送系统，并且传输过程的热损失较大，故这种方式不适合大规模使用。②将热机安装在碟式反射镜的焦点上，热机吸收来自吸收器的热能，并用来产生机械功，而与热机相连的发电机将机械功转换为电能，高温废热排气系统则将余热释放。对于这种利用方式，需要配备精确的控制系统以保证热机的正常运行，并能够与入射太阳辐射能相匹配。这种应用方式的优点在于能将反射镜、吸收器和热机整合在一起作为独立运行单元，然而这种太阳能热发电方式的储能较复杂。

碟式系统的旋转抛物面聚光器成本较高，其反射镜需要有足够的凹曲度以高效地聚集太阳辐射能，同时对跟踪系统灵敏度的要求也较高。对此，研究人员提出各种新结构来解决该难题。例如，采用边长为5cm的等边三角形镜子，通过拼装的方法组成近似于抛物面的聚光镜，从而降低碟式集热器的生产成本。抛物面碟式反射镜技术上的创新，已经推动了该发电技术朝着经济性可承受的方向前进。同时，在反射镜结构和集热器设计方面的进步也将促进这种聚光太阳能热发电方式热效率的不断提高[5]。

综上可以看出，碟式系统具备以下优点：聚光面积较大，光电转换效率较高；系统属于无水工质，对水资源要求极低；选择场地较为灵活，建设周期相对较短；适于模块化组合、产业链污染小等优势，是国际公认的清洁能源技术，具有广阔的发展前景。此外，该系统存在以下不足和局限：核心设备斯特林发动机制造技术难度大，存在泄漏故障可能，维修费用较高；单机容量较小，聚光镜的成本较高。

2. 应用实例

中国船舶重工集团公司711研究所于20世纪80年代将斯特林发动机技术引入中国[9-11]。近年，711研究所将用作潜艇动力的斯特林发动机技术民用化，并成立了上海齐耀动力公司，目前已经成功研制出3台天然气驱动的50kW级四缸双作用型斯特林发动机，其中一台在2010年上海世博会上进行示范性发电，为世博园中的一个餐厅提供电力。

2011年4月，宁夏石嘴山市惠农区境内立起了一套10kW级碟式聚光太阳能热发电系统样机，并在现场进行了试运行。石嘴山地区年均日照时数达到3083.65h，日照时数最长的6月份达到全月日照时数303.6h，全年日照百分率为70%，全年太阳总辐射值为6027MJ/m^2，仅次于青藏高原，为太阳能发电提供了充足的光照资源。该系统中跟踪太阳进行聚光的碟式聚光镜系统由浙江华仪康迪斯太阳能科技有限公司自主研发，系统中的斯特林发动机由瑞典Cleanergy公司提供，由北京斯特林太阳能科技发展有限公司将其引入国内。太阳能热发电系统采用直接照射式太阳能集热器[12]。

2012年9月，我国第一个碟式斯特林光热示范电站正式投运。该电站位于内蒙古鄂尔多斯乌审旗，毛乌素沙漠边缘。电站主要由10台10kW的碟式斯特林发电单元组成，后升级改造为10台11kW的碟式斯特林发电单元，总装机容量110kW。该项目分别由斯特林发电单元、碟盘及其跟踪系统、园区控制及SCADA（监控和数据采集）系统和天气监测系统等构成。该项目采用的是C11S型斯特林发电机，额定输出功率11kW，发电效率达到25%，同时保证了长时间免维护运行。

2019年8月，国内首个兆瓦级碟式光热发电项目由中国航发西安航空发动机集团有限公司投资建成。该项目位于铜川新材料产业园区西侧，是目前国内建设的装机规模最大的碟式斯特林光热发电试验基地。该项目的运行数据将用于开展多能源互补发电技术研究，同时为国家制定太阳能光热发电上网电价及行业标准提供依据。

9.2.3 槽式太阳能热发电系统

1. 槽式系统介绍

槽式太阳能热发电系统全称为槽式抛物面反射镜太阳能热发电系统，图9-9为一个典型抛物槽式电站的工作原理。电站主要包括槽式太阳能集热场和发电装置两部分。整个太阳能集热场是模块化的，由大面积的东西或南北方向平行排列的多排抛物槽式集热器阵列组成。太阳能集热器由多个集热单元串联而成，一个标准的集热单元由反射镜、集热管、控制系统和支撑装置组成。反射镜为抛物槽式，焦点位于一条直线上，即形成线聚焦，集热管安装在焦线上。

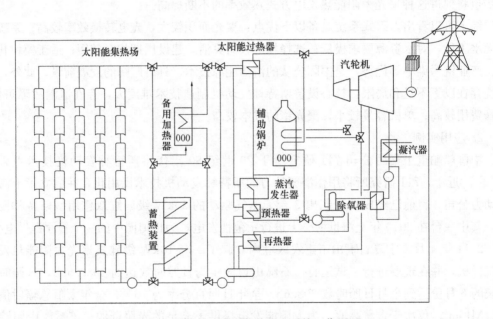

图9-9　抛物槽式太阳能热发电系统工作原理

反射镜在控制系统的驱动下东西或南北向单轴跟踪太阳，确保将太阳辐射聚焦在集热管上。集热管表面的选择性吸收涂层吸收太阳能，并传导给管内的热传输流体。热传输流体在集热管中受热后通过蒸汽发生器、预热器等一系列热交换器释放热量，加热另一侧的工质——水，产生高温高压过热蒸汽，经过热交换器后的热传输流体则进入太阳能集热场继续循环流动。过热蒸汽通过常规的朗肯循环推动汽轮发电机组产生电力，过热蒸汽经过汽轮机做功后依次通过冷凝器、给水泵等设备后再继续被加热成过热蒸汽。

槽式集热器采用抛物槽形的反射镜将太阳辐射能聚集在位于抛物槽焦线的吸收器上（见图9-10）。它是一种线聚焦集热器，聚光性能比塔式系统和碟式系统低，聚光比通常为10～100，吸收器的散热面积也较大，因而集热器介质工作温度一般不超过600℃，属于中温系统。由于目前大部分槽式太阳能电站采用导热油作为载热工质，运行温度一般只

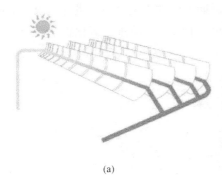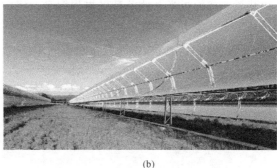

(a)　　　　　　　　　　　　　　　　　　(b)

图 9-10　抛物槽式集热器示意图和实物图
(a) 示意图；(b) 实物图

有 400℃。

抛物槽式聚光集热器由反射镜和支架两部分组成。反射镜由镀银丙烯酸反射材料的薄板弯成抛物线形状制成，许多这样的薄板串联在一起形成长槽形。支架是反射镜的承载机构，为防止反射镜变形和损坏，应尽量与抛物面反射镜相贴合。支架还要求具有良好的刚度、耐候性及抗疲劳能力等，以达到长期运行的目的。

吸收器安装在长抛物形模块沿着焦线的位置，吸收器通常是黑色金属管，金属管外包围着玻璃管，以减少对流散热损失。玻璃管涂有抗反射涂层，以增强透射率，而金属管的表面通常覆盖着选择性涂层，其具有高吸收比和低热发射率的特点，可以将玻璃管和金属管之间的空间抽成真空来进一步减小热损失并提高集热效率。通常选择水、导热油、熔盐等作为传热工质，传热工质循环流过吸收器，收集热量并将其输送到发电系统或者储能装置。由于导热油具有较高的沸点和相对较低的挥发性，其成为优先选择的导热工质。而以水为传热工质的系统称为直接蒸汽发生系统，水在集热器中部分沸腾并且循环通过汽包，蒸汽与水在汽包中分离开来[13]。

槽式系统具备以下显著优势：安装和维修较为方便，技术也较为成熟，风险低，已商业化；设备生产可批量化，成本低；系统对跟踪控制精度要求低且结构简单。同时，也存在一定局限：提高效率和降低成本的空间有限；工质流程长，导致散热损失大；聚光比低、工作温度较低，和塔式系统相比光电转换效率低；对地面平度要求高，抵抗风沙的能力较弱。

2. 应用实例

2020 年，内蒙古乌拉特中旗 100MW 槽式导热油 10h 储能光热发电项目已实现满负荷发电，成为国内同纬度下第一个满负荷发电的光热项目。

该项目是国家首批光热示范项目中单体规模最大、储热时长最长的槽式光热发电项目，由中国船舶集团新能源有限责任公司设计、建设、调试和运维（见图 9-11）。该项目于 2018 年 6 月动工，2020 年 1 月 8 日首次实现并网发电。项目建设实现了核心技术自主可控，中国船舶集团新能源有限责任公司编制了 200 余项光热标准、规范、工艺等技术体系，创造了光热项目单日系统注油 570t 的世界纪录、单日注油 38 个集热回路的世界纪录、集热场一次流量平衡调节精度世界纪录、建设周期和调试周期最短的世界纪录。电站全面投运后，年发电量约 3.92 亿 kWh，年节省标准煤 12 万 t、减排二氧化碳 30 万 t、减少硫氧化物排放 9000t、减少氮氧化物排放 4500t。

图 9-11　内蒙古乌拉特中旗 100MW 槽式光热发电站

9.2.4　线性菲涅尔式太阳能热发电系统

1. 线性菲涅尔式系统介绍

19 世纪，法国物理学家菲涅尔发现大透镜在被分为小块后，依然能够实现相同聚焦的效果，因而人们将利用这种方法得到的光学元件都冠以菲涅尔的名字。20 世纪 60 年代，Giorgio Francia 将菲涅尔反射原理应用到了太阳能的反射聚光上，从而诞生了菲涅尔反射式发电系统。

线性菲涅尔式太阳能热发电站由五部分组成，即线性菲涅尔反射式聚光装置、塔杆顶接收器、储热装置、热动力发电机组和监控系统。图 9-12 为线性菲涅尔式太阳能热发电示意图。菲涅尔式发电站除去条形菲涅尔反射式聚光装置和塔杆顶接收器外，其他储热装

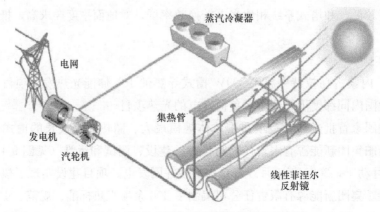

图 9-12　线性菲涅尔式太阳能热发电示意图

置和热动力发电机组则与槽式或塔式太阳能电站相同或相近。

菲涅尔式太阳能热发电的基本工作原理与槽式系统相似，它是采用菲涅尔结构的聚光镜替代曲面镜，应用条形线性菲涅尔反射式聚光装置，将太阳直射辐射聚焦到塔杆顶接收器上，加热工质，产生湿蒸汽，再经过热，推动汽轮发电机组发电，从而将太阳能转换为电能[3]。

线性菲涅尔式集热器，其条状反射镜沿着独立的平行轴线转动，从而将太阳光反射至固定的线性吸收器上（见图9-13）。它的反射镜组合类似于抛物槽形式集热器的线聚焦，其聚光比通常为10～40，运行温度达到50～300℃。例如，在西班牙的PuertoErrado太阳能热发电站中，水通过线性菲涅尔式集热器从140℃被加热到270℃[14]。

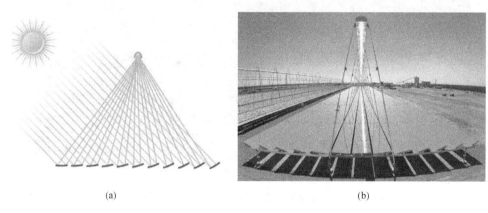

(a)　　　　　　　　　　　　　　　　(b)

图9-13　线性菲涅尔集热器示意图和实物图

(a) 示意图；(b) 实物图

线性菲涅尔反射镜多采用平面镜，使得线性菲涅尔式集热器比抛物槽式集热器的造价低。整个系统包含一系列长条形平面镜阵列，这些平面镜安装在单轴或双轴的跟踪设备上，将太阳光聚焦在集热器上，直接加热工质水。集热器的安装高度一般为10～15m，沿着反射镜阵列并悬吊在其上面。采用一个中心集热器的结构形式也节省吸收器的材料消耗。同时，集热器作为独立的单元，不必利用跟踪装置对其进行支撑，这也使得跟踪器结构更加简单，跟踪精度和效率更高。

此外，线性菲涅尔式集热器也存在一个较为明显的问题，即相邻反射镜之间的光线遮蔽问题。为解决这个问题需要增大反射镜之间的距离，而这势必需要更多的土地；还可以增加接收塔的高度，这样也将增加设备投资成本。目前，在吸收器设计和反射镜的组织布局等方面已经取得了显著进步，使得线性菲涅尔技术相对于其他聚光太阳能发电技术更具有经济性[5]。

与抛物槽式发电系统相比，线性菲涅尔反射式系统具有以下优点：抛物槽式发电系统的镜面是曲面，而且面积很大，不容易加工。线性菲涅尔反射式的镜面是平面，镜面相对较小，加工方便，成本低；线性菲涅尔反射式系统的每面镜面都自动跟踪太阳，相互之间可以实现联动，控制成本低；线性菲涅尔反射式系统镜场之间的光线遮挡较小，场地利用效率高[15]。

2. 应用实例

兰州大成敦煌熔盐线性菲涅尔式 50MW 光热发电示范项目是全球首座正式投入商业运营的熔盐线性菲涅尔式光热电站（图 9-14）。该项目采用兰州大成具有自主知识产权的线性菲涅尔聚光集热技术，并采用熔盐作为集热、传热和储热的统一介质，储热时长 15h，具备 24h 持续发电能力，年利用小时数达 4283h，年发电量约 2.14 亿 kWh。

图 9-14　兰州大成敦煌线性菲涅尔式 50MW 光热发电站

该项目的一次反射镜采用平面反射镜，生产工艺成熟、成本较低，安装距离地面仅 1m，可保持较好的结构稳定性，也会大大降低风阻，减少设备被破坏的概率，更能进行大面积、高效率的自动化清洗，耗水少，维护成本低。同时，因为支撑结构简单，整个光场系统建设的钢材和混凝土消耗量也大大下降。

此外，由于一次反射镜距离地面较低，遮挡较少，采用紧凑型布置方式，安装密度更大，这也使该项目拥有了极高的单位土地面积发电效率。

9.3　太阳能热发电系统设计及评价

9.3.1　设计原则及方法

太阳能热发电系统设计的总体原则是符合国情、技术先进、经济合理、运行安全可靠；讲求经济效益、社会效益，节约能源，节省工程投资，节约原材料，缩短建设周期；在节约用地、用水，保护环境，执行劳动安全和工业卫生等方面要符合现行国家标准规范。

1. 发电站容量及系统方案的确定

太阳能热发电站容量（额定发电功率）依据发电机组容量确定，与太阳辐射资源、环境条件、聚光器功率、吸热器功率等无关，对于同样容量的电站，可对应不同面积的聚光场（镜场）。

新建的发电站根据负荷增长速度，可按规划容量一次设计一次建成或分期建设。由于投资较大，电站对应的聚光场可一次设计分期建设。槽式集热场的导热油主回路和 DCS 设计及建设应按照电站最终容量设置，塔式电站吸热塔高度也按照最终容量设计。大型集热场可分成不同集热模块，不同集热模块输出的热流体可汇入储热单元。

凝汽式发电机组不宜超过 4 台。对于装机容量在 100MW 以内的塔式电站，聚光场对应的吸热器不应多于一个。对于大容量塔式电站，在聚光场设计时考虑多塔。对于以熔融盐为吸热流体的塔式电站，由于传输高温熔融盐工艺难度大、可靠性差、管路成本高，推荐使用单塔系统。

根据太阳法向直射辐射资源、电力负荷的现状和发展、周边热力负荷特性，在经济合理的供热范围内，可建设热电联供式太阳能热发电站。在太阳能资源与煤炭或石油资源均丰富的地区，可以因地制宜地建设太阳能与煤或石油天然气互补的混合燃料发电站。根据企业规划中发展热、电负荷的需要，可建设适当规模的企业自备热电联供式太阳能热发电站。

2. 发电站机组压力参数的选择

发电站机组压力参数选择宜近期、远期建设统一规划，并宜符合下列规定：

（1）发电站单机容量为 1.5MW 及以下的机组，宜选用次中压或中压参数；容量为 3MW 的机组，宜选用中压参数；容量为 6MW 的机组，宜选用中压或次高压参数；容量为 6MW 以上的机组，宜选用次高压参数。

（2）凝汽式发电站单机容量为 3MW 的机组，宜选用次中压参数；容量为 6MW 及以上的机组，宜选用中压或次高压参数。

（3）在同一发电站内的太阳能集热器，宜采用同一种规格，输出同一参数热媒；在同一发电站内的发电机组，也宜采用同一种参数。对于槽式和塔式混合集热的电站，可选用串联方式加热热媒。槽式作为前级加热，具有高聚光比的塔式作为后级。

3. 太阳能吸热器传热介质的选用

传热介质可选用水/水蒸气、导热油、熔融盐，储热介质可选用水/水蒸气、导热油、熔融盐、液态金属、混凝土、陶瓷和鹅卵石等。汽轮机工质为水/水蒸气。使用自来水作为工质的电站，必须对水的预处理设备做去氯离子要求，否则会对 RO 制水系统造成永久性损害。

4. 发电站对环境影响的控制

在电站设计中，需注明发电站的聚光器、储热、传热材料废弃后的处理方案，尤其是对于使用量大的储热介质。采用水作为传热及储热介质是非常环保的手段。

对聚光场施工时破坏的地表，应提供土地恢复方案。废水、污水、光污染及噪声等各类污染物的防治与排放，应符合国家环境保护方面的法律、法规和标准的有关规定，并应符合劳动卫生与工业卫生方面标准的有关规定，达到标准后方可排放。污染物的防治工程设施及劳动卫生、工业卫生设施必须与主体工程同时设计、同时施工、同时投产。

5. 发电站的抗震及抗风设计

集热系统包括聚光器和吸热器。聚光器是一种光学设备，要求精度较高。如果聚光器地基或支撑结构发生变形，则其精度将受到极大影响，对整个电站工作状态都会产生巨大影响，甚至引起聚光场报废。聚光器的抗震设计应按当地 100 年一遇的标准。吸热塔必须符合现行国家标准《建筑抗震设计规范》GB 50011 的有关规定，发电站的聚光器设计也应考虑抗震。发电站的聚光器和吸热塔等的抗风设计，应按照当地 100 年一遇的风力标准。

6. 聚光场设计原则

聚光场面积的确定是电站设计的核心。一般采用设计点概念进行聚光场面积计算。设计点是太阳能热发电设计中一个很重要的概念，可用设计点方法来确定聚光、吸热、储热、发电等各个环节的参数。设计点的要素有时刻、环境温度、风速等。在时刻选取上，一般可选春分或秋分的正午，环境温度可取年平均气温，风速可取年平均风速。

在确定机组容量时，设计点对应的太阳法向直射辐照度取法有两种。第一种：取太阳法向直射辐照度等于 1kW/m²，此时设计的聚光场面积较小。若计算所得的聚光场面积在辐照未达到 1kW/m²，场的输出将无法直接满足发电和储热系统的需要。第二种：用当地的年平均太阳法向直射辐照度，此时设计的聚光场面积较大。聚光场的输出一般可以满足储热和汽轮机的能量需求。但当太阳辐照大于年平均值时，聚光场有一部分要关闭。

为使一次投资较大的聚光器能最大限度地发挥作用，一般按照第一种方法设计聚光场。太阳能热发电站的年容量因子由设计点和发电站运行模式决定。储热容量由发电机组容量、发电站年容量因子、发电站运行模式决定[16]。

聚光场的设计应考虑到聚光器之间的相互遮挡和阴影对聚光效率的影响，同时也要考虑土地利用率、聚光场和储热系统扩展的需要。一般槽式聚光场占地是槽式聚光器采光口总面积的 2.5 倍，塔式聚光场占地是定日镜采光口总面积的 4~6 倍，与塔高有关。在我国，建设用地指标较为紧张，聚光场的占地可为租用地，采取点征方法计算占地面积。太阳能热发电站发电机组和控制车间等占地必须是建设用地。

9.3.2 太阳能热发电系统的能量平衡原理

1. 能量平衡及分析

图 9-15(a)、(b) 分别表示晴朗天气下，太阳能热动力发电站冬季和夏季白天的典型运行模式。图 9-15(a) 表明，冬季太阳辐射强度弱，早晨 8:00 系统启动，开始集热，下午 17:00 终止集热，停机。白天太阳辐射能只能供给机组满载运行所需能量的 80%，其余由辅助能源供给。图 9-15(b) 表明，夏季太阳辐射强度大，早晨 7:00 开始集热，系统启动，下午 18:30 终止集热，停机。白天太阳辐射能不但可以供给机组满载运行，而且还有多余的能量储于储热装置中，留待晚间与辅助能源共同供给机组运行，直到深夜停机。这是太阳能热动力发电系统最典型的能量平衡关系，也是最典型的系统运行方式。这里最关键的是，根据建厂地区的太阳能资源、天气条件以及常规能源形势选择好太阳能热动力发电站可能全天稳定运行的比额定发电功率，即图 9-15 中的上水平线，称为电站容量线。

显然，在确定的太阳能资源条件下，若电站容量线选择太高，则需增大设置储热容量或辅助能源，才能满足电站冬季运行的需要；若选择过低，则夏季不能充分利用太阳辐射能资源。所以，电站容量线的合理选择，既可保证电站稳定运行，又可充分利用夏季丰富的太阳辐射能资源，一般还可使电站投资降低 30%[12]。

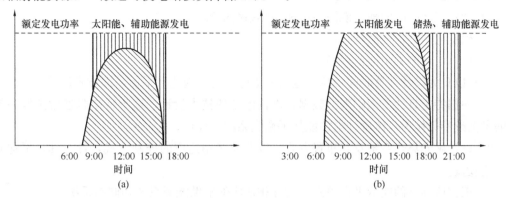

图 9-15　太阳能热发电站在冬季和夏季晴朗天气时典型运行模式[17]

(a) 冬季白天；(b) 夏季白天

根据能量守恒定理，由以上分析得太阳能热发电站的系统能量平衡方程为：

$$E_G = \eta_e(Q_u \pm \eta_v Q_v + \eta_h Q_h) \tag{9-1}$$

式中　E_G ——太阳能热电站发电量，MJ；

　　　Q_u ——太阳能集热系统的有用能量收益，MJ；

　　　Q_h ——辅助能源提供的热量，MJ；

　　　Q_v ——太阳能蓄热装置可提供的储热容量，MJ；

　　　"$\pm$" ——蓄热装置蓄热时取"$-$"，放热时取"$+$"；

　　　η_e ——热动力发电机组的发电效率，%；

　　　η_v ——蓄/放热效率，%；

　　　η_h ——辅助能源锅炉效率，%。

太阳能是不稳定的能源。作为商用发电的太阳能热动力发电站，其热动力发电机组须设计为在某一个合理的时间区段内按某一个稳定工况运行，机组的随机参数运行不可取。所以太阳能热动力发电站的能量平衡原理是：利用储热和辅助能源系统补足太阳辐射能量的随机变化差额，使其成为系统的等效稳定二次输入能源，从而保证热动力发电机组的稳定运行。

分析式（9-1）可知，一般有以下 3 种情况：

（1）$\eta_e Q_u > E_G$，表示集热系统收集的太阳辐射能大于热动力系统发电所需要的能量，多余热能储存在储热装置。通常，这是夏季运行工况。

（2）$\eta_e Q_u = E_G$，表示集热系统收集的太阳能正好满足系统发电所需要的能量。这时辅助系统和储热系统均停止工作。一般，这种运行工况不会持久。

（3）$\eta_e Q_u < E_G$，这是太阳能热动力发电系统的正常运行工况。在太阳能热发电站中，作为系统一次输入能源的太阳能，经常处于供给不足状态。

2. 太阳能热发电站的能量平衡设计

（1）以年为设计计算时间单位，这是考虑电站的宏观能量平衡设计。

1）根据电站所处地区年平均太阳辐射能资源和天气等条件，确定合理的电站容量线，即比额定发电功率，最终选定电站的最佳额定装机容量。

2）确定与之匹配的辅助能源系统和储热系统的容量。

3）确定电站的最佳经济指标。

4）计算电站的太阳能依存率。

（2）以日为设计计算时间单位，这是考虑电站的微观能量平衡，即技术设计。

1）根据特定日的太阳辐射能数据，进行电站的技术设计。这个特定日通常选取一年中的冬至或春分作为具体设计电站能量平衡关系的计算点。

2）设计聚光集热系统及其布置方式，以及与之相适应的控制方式，计算其日平均有用能量收益。

3）根据所确立的能量平衡关系，设计相适应的辅助能源系统和储热系统。

总之，对任何一种形式的太阳能热动力发电站，进行能量平衡分析是其全部设计工作的起点，贯穿于全部设计进程中，最后归结为全部设计的最终目标，从而确立电站经济运行的基础[12]。

9.3.3　太阳能热发电系统循环效率

由热力学可知，卡诺循环假定工质在恒定温度 T_1 和 T_2 下吸热和放热，而在定熵条件下膨胀和压缩。所以卡诺循环是热力循环的理论极限，其效率表示为：

$$\eta = \frac{T_1 - T_2}{T_1} \qquad (9\text{-}2)$$

由此可见，对任何一种热力循环，为要获得更高的循环效率，需要尽可能地提高工质的初始温度 T_1 并尽可能地降低放热温度 T_2。在系统的放热温度主要取决于周围环境温度，通常是个固定值。因此，为了提高循环系统的热效率，重要的方法之一是提高循环系统工质的初始温度 T_1。对于太阳能热发电就是提高聚光集热装置的集热温度。已知不同设计的聚光集热装置，具有不同的工作温度和不同的集热效率。这样，太阳能热发电系统的理想发电效率 η_e 就是卡诺循环效率 η 和太阳能聚光集热装置集热效率 η_c 的乘积，即：

$$\eta_e = \eta\eta_c \qquad (9\text{-}3)$$

理论上卡诺循环效率随工质初始温度的提高而增大，但太阳能聚光集热装置的集热效率却随其集热温度的提高而降低。因此，由式（9-3）推理可知，所有太阳能热发电系统都存在一个最佳工作温度值。在这个温度下，式（9-3）中的 η_e 有最大值，并可由数学模型求得。以上是从热系统效率分析上对太阳能热发电系统的效率做定性地阐述。为了能更简便地说明问题，在这里借用了卡诺循环效率。实际上，太阳能热发电系统大多是按朗肯循环工作的，其电站总效率要比式（9-3）所计算的理论值低很多[17]。

9.3.4　太阳能热发电的依存率

太阳能热发电的太阳能依存率 f 定义为年平均太阳能总供给量与年电站额定工况运行

所需供给的一次能源总量之比，即：

$$f = \frac{\bar{H}\,\bar{\eta}_c}{\bar{E}_G / \eta_e} = \bar{\eta}_c\,\eta_e\,\frac{\bar{H}}{\bar{E}_G} \tag{9-4}$$

式中　$\bar{H}$——年平均太阳能总供给量，MJ；

$\qquad\bar{E}_G$——电站额定工况运行的年总发电量，MJ；

$\qquad\bar{\eta}_c$——集热装置年平均效率，%。

可以看出，太阳能依存率只在年平均概念上才有实际意义。从物理含义上讲，它表示年平均太阳能设备对太阳能供给的可依赖程度。不足部分由辅助能源供给，以保证系统的正常运行[17]。

9.4　太阳能热发电系统发展趋势

9.4.1　聚光型太阳能热发电技术的发展趋势

1. 太阳能热动力联合循环发电技术

以色列 LUZ 公司的槽式太阳能热动力发电与天然气相结合，组成双能源联合循环发电；澳大利亚太阳热和动力工程公司应用线性菲涅尔聚光集热系统为燃煤热力发电厂锅炉给水预热。这种联合全都取得了明显的效益，足以说明努力实践太阳能—常规能源联合循环发电，对发展太阳能热动力发电技术的重要性。目前，不少学者提出了多种形式的太阳能—常规能源联合循环发电方案，如双能源、双工质、双循环等，这些都有待于深入研究和实验评估。

2. 关键部件技术研发

为了提高太阳能热动力发电站的工作性能和降低电站比投资，人们已提出了不少新的技术概念，着力研发先进的太阳能聚光集热系统。如对槽式太阳能热动力发电，研发复合空腔集热管，以及发展直接产生蒸汽技术；对塔式太阳能热发电，研发双工质复合容积接收器以提高聚光集热装置的效率、工作温度和运行可靠性，开发新型定日镜镜架结构，发展镜面面积为 200m² 的超大型定日镜，以求降低定日镜阵列的比投资。

碟式太阳能斯特林循环热发电系统，尤其太阳能自由活塞式斯特林循环热发电系统，技术发展优势十分明显。但作为其组成部件的聚光系统，目前技术上仍相对落后。碟式太阳能热动力发电装置的比投资大约是槽式太阳能热动力发电站的 2 倍，要降低其比投资，重要的是降低斯特林热机和旋转抛物面聚光器的制造成本。为此，当前该技术研发的主要目标是开发大型自由活塞式斯特林发电机组和新型结构的旋转抛物面聚光器。

3. 高效率、大容量、高聚光比的太阳能热发电系统

建立高效率、大容量、高聚光比的太阳能热发电系统是降低发电成本的主要研究方向。为此，需要解决系统材料、中高温储热材料、中高温传热换热等方面的技术问题，解决以聚光器和吸热器为主要代表的单元技术问题，同时通过系统优化、模拟与仿真等技术

手段，进一步探索降低能耗、提高系统效率、提高系统运行可靠性和稳定性的技术措施。

4. 太阳能热发电标准体系的建立

在科学研究过程中，标准制订应紧随其后，实际上标准制订、修改、完善本身就是科研的内容之一。目前为止，包括 ISO 和 IEC 等世界权威标准组织在内仍然没有太阳能热发电技术标准，这也是新兴学科的特点[3]。

9.4.2 太阳能互补发电系统

1. 太阳能互补发电系统的概念

鉴于早期单纯以太阳能模式运行的太阳能热电站存在诸多问题，特别是考虑到开发太阳能热发电系统的投资和发电成本以及目前的储热技术还不够成熟等，太阳能与常规发电系统相结合的多能源互补系统得到了广泛关注。太阳能与其他能源综合互补的利用模式，不仅可以有效解决太阳能不稳定的问题，同时常规发电技术的引入利于降低开发利用太阳能的技术和经济风险。对化石燃料锅炉或核动力锅炉等进行有益的补充，该复合系统称为集成太阳能联合循环（Integrated Solar Combined Cycle，ISCC），其具有清洁高效等优势[18]，一方面可降低应用可再生能源的投资规模，另一方面也有助于减少一次能源投入、降低碳排放[19,20]。在这种模式下，对传统发电站增加太阳能区，太阳能区以水为输入，对其加热产生过热蒸汽，并在最高温度（高温操作）或低于最高温度（中低温操作）处提供这些蒸汽。

ISCC 的一个显著优点是在有限的额外投资下，利用传统的发展成熟的发电技术构建太阳能组件，从而充分利用太阳能。同时，ISCC 也可在不影响正常运行的条件下通过增加太阳能组件对现有的化石燃料发电厂进行改造。因此，ISCC 是传统发电厂和太阳能发电厂的共赢结合，既可降低资金成本，又能持续供电。ISCC 的另一个优点是可增加每日用电高峰时或年度空调满负荷运行时的发电。因此，通过增加太阳能区，对某一地区的同一设备，发电厂的额定容量可大幅降低。

循环的平均吸、放热温度及等效卡诺热效率计算值和各种单循环的工作温度范围是构成联合循环时必须考虑的因素。高温循环适合作联合循环的顶循环，中、低温循环适合作底循环的底循环。按照高、低温循环的温度范围，联合循环可以设计成以下几种组合：布雷顿—朗肯联合循环、布雷顿—卡林纳联合循环、布雷顿—斯特林联合循环、蒸汽朗肯—有机朗肯联合循环、朗肯—卡林纳联合循环等。各种理论联合循环都得到了广泛研究，特别是在太阳能和余热等中、低温热源利用技术中，但还都存在一定技术瓶颈。布雷顿—朗肯联合循环是各种联合循环中技术最为成熟的一种，在太阳能热利用领域也得到了广泛关注。

太阳能由于其自身能源特点，目前在联合循环中利用的主要形式是作为一种混合热源，辅助循环中的加热过程。中温槽式太阳能集热系统可以与底部朗肯循环联合，而高温碟式太阳能集热系统可以通过煤气化与顶部布雷顿循环联合。

2. 互补系统的形式

太阳能与化石能源互补系统有多种形式，根据所集成的常规化石燃料电站的不同，可以分为三类。第一类是将太阳能简单地集成到朗肯循环（汽轮机）系统中（见图 9-16），这种方案可以有效减少燃料量，节约常规能源和减少污染物排放。第二类是将太阳能集成到布雷顿循环（燃气轮机）系统中（见图 9-17），利用太阳能加热压气机出口的高压空气，以减少燃料消耗。这类电站的典型代表为 REFOS 工程，太阳能将空气加热到 800℃，然后进入燃烧室再经过燃料加热到 1300℃，最后进入燃气轮机膨胀做功，实现太阳能向电能的转化。该系统的太阳能净发电效率高达 20%，对应的太阳能份额为 29%。该类电

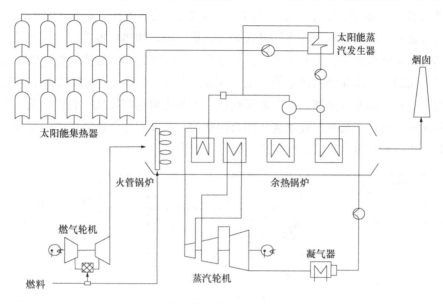

图 9-16　太阳能与化石能源互补的联合循环系统

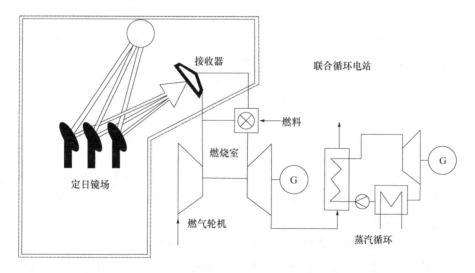

图 9-17　太阳能预热空气的多能源互补发电系统

站发展的难点在于吸热器需要耐高温和热冲击的材料，另一个难点在于高压空气经过吸热器时压力损失要小。一种新的容积腔式吸热器可以直接将高压空气加热到 1300℃，太阳能在系统中的份额将大大提高。第三类是将太阳能集成到联合循环中，即太阳能整体联合

循环系统（Integrated Solar Combined Cycle System，ISCCS）。ISCCS 是当前商业化程度最高、运营案例最多的集热式太阳能复合热发电系统[21]。根据所采用的太阳能集热技术和集热温度，可以实现不同温度的太阳能热的注入方式，其中最为典型的方式是将太阳能注入余热锅炉中或者直接产生蒸汽注入汽轮机的低压级。

3. 太阳能—燃气—蒸汽整体联合循环系统

ISCCS 是在燃气—蒸汽联合循环的基础上投入太阳能集热系统取代蒸汽朗肯循环中的某一段来加热工质的热发电系统。在燃气—蒸汽联合循环系统中，加入利用太阳能预热空气的集成系统，压气机出来的空气进入太阳能集热场，加热后再进入燃烧室燃烧，可节省化石燃料。在此系统中，一般选用塔式集热装置，可以将空气加热到更高的温度。

槽式太阳能与整体联合循环系统集成的系统如图 9-18 所示。从槽式太阳能集热场来的热量被输送到太阳能过热器、太阳能预热器、太阳能再热器等几个装置。从凝汽器来的给水，经除氧后被送至余热回收系统（即余热锅炉）及太阳能集热器场中，实现预热、蒸发及过热，生产的过热蒸汽进入汽轮机高压缸进行发电。

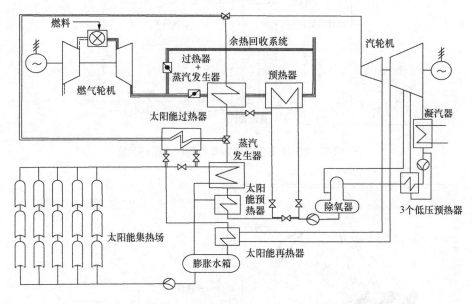

图 9-18　槽式太阳能与整体联合循环系统集成的系统示意图

燃气机排气与太阳热能共同完成给水的预加热以及蒸汽的过热。因此，与常规的联合循环电厂相比，在 ISCC 电厂中，因为太阳能的辅助，所以能够产生压力更大、温度更高的蒸汽。与单纯的太阳能槽式集热电厂相比，蒸汽参数也明显提高。因此，ISCC 电厂的效率要高于单纯的太阳能槽式集热电厂和常规的联合循环电厂。

与太阳能与朗肯循环的集成相比，预热空气系统中，工质被加热到更高的温度，太阳能部分的发电效率提高。工质做功能力增强，系统热效率增加，系统投资的回收期限也进一步降低，但是接收器高温运行对设备的材质要求比较高。

图 9-19 是中国科学院电工研究所进行燃气/燃油与太阳能槽式和塔式电站互补运行的北京八达岭太阳能热发电试验电站方案。

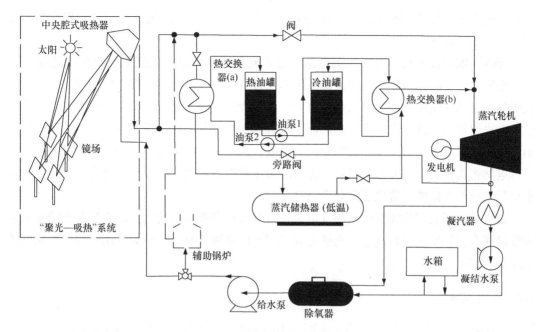

图 9-19　八达岭太阳能热发电试验电站的方案

ISCCS 发电技术将槽式太阳能热发电与燃气—蒸汽联合循环发电技术结合在一起，这种整体联合循环系统具有如下特点。

（1）发电热效率高。目前采用 ISCCS 的电厂净热效率可达 60％以上，比常规大型天然气—蒸汽联合循环发电厂的热效率（一般为 45％～50％）高 15％～20％，有望达到 65％～70％。

（2）优越的环保特性。ISCC 系统采用天然气作为主要燃料，利用太阳能，对周边环境无任何污染物排放，而天然气作为清洁能源其各种污染物排放量都远低于国际先进的环保标准，能满足严格的环保要求。

（3）燃料适应性广。可燃用满足燃气轮发电机组的各种燃料，包括天然气、LNG、煤制天然气等。

（4）节水。ISCC 项目用于多处干旱、沙漠等太阳能资源丰富的地区，机组冷凝系统均采用空冷系统。且 ISCC 机组中蒸汽循环部分占总发电量的 1/2，使 ISCC 机组比同容量的常规天然气—蒸汽联合循环发电机组的发电水耗大大降低，约为同容量常规天然气—蒸汽联合循环发电机组的 60％。

（5）可以实现多联产。ISCC 项目本身为太阳能热发电与天然气联合循环发电的结合体，通过利用太阳热能，还可以引入生物质燃料作为辅助热源，使资源得以充分综合利用，从而使 ISCC 项目具有延伸的产业链。

（6）对电网影响小。ISCC 项目利用燃气轮发电机组作为稳定负荷，可避免纯槽式太阳能热发电项目受外部环境影响、负荷变化大，对电网产生较大冲击。

ISCC 项目作为槽式太阳能热发电系统的一种新兴形式，已越来越多地受到国际社会关注。ISCC 太阳能一体化装置效率加倍。尽管太阳每日每时的强度不同，但太阳能的发电效率提高了。与常规燃气发电机发电率（50％～55％）相比，这种联合体装置在高峰时间的发电率可以达到 70％。

ISCCS 发电技术和太阳能与朗肯循环的集成系统在高温太阳能聚光集热系统部分的设计是完全一样的，只是在常规能源系统部分有所不同。燃气热力发电厂应用燃气轮发电机组发电，燃气轮机的尾气排入余热锅炉，再作余热利用，加热工质，产生蒸汽，推动汽轮发电机组发电。这种太阳能—常规能源联合循环发电方式具有以下的特点：适用于以太阳能为主、天然气为辅的双能源联合循环发电。这样，电站中将不再设置储热系统，从而降低电站初次投资；对天然气做到了充分的余热利用；主要适用于和新建燃气、蒸汽热力发电厂组成的太阳能—常规能源联合循环发电。

总之，太阳能双能源联合循环发电系统具有其自身所独有的特点。它是自然能源和常规能源联合循环发电的新概念，能够充分发挥不同能源各自的特点与作用，其节能减排效益十分明显[3]。

本章参考文献

[1] 许成祥，郄恩田，李成玉. 土木工程学科发展与前沿[M]. 北京：中国建筑工业出版社，2020.

[2] 黄湘，王志峰，李艳红 等. 太阳能热发电技术[M]. 北京：中国电力出版社，2012.

[3] 张耀明，邹宁宁. 太阳能热发电技术[M]. 北京：化学工业出版社，2019.

[4] Duan L，Yu X，Jia S，et al. Performance analysis of a tower solar collector-aided coalfired power generation system[J]. Energy Science & Engineering，2017，5(1)：38-50.

[5] 洪慧，金红光，刘启斌 等. 太阳能热发电系统集成原理与方法[M]. 北京：科学出版社，2018.

[6] 董双岭. 太阳能光热光电的高效吸收与传递[M]. 北京：科学出版社，2019.

[7] 杨天华. 新能源概论[M]. 北京：化学工业出版社，2013.

[8] Li Y，Choi S S，Yang C，et al. Design of variable-speed dish-Stirling solar-thermal power plant for maximum energy harness[J]. IEEE Transactions on Energy Conversion，2015，30(1)：394-403.

[9] 金东寒. 热气机工作过程的模拟计算及其实验[D]. 武汉：武汉水运工程学院，1984.

[10] 沈建平，金东寒，顾根香. Stirling 发动机燃烧及换热分析[J]. 热能动力工程，1998，1：6-10.

[11] 顾根香. 四缸双作用热气机性能仿真研究[D]. 北京：中国舰船研究院，1998.

[12] 代彦军，葛天舒. 太阳能热利用原理与技术[M]. 上海：上海交通大学出版社，2018.

[13] Sun J，Liu Q，Hong H. Numerical study of parabolic-trough direct steam generation loop in recirculation mode：characteristics，performance and general operation strategy[J]. Energy Conversion and Management，2015，96：287-302.

[14] Zhu G，Wendelin T，Wagner M J，et al. History，current state，and future of linear Fresnel concentrating solar collectors[J]. Solar Energy，2014，103：639-652.

[15] 黄素逸，林妍，林一歆. 新能源发电技术[M]. 北京：中国电力出版社，2017.

[16] 王志峰. 太阳能热发电站设计[M]. 北京：化学工业出版社，2019.

[17] 刘鉴民. 太阳能利用：原理·技术·工程[M]. 北京：电子工业出版社，2010.

[18] 张祖贤，段立强，王振，任玉杰. 太阳能互补联合循环系统典型日变工况特性研究[J/OL]. 华北电力大学学报(自然科学版). 2021-12-13[2022-6-1]. https：//kns. cnki. net/kcms/detail/13. 1212. TM. 20211213. 1118. 002. html.

［19］　裴杰，赵苗苗，刘明义 等. 太阳能与燃气—蒸汽联合循环发电系统优化［J］. 热力发电，2016，
　　　　45(1)：122-125，131.

［20］　Duan L，Qu W，Jia S，et al. Study on the integration characteristics of a novel integrated solar combined cycle system［J］. Energy，2017，130：351-364.

［21］　马士英，崔凝，刘洋，吴铭棉. 基于动态仿真模型的 ISCCS 热力特性研究［J］. 中国电机工程学报，2016，36(4)：1025-1035.

第10章 多功能复合太阳能利用技术

单一功能的太阳能热利用系统存在设备利用率低、安装空间需求大等问题,多功能复合太阳能热利用技术在一定程度上可以克服上述问题,进一步提升太阳能的全年利用率。例如,既可为用户供暖,又可为用户提供生活热水的热水/供暖两用复合系统;除了满足用户热水和供暖负荷外,还可满足用户夏季空调负荷需求的太阳能热水/供暖/空调三功能于集一体的多功能复合技术。此外,若采用太阳能 PV/T 技术,在实现太阳能光热利用的同时,还可为用户提供部分电力供应。针对上述多功能复合太阳能利用技术,本章将逐一介绍其结构原理、种类、设计方案及性能研究分析等相关内容。

10.1 热水/供暖两用复合系统

在我国北方地区,用于建筑供暖的能源消耗占建筑总能源消耗的 23%,而在住宅建筑中,热水消耗的能源几乎占其总能源消耗的 1/4。此外,由于能源使用强度和建筑面积的增加,能源消耗总量正在迅速增长。然而,我国将一次能源消耗总量限制在 48 亿 tce 以内,建筑领域能源消耗总量限制在 11 亿 tce 以内。因此,为了解决能源消耗和限制用量间的冲突,需要采用可再生和清洁能源。其中,太阳能的利用成为人们关注的焦点。

太阳能光热能量是最容易获取的可再生能源,如前所述,传统太阳能供热技术可为用户提供热水或为建筑供暖。基于传统太阳能供热技术,学者们进一步提出了可同时为用户提供生活热水和建筑供暖的两用复合系统。根据所采用辅助热源设备的不同,太阳能热水/供暖两用复合系统可进一步分为传统辅助热源热水/供暖系统和太阳能辅助热泵热水/供暖系统。针对这两类系统,本节将分别介绍其基本系统组成、工作原理、分类及典型系统的性能分析。

10.1.1 传统辅助热源热水/供暖系统

传统辅助热源热水/供暖系统是指基于传统辅助热源设备的太阳能热水/供暖两用系统,该系统将太阳能集热环路与传统辅助热源设备相结合,同时为用户提供生活热水和供暖。与单独的太阳能热水系统相比,该系统长期保持较低的工作温度,有利于太阳能集热效率的提升;与传统供暖系统相比,该系统主要利用太阳能满足供暖负荷需求,有利于建筑节能,降低碳排放量。

1. 结构与原理

传统辅助热源热水/供暖系统将集热器收集的热量为用户提供生活热水和建筑供暖,并且在收集太阳能和将产生的热量传输到存储设备方面类似于太阳能热水器。图 10-1 为丹麦人于 20 世纪 90 年代设计的典型热水/供暖两用系统[1]。该系统主要组成部件包括太

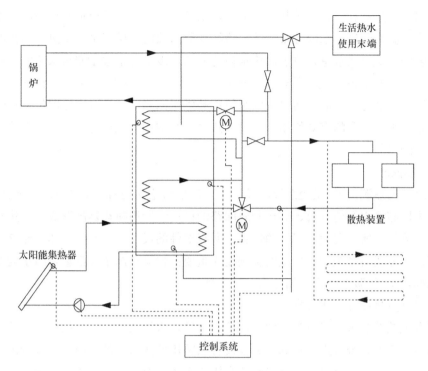

图 10-1　以锅炉为辅助热源的热水/供暖系统

阳能集热器、储热水箱、浸没式换热器、辅助加热器、散热器末端和生活热水使用末端。

　　在建筑供暖模式下，当太阳能集热器的出口温度高于储热水箱底部温度时，控制系统开启循环水泵，将太阳能集热器收集的热量通过储热水箱中的浸没式换热器释放到储热水箱中。当储热水箱中部的温度高于供暖回路的回水温度时，控制系统发出信号调节三通阀。此时，通过太阳能集热器收集的热量为建筑供暖提供热量。若储热水箱中部的温度达不到供暖回路的回水温度，控制系统开启两通阀、调节三通阀，将供暖回路与辅助加热器连通，此时由辅助加热器为建筑供暖提供热量。

　　在供生活热水模式下，当储热水箱顶部的温度达到供热水温度要求时，控制系统发出信号调节三通阀将储热水箱中的热水提供给用户；当储热水箱顶部的温度过低时，控制系统发出信号打开两通阀，辅助加热器通过储热水箱顶部的浸没式换热器将水箱中的水加热到所需的温度。

　　由于太阳能的间歇性和不稳定性等缺点，系统中至少应设置一种辅助热源为系统提供能量。由系统原理图可知，系统对辅助热源要求不高，该系统可以与任何传统辅助热源（燃气炉、燃油炉、原木炉、区域换热站等）联合使用。辅助热源只有在太阳能不足以提供热能的情况下启动，可以极大地节省辅助热源的能耗。

　　除了辅助热源，储热水箱设计是影响热水/供暖两用系统性能的基本因素之一。在不同系统中，水箱的设计也不尽相同。例如有些系统根本就不会设置专门用来为建筑供暖储存热能的水箱；有些系统则会使用一个储热水箱用来储存生活热水和建筑供暖的热能；而与上述系统都不相同的是，生活热水和建筑供暖各用一个储热水箱。本节所介绍的典型系统则是采用生活热水和建筑供暖共用一个储热水箱的设计。该系统很好地利用了水箱中不同水平高度水温不同这一水温分布特性。该特性称为温度分层，是由于热水的密度总是比冷水的密度低，所以热水总是位于储热水箱的上部，冷水总是位于储热水箱的下部。从系统运行方式可以看出该系统对储热水箱的控制策略：辅助热源只对储热水箱上部的水加热，这样保证温度分层，而生活热水取水位置和供暖回路的浸没式换热器位置都保证了该水箱不同温度水平热水的有效使用。通过储热水箱结构和系统运行策略，该系统实现了共用一个水箱的目的。

2. 系统分类

在传统辅助热源热水/供暖系统的设计中，需要考虑多方面的影响因素，包括热量储存方式、采用储热水箱的数目、储热介质回路的设计、所用换热器的形式、储热水箱的进口处形状和流量、所用温度分层器的形状、所有部件的尺寸等。其中，热量储存方式和辅助加热器运行方式对系统运行性能的影响尤为重要。根据这两个关键影响因素的不同，传统辅助热源热水/供暖系统可以划分为多种类型。

（1）根据热量储存方式分类

根据有无储热装置可以分为有储热水箱和无储热水箱两类。根据储热水箱的功用和数量，有储热水箱的系统可进一步划分为仅设置供暖用储热水箱的系统、仅设置供热水用储热水箱的系统、供暖和供热水用储热水箱合用的系统以及分别设置供暖与供热水用储热水箱的系统。

另外，基于储热水箱的运行特点，传统辅助热源热水/供暖系统可以进一步划分为有、无温度分层器两种。无温度分层器的系统主要依靠自然对流形成温度分层；设置温度分层器的系统温度分层效果更有保证，利于系统运行控制、提升系统运行性能；另外，还有将两种分层作用相结合的系统。

（2）根据辅助加热器运行方式分类

众所周知，太阳能是一种不稳定、不连续的可再生能源，为满足用户负荷需求，应设置辅助加热器。根据太阳能集热环路与辅助加热器连接方式的不同，传统辅助热源热水/供暖系统分为并联式系统、串联式系统及混联式系统。在并联式系统中，太阳能集热环路和辅助加热器交替为用户回路（或储热水箱）提供热能；在串联式系统中，太阳能集热环路和辅助加热器以串联的方式联合为用户（或储热水箱）供应热能；混联式系统则将上述两种连接形式相结合，依据天气情况及用户负荷的变化，选择合理的运行模式。

3. 典型系统设计与性能研究

传统辅助热源热水/供暖系统可以为用户提供生活热水和供暖，许多研究学者针对该系统开展了不同方向的研究，例如尝试在系统中加入储热装置、对系统进行性能预测、用于需要满足节能要求的房间中已有传统供暖系统的节能改造等。

针对一个具有储热装置的传统辅助热源热水/供暖系统，赫尔辛基理工大学的 P. D. Lund[2]开展了集热器面积和储热水箱容积对系统经济性和运行性能影响的研究，所研究系统如图 10-2 所示。

研究者首先建立了系统的数学模型（解析模型），并采用 TRNSYS 软件对所建立的数

学模型进行验证。TRNSYS 模拟采用软
件自带的气象数据库中的 TMY 数据，
自建模型同样采用该气象数据资料，以
保证两者的统一性。TRNSYS 软件对该
分析模型的有效性进行了不同季节、不
同地区和不同集热器面积等因素的交叉
检验。该研究表明，在北欧和中欧地区，
增加系统的集热器面积以获得更高的太
阳能供热百分比在经济上是合理的；但
在低能源或非常节能的建筑中，或在更
南部的气候条件下，则不是这样。此外，

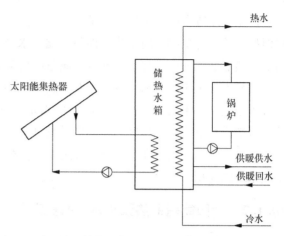

图 10-2　单蓄热装置的热水/供暖两用系统

在该系统中增加远远超过日常容量的储热容量是不合理的。

　　传统辅助热源热水/供暖系统性能的预测有一定的困难，其难点主要在于：即使采用
的单个部件都是高效的，但设计或安装过程中的疏漏会导致各部件的性能降低，进而使整
个系统运行性能不佳；气候条件及用户负荷的分布具有显著的地域性，因此同样的设计在
不同地区运行性能差别较大。萨伏伊大学的 Antoine Leconte 等人[3]研究了一种普遍适用
的性能预测方法。该方法基于短周期系统性能测试程序，在半虚拟的测试台上对每个系统
作为一个整体进行测试。测试结果用于识别测试系统的"灰盒"模型，其中包括一个人工
神经网络。这个模型可以模拟任何气候和任何建筑的系统运行。最后应用太阳能供应百分
比计算程序，依据模拟结果数据，拟合出一条简单的曲线表征测试系统的性能。基于两个
实际工程系统，研究人员对该方法进行了实验验证，结果表明该方法是有效的。

　　卡尔顿大学的 S. Rasoul Asaee 等人[4]研究分析了位于加拿大的一栋房屋中的传统供
暖系统改造为传统辅助热源热水/供暖系统的技术经济可行性。系统设计和指导方针是基
于 IEA/SHC 方案任务 26，所设计系统的基本结构如图 10-3 所示。

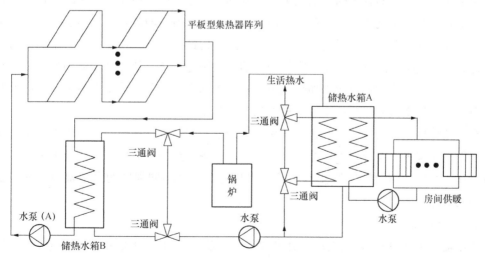

图 10-3　双蓄热水箱的热水/供暖系统

首先，改造房屋需满足以下条件：①朝南、东南或西南方向的房屋，且有足够大的屋顶面积；②要有足够容纳系统组件包括储热水箱、辅助锅炉和泵的地下室或机械房；③太阳能集热器面积的大小与每户现有供暖系统的额定容量相匹配。

研究人员采用能源和排放模型对改造系统的性能进行评价，评价标准为能源消耗和温室气体排放。结果表明，近40%的房屋满足系统改造的条件，如果对所有符合改造条件的住房都进行改造，该地区的年能源消耗和温室气体排放将显著降低。工程所在地区不同会影响系统的初投资，在一些地区可能需要政府补贴或激励计划来推广传统辅助热源热水/供暖系统的应用。

10.1.2　太阳能辅助热泵热水/供暖系统

基于传统辅助热源设备的太阳能热水/供暖系统，当太阳能供应不足时，主要消耗传统化石能源，且该工况下系统运行效率较低，不利于能源紧张、环境污染及气候变化等问题的解决；在太阳辐射较强的工况下，系统中太阳能集热器通常保持较高的工作温度，系统热损较大；在太阳辐射欠佳的工况下，由于其温差控制运行策略的局限，该类系统几乎不能有效采集太阳热能。为了解决上述问题，学者们研究提出了与热泵技术相结合的太阳能辅助热泵热水/供暖系统。

太阳能辅助热泵热水/供暖系统能够有效地利用各种不同太阳辐射强度工况下的太阳热能，即使在太阳辐射较弱的情况下也能稳定地提供热量。此外，采用热泵作为辅助热源设备，可以保证在不能使用太阳能的情况下更高效地为用户提供热能。

1. 结构与原理

大多数太阳能辅助热泵热水/供暖系统均由五部分组成：太阳能集热器、热泵、辅助加热器和两个储热水箱。图10-4是一个典型的太阳能辅助热泵热水/供暖系统[5]。

随着太阳辐射条件的变化，该系统有三种运行模式。①太阳能直接供暖模式：当太阳辐射较强，且集热器温度高于供暖回路回水温度时，通过阀门控制将集热器加热的热水直接传递给用户。集热器收集的多余热量储存到储热水箱1内。该模式最大的优点是只利用太阳能供暖。②太阳能与热泵联合供暖模式。当太阳辐射较弱时，若集热器送水温度高于储热水箱2底部的温度，可通过板式换热器将热量传递到储热水箱2中。若集热器送水温度过低时，系统将开启热泵，使用空气换热器和太阳能集热器从空气和太阳能中提取低品位热量。热泵将收集的热量用来加热储热水箱2中的水。③单独热泵供热模式，即没有太阳辐射时，使用空气源热泵从空气中提取低品位热量。

在太阳辐射足够的情况下，该系统仅用太阳能为用户提供热量。太阳辐射较弱或没有太阳辐射的情况下，系统仍可以稳定高效地为用户提供热量。因此，与传统的太阳能加热系统相比，太阳能辅助热泵热水/供暖系统可以充分利用不同强度的太阳辐射，进而提高太阳能的利用效率。

2. 系统分类

太阳能辅助热泵热水/供暖系统有多种分类方法，本节分别按照太阳能集热器和热泵连接方式、热泵热源种类的不同对其进行分类。

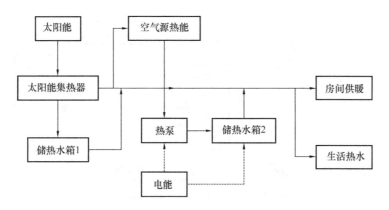

图 10-4　典型的太阳能辅助热泵热水/供暖系统

（1）按太阳能集热器和热泵连接方式分类

依据太阳能集热环路与热泵机组连接方式的不同，太阳能辅助热泵热水/供暖系统分为直膨式和非直膨式两大类，非直膨式又分为串联式、并联式和混连式。

直膨式系统与热泵机组结构类似，主要由四部分组成，分别是蒸发器、压缩机、冷凝器和节流设备。与热泵机组的不同之处在于蒸发器为集热/蒸发器，即太阳能集热器与蒸发器合二为一。制冷剂直接流经集热/蒸发器，吸收太阳能或环境中的热能蒸发，之后进入压缩机，经过压缩后成为高温高压气体，然后进入冷凝器冷凝放热，放出的热量可以用来制热或制取热水。制冷剂液体流经毛细管等节流设备，成为低温低压的液体，再次进入太阳能集热/蒸发器吸热，形成一个循环。

图 10-5 所示为串联式太阳能辅助热泵系统[6]。流经蒸发器内的制冷剂通过吸收太阳能集热蒸发，先后通过压缩机、冷凝器，在冷凝器中制冷剂将热量传递给末端系统，然后返回蒸发器进行下一个循环。可以看出，串联式系统中太阳能作为单一热源，当太阳辐射强度不足时，太阳能供能系统的供热能力会受到限制，影响整个系统运行的稳定性。

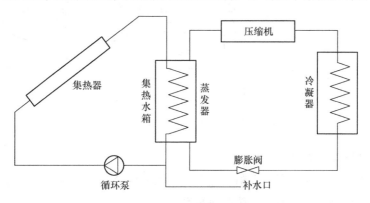

图 10-5　串联式太阳能辅助热泵系统

图 10-6 所示为并联式太阳能辅助热泵系统。当太阳辐射充足时，太阳能集热系统独立运行，满足供暖系统末端热负荷和生活热水；在阴雨天或者太阳辐射强度达不到要求时，开启热泵循环，热泵提取地热能、空气能等作为系统辅助热源，将热量传给储热水

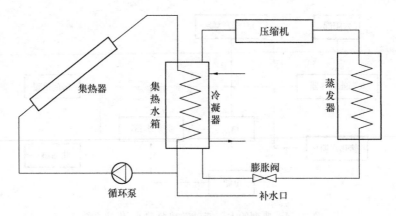

图 10-6　并联式太阳能辅助热泵系统

箱，将太阳能与辅助热源联合满足用户负荷。并联方式以热泵作为系统的辅助热源，系统运行连续稳定，具有显著节能效果，被广泛应用。

图 10-7 所示混连式太阳能辅助双热源热泵系统。当太阳辐射充足时，系统以太阳能作为热源。当太阳辐射强度不足时，系统以地热能作为热源；当太阳辐射强度处于两者之间时，被太阳能集热系统加热的介质可作为热泵的热源。太阳能与地热源两部分系统可根据需要单独或同时开启满足供暖需求，但双热源式系统结构复杂，初投资较高，因此其应用推广受到限制。

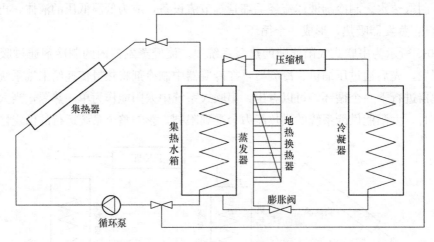

图 10-7　混连式太阳能辅助双热源热泵系统

（2）按热泵热源种类分类

按照热泵热源种类的不同，太阳能辅助热泵系统可分为太阳能—空气源热泵系统、太阳能—地源热泵系统和太阳能—多热源热泵系统。

太阳能—空气源热泵系统通常有并联式和串联式两种连接方案。串联式系统中，太阳能集热环路用于提升空气源热泵机组的热源温度，缓解了空气源热泵室外换热器表面结霜问题，有利于拓展空气源热泵的应用范围，提升热泵的运行性能。并联式系统中，依据不同的天气情况，太阳能供热与空气源热泵均独立运行，运行过程中互为补充，两种运行模式共同满足用户负荷。该类系统的运行性能主要受运行控制策略、气候条件及负荷分布等因素的影响。

　　太阳能—地源热泵系统是太阳能供暖领域中研发应用的重点。依据太阳能集热环路与地源热泵的结合方式，该类系统可细分为串联式、并联式及混连式[7]。以上三类系统，依据运行模式的不同，仍可进一步细分。以串联式系统为例，依据运行模式的不同，又可进一步细分为地埋管储热式（见图 10-8）和非地埋管储热式（见图 10-9）。

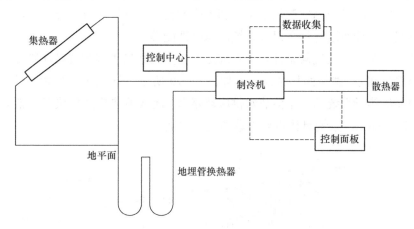

图 10-8　地埋管储热式系统

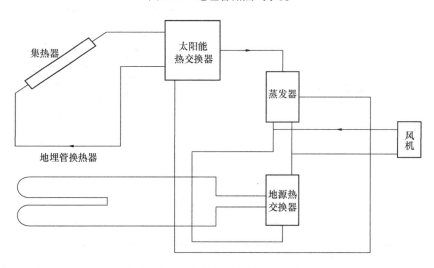

图 10-9　非地埋管储热式系统

　　太阳能与地源热泵相结合具有很好的互补性，一方面，太阳能可以提升地源热泵系统循环流体温度，提高热泵运行效率；另一方面，土壤热可以补偿太阳能的间歇性和不稳定性。此外，地下埋管换热器还可以将日间或夏季富余的太阳能储存在换热器周围的土壤中，不仅能起到恢复土壤温度的作用，而且可以减小其他辅助热源或储热装置的容量。

　　由于单一热源的太阳能辅助热泵系统存在热源不够稳定、与太阳能互补性差等问题，许多学者提出了太阳能—多热源热泵系统，具体有太阳能—空气/水源热泵系统、太阳能—地源/空气源热泵系统以及太阳能—空气能/太阳能热泵系统等[28]。与采用单一热源的太阳能辅助热泵系统相比，热泵热源稳定性好，热泵模式下运行效率高，节能性好。同时，利于太阳能集热环路保持较低的运行温度，使太阳能光热转换效率有所提高。总的来说，该类系统的运行性能更加稳定、运行效率更高，节能性显著。但是，这种系统结构相对复杂，初投资高，运行控制要求高。

3. 典型系统设计与性能研究

本节分别以太阳能辅助地源热泵系统和太阳能辅助空气源热泵系统为例，介绍该类系统的结构方案、设计及运行特征以及系统的运行性能等。

基于寒冷和严寒地区气候条件，香港理工大学陈曦和杨洪兴教授设计研发了一套太阳能辅助地源热泵热水/供暖两用系统[8]。如图 10-10 所示，该系统主要由五个模块组成，分别是太阳能集热子系统 A、生活热水供应环路 B、闭式地热换热模块 C、热泵机组模块 D 和室内供暖末端 E。系统具体设计参数如表 10-1 所示。

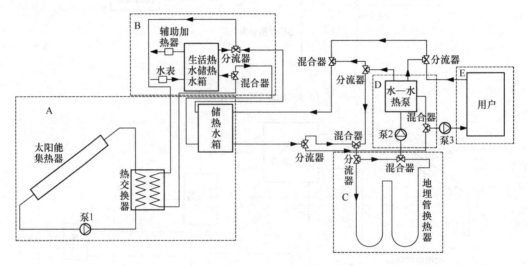

图 10-10　太阳能辅助地源热泵系统

系统基本设计参数　　　　　　　　　　　　　　　　　　　　表 10-1

地点：北京（北纬 39°56′，东经 116°20′）	
冬季室内外设计温度：19℃/−9℃	最冷月平均热负荷：19.44kW
建筑的总传热系数：1600kJ/(h·K)	建筑热容：15MJ/K
水—水热泵额定制热功率：14kW	土壤导热系数：2.1W/(m·K)
埋管内外直径：32/40mm	钻孔数量：3
钻孔深度：90m	平板集热器：45m²
集热器热损失系数：10kJ/(h·m²·K)	吸热板发射率：0.11
吸热板吸收率：0.90	蓄热水箱容积及热损系数：1.8m³　1.2kJ/(h·m²·K)

系统设计中，太阳能集热子系统的太阳能集热器面积取值偏大，便于优化模拟中分析集热器面积对系统性能的影响。为保证系统冬季工况运行稳定，集热子系统采用防冻液作

为工作介质。为简化计算，集热器与储热水箱之间的板式换热器换热效率取固定值 0.8。子系统中水泵的启停则通过预设的温差控制器实现。

生活热水供应环路中，储热水箱通过温差控制装置与太阳能集热子系统相连。运行过程中，由水箱温度、用户负荷及太阳辐射情况确定集热系统是否输送热量至储热水箱。该环路设置电加热器为辅助热源，当水箱出口水温不满足用户水温要求时，启动电加热器继续加热。

热泵机组额定功率根据用户最大热负荷确定，所选机组为定流速水—水热泵机组。为保证热泵机组稳定运行，地下换热器的大小以保证热泵机组入口水温不低于 6℃ 为目标进行设计取值。室内供暖末端采用低温辐射供暖模式，供水温度设为 35℃。

系统总的设计原则是通过太阳能集热量平衡地下取热量，即全年所集太阳能应等于冬季供暖期从地下取热量与全年热水负荷供应的取热量之和。根据不同的温差控制策略，该系统可实现以下运行模式：太阳能直接供热模式、太阳能辅助水源热泵供热模式、地源热泵供热模式、太阳能辅助地源热泵供热模式、水箱储热＋地下换热器储热模式以及生活热水供应模式。

针对上述系统，基于 TRNSYS 软件平台，该研究团队模拟分析了太阳能集热器面积及地下埋管长度对系统性能的影响。基于系统能量和经济性能分析，对两个影响参数进行了优化。研究结果表明，该系统在北京地区应用具有一定的经济性和节能效果。针对严寒气候区（哈尔滨）应用的进一步研究表明，若保证太阳能集热与地下取热相平衡的原则，则系统运行效率较低，经济与节能效果较差。因此，不推荐该系统在哈尔滨等严寒气候区应用。

因为太阳能的不连续性，单独的太阳能供暖系统很难满足用户负荷需求；由于结霜问题，单独的空气源热泵供暖系统也不能完全满足用户需求。据此，清华大学李先庭教授研究团队提出了一种太阳能—空气能双源热泵供热系统[9]。如图 10-11 所示，系统主要由太阳能集热器、多组空气热交换器、水—水热交换器和热泵机组组成。

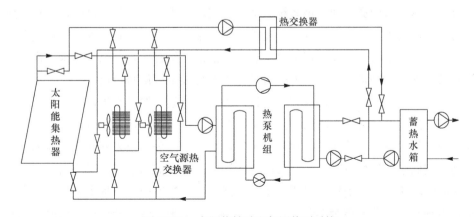

图 10-11　太阳能辅助空气源热泵系统

根据不同的天气情况，该系统可实现四种不同的运行模式：太阳能直接供热模式、太阳能—空气能双源热泵供热模式、空气源热泵供热模式以及除霜模式。当没有太阳辐射时，系统可直接从空气中获取热量，以空气源热泵模式运行；当太阳辐射较低时，则以太阳能—空气能双源热泵模式运行；当太阳辐射特别强时，可实现太阳能直接供热。最重要的是，在除霜期，多个空气热交换器交替除霜，顺利实现了空气源热泵机组的持续稳定运行。

同样地，基于 TRNSYS 软件平台，建立了系统的仿真模型。基于我国不同地区气候条件，对典型工况及供暖期内系统运行性能进行了模拟分析。此外，分别以并联的太阳能集热＋空气源热泵机组复合系统和单独的空气源热泵机组为基准系统，进一步对比分析了所研究系统与基准系统的性能。研究结果表明，在北京、成都、沈阳三个城市，系统均可实现 10％以上的太阳能供热百分比。即使太阳辐射条件较差的工况，系统仍可保持较高的运行效率。此外，系统在除霜期运行模式下仍具备较大的节能潜力。仅考虑供暖负荷时，系统在拉萨、成都、北京和沈阳地区均可达到较理想的季节性能系数。与传统空气源热泵系统相比，各地区系统节能率在 9％～52％。

10.2 太阳能热水/供暖/空调系统

为了进一步提高太阳能集热设备的全年利用率、提升太阳能利用效率，研究和设计人员进一步提出了集空调、供暖和生活热水多功能于一体的太阳能热水/供暖/空调系统。根据工作原理的不同，该类系统可分为吸收式和蒸汽压缩式两大类，蒸汽压缩式又进一步细分为直膨式和间膨式两类。

10.2.1 吸收式系统

1. 结构与原理

图 10-12 为一个典型的吸收式太阳能热水/供暖/空调多功能综合应用系统[10]。如图所示，该系统主要由热管式真空管太阳能集热器、单效吸收式制冷/热泵机组、储能溶液罐和一台燃气热水器构成。通过该系统方案，可实现夏季空调，冬季供暖，全年供应生活热水。具体地，太阳正常辐照条件下，夏季太阳能集热器为制冷系统提供驱动热和一年四季生活用热水，冬季太阳能集热器提供部分或全部建筑供暖负荷。燃气热水器作为非正常太阳辐照条件下的辅助热源提供额外热量及冬季部分或全部供暖负荷。

在夏季，系统主要按制冷储能方式运行。当太阳能集热器热水出口温度达到制冷机启动所需的最低温度时，溶液泵将稀溶液储罐中的稀溶液经溶液热交换器泵入发生器中，溶液受到太阳能集热器出口热水的加热，水蒸气从溶液中被分离出来并在冷凝器内冷凝，凝水进入制冷剂储罐。发生分离水蒸气后的浓溶液则经热交换器换热进入浓溶液储罐储存，这便是太阳能转化为溶液潜能的过程，系统储能结束。当室内需要提供冷量时，根据冷负荷需求，冷剂水进入蒸发器吸热蒸发，再回到吸收器被来自浓溶液储罐的浓溶液吸收形成稀溶液进入稀溶液储罐，溶液工作循环完毕。发生过程工作溶液的流量取决于集热器所收集到的太阳能数量，是一个与太阳辐射有关的变量。而别墅建筑内的空调负荷则取决于用户的实际需求。因此在同一时刻，集热器所收集的太阳能经吸收式制冷机转换得到的冷量

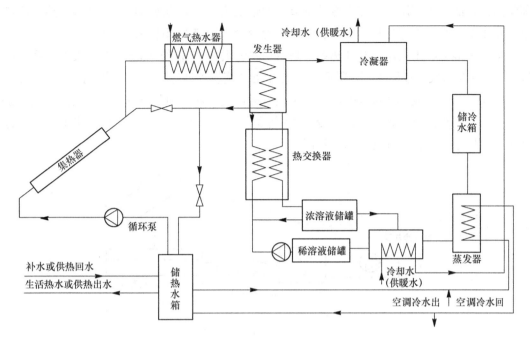

图 10-12 吸收式太阳能热水/供暖/空调系统

与空调负荷所需的冷量可能会不一致，即流经发生器和吸收器的工作溶液流量可能不一致。当流经发生器的溶液流量大于吸收器的溶液流量时，多余的浓溶液便储存在浓溶液储罐中。反之，则需要由浓溶液储罐内的储液来补充不足的部分，系统正是通过这种途径来平衡冷负荷和太阳能供给之间的差异。尤其是在夜间，失去了太阳能的供给，建筑所需的空调冷量完全需要由储存在浓溶液储罐内的溶液潜能来转换提供。因此，系统要求铺设面积较大的太阳能集热板。

正是由于铺设了面积较大的太阳能集热板，所以要求系统不仅能在夏季发挥空调作用，而且在其他季节也要被充分利用，这样才能提高整个太阳能系统的利用率，以便于被推广应用。

在冬季，系统主要按热泵方式运行。白天，储热水箱内温度较低的水首先通过太阳能集热器加热，使其温度升高，当温度升高到一定值，开启系统的储能部分（发生器和冷凝器），使之在燃气热水器的辅助加热下开始工作。产生的浓溶液全部储存在浓溶液储罐内，冷凝热作为建筑的供热；夜间，首先由储热水箱内温度较高的热水为建筑供暖，当水箱内热水温度降到设计值时，吸收器和蒸发器开始工作，水箱中的水被送往蒸发器继续放热，储存在浓溶液储罐内的溶液潜能按热泵方式转换成热能用于供暖。随着供暖的进行，水箱中水温逐渐降低，当降低到一定程度时，系统已无法继续运行，这时需要启动燃气热水器，使整个制冷系统处于热泵状态下继续工作，直到水箱内水温降到设计的最低值时结束。由此可见，冬季工况下，系统的运行模式处于一种与时间相关联的动态变化状态。

2. 典型系统设计与性能研究

在吸收式供热/制冷系统中，太阳能冷却和太阳能加热是协同工作的，从而保证太阳能集热设备的全年利用率。在寒冷的季节，太阳集热器收集的热量用来供暖和加热生活热水。在夏季，太阳能通过吸附冷却装置转化为冷量，避免太阳能系统过热。

第一个混合吸附式制冷和加热系统是由切尔涅夫在 20 世纪 70 年代末开发的。系统由沸石/H_2O 对组成，如图 10-13 所示[11]。冷凝器和蒸发器通过一个外部水环路结合为一个整体。在白天，冷凝热被排到外部水环路，可提供生活热水和冬季供暖。在夜间，先前凝结的水蒸发并被沸石吸附，促进了冷凝器/蒸发器的冷却效果，冷却外部回路中的水，这些水可以用于空调或储存起来以后使用。

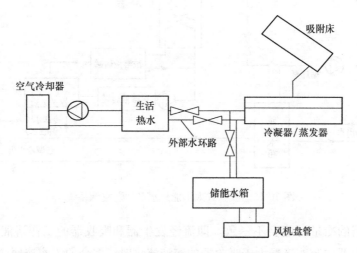

图 10-13　混合吸附式空调/供热系统

上海交通大学王如竹教授研究团队[12] 提出了一种新型的太阳能混合系统，该系统使用 AC/甲醇对进行水加热和制冰。如图 10-14 所示，系统由真空管太阳能集热器、水箱和吸附器等组成。吸附床浸没在水箱中，由 2m 的真空管太阳能集热器直接加热，夜间从水箱中排出的热水可供家庭使用。在吸附阶段，吸附器的显热和吸附热传递给水箱中的水，产生有用的热量。研究结果表明：在冬季工况下，系统 COP 为 0.143，热效率为 0.795；在春季工况下，系统 COP 为 0.144，热效率为 0.797。

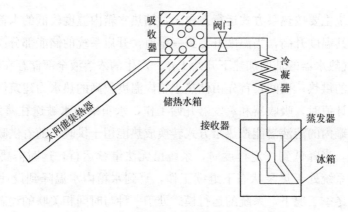

图 10-14　新型吸附式太阳能热水/制冷系统

10.2.2　直膨式系统

为了充分而有效地利用太阳能，并使直膨式太阳能辅助热泵技术能够最大限度地服务于建筑用户，实现冬季供暖、夏季制冷及全年供应热水等多种功能，可以构建一种集上述功能于一体的直膨式太阳能辅助热泵空调及热水联合系统[13]。

1. 结构与原理

图 10-15 为一典型直膨式系统工作流程图，系统主要由集热/蒸发器、压缩机、板式换热器、膨胀阀、储热器、空气换热末端组成。在冬季工况下，经膨胀阀节流后的制冷剂液体首先流入太阳能集热器，在此吸收周围环境中的低品位热能（太阳能、空气显热或潜热）而蒸发，蒸发后的制冷剂被压缩机吸入并压缩成高温高压气体，然后进入冷凝盘管，将一部分热量释放到生活热水中，另一部分热量通过板式冷凝器传给热媒水用于房间供暖，最后经膨胀阀流回太阳能集热器重新吸热蒸发。热媒水在循环流动中将一部分热量用于房间供暖，其余热量则储存到储热器中，以备夜间或阴雨天房间供暖使用。

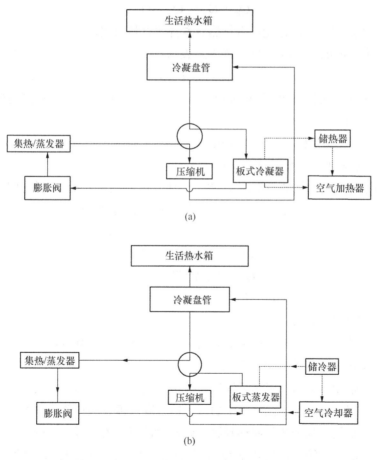

图 10-15　直膨式系统工作流程图

（a）冬季工况；（b）夏季工况

在夏季工况下，制冷剂在四通换向阀的作用下换向流动，节流后首先流入板式蒸发器与冷媒水进行热交换，而压缩机排气则首先通过冷凝盘管，然后进入辐射散热器，将制冷剂携带的热量释放到周围环境中去。冬季工况下的板式冷凝器和太阳能集热器分别被用作板式蒸发器和辐射散热器，而储热器则被用于储冷，以备白天房间空调使用。在过渡季节工况下，系统的运行工况与冬季相同，只是将制冷剂的冷凝热量全部用于制备生活热水。

2. 性能研究及分析

（1）性能预测及分析

为确定系统部件及整个装置的能量传递和转换情况以及能量损失的性质、大小和分布，探求提高能量利用率的方向和措施，首先需要对直膨式太阳能辅助热泵空调及热水系统进行能量分析，这也是工程上一项重要的基础性技术工作。根据能量平衡原理，王如竹等人[13]建立了系统的性能预测模型。

在冬季工况下，太阳能集热器作为热泵的蒸发器，起到收集太阳辐射的能量和使制冷剂直接蒸发的作用。当集热板温度高于蒸发温度时，集热/蒸发器获得的有效能量 Q_u 可由下面的能量平衡方程来描述：

$$Q_S + Q_a = Q_u + Q_{lc} \tag{10-1}$$

式中　Q_{lc}——集热器本身的储能，由集热器本身的材料决定。

集热板上太阳能的有效收益 Q_s 可由下式表示：

$$Q_s = A_c I_s (\tau\alpha) \tag{10-2}$$

式中　I_s——投射到集热器单位表面积上的总太阳辐射能，可用太阳能辐射仪测量，W/m^2；

　　　$\tau\alpha$——集热器顶部的透过—吸收积；

　　　A_c——集热器的有效集热面积，m^2。

集热器与室外空气的换热量 Q_a，通常为三部分换热之和，即顶部换热量 Q_t、底部换热量 Q_b、四周边框换热量 Q_r。通常，Q_r 在总换热量 Q_a 中所占比例较小，可略去。Q_t 和 Q_b 可分别按下式计算：

$$Q_t = U_t A_c (T_a - T_P) \tag{10-3}$$

$$Q_b = U_b A_c (T_a - T_P) \tag{10-4}$$

式中　T_p——集热板的平均温度，K；

　　　T_a——环境温度，K；

　　　U_t——集热板顶部的热损失系数，可由经验公式确定，$W/(m^2 \cdot K)$；

　　　U_b——集热板底部的热损失系数，$W/(m^2 \cdot K)$。

制冷剂在太阳能集热器中吸热蒸发后，被压缩机吸入，压缩并排入冷凝盘管中，释放出一部分冷凝热用于加热生活热水箱中的水，然后流入板式换热器中继续冷凝，一部分热量用于加热室内空气，其余热量储存到储热设备中备用。由此可见，冷凝热为三部分热量之和，即加热生活热水箱内水的热量 Q_{hw}、加热室内空气的热量 Q_{sh}、储存到储热器中的热量 Q_{hs}。根据热泵原理，冷凝热由两部分能量转化而来，即制冷剂在太阳能集热/蒸发器中吸收的有效热量 Q_u 和压缩机做工转化的热量 N_{com}。因此，可以得到如下的能量守恒关系式：

$$Q_{com} = Q_u + N_{th} = Q_{hw} + Q_{sh} + Q_{hs} \tag{10-5}$$

压缩机的理论功耗 N_{th} 可通过单级蒸汽压缩式制冷机的理论计算方法计算得到:

$$N_{th} = V_{th} \eta_v P_s \frac{m}{m-1} \left[\left(\frac{P_d}{P_s} \right)^{\frac{m-1}{m}} - 1 \right] \tag{10-6}$$

式中 V_{th}——压缩机理论容积输气量,m^3;

　　　　η_v——压缩机的容积效率;

　P_s、P_d——分别为压缩机吸、排气压力,Pa;

　　　　m——多变压缩指数。

压缩机的实际功耗 N_{in} 为理论功耗 N_{th} 除以压缩机电效率 η_{el}。

释放到生活热水中的冷凝热量 Q_{hw} 可按下式计算:

$$Q_{hw} = M_w C_{pw} \frac{dT_w}{dt} + U_{lt} A_{lt} (T_w - T_a) + Q_{wt} \tag{10-7}$$

式中 M_w、C_{pw}、T_w——分别为生活水箱中热水的质量、比热容、温度单位依次为:kg,m^3/kg,K;

　　　　U_{lt}、A_{lt}、Q_{wt}——分别为生活热水箱的热损系数、箱体散热面积以及箱体本身的储能,单位依次为:$W/(m^2 \cdot K)$,m^2,W。

基于上述性能模型,研究发现:太阳辐射强度对太阳能集热器集热性能影响显著,全天中两者变化趋势基本保持一致。系统供热功率在太阳辐射较强时变化不明显,但当太阳辐射强度低于某一水平时,系统的供热功率迅速减小。压缩机耗功功率受太阳辐射强度变化的影响很不明显,仅在运行结束前略有下降。进一步的模拟研究发现,该直膨式太阳能辅助热泵系统全年各种工况均具有较为稳定的性能,尤其在冬季和过渡季工况下均具有较高的供热性能系数,因而具有技术上的可行性和优越性。

(2)工作特征

通过以上能量分析与系统仿真计算结果,可以看出该系统具有以下工作特点:

在用途上,实现了一机多用,可满足住宅建筑对冬季供暖、夏季空调以及全年生活热水的需求。在结构上,将太阳能热利用和电动热泵两种较为成熟的技术有机地组合在一起,不仅克服了各自单独运行时存在的缺点,而且实现了优势互补,可同时提高太阳能集热装置和热泵机组的性能;通过将太阳能集热器与热泵蒸发器"合二为一"的结构设计,可使太阳能收集过程与制冷剂蒸发过程在一个设备中同时发生,取消了常规系统中独立的太阳能集热子系统及一个蒸发换热器,降低了系统造价;太阳能集热/蒸发器即使使用极为廉价的裸板式结构仍具有良好的集热性能,集热器的面积和成本均可大大降低;采用了辅助的风冷换热器,可弥补夜间或阴雨天太阳辐射的不足,满足夏季白天空调的需求。

在节能环保方面,由于制冷剂在太阳能集热/蒸发器中直接吸收太阳能而蒸发,具有较高的蒸发温度,可使系统获得较高的供热性能系数(COP),节能效果十分明显;集制热、制冷和制热水多种功能于一体,设备年利用率高,年运行费用低,实现了节能、节材,进而减少设备制造和运输过程中的能源消耗和废弃物的排放;充分利用了周围环境中存在的各种低品位热源(太阳能、空气等),减少了建筑供暖、空调及热水供应等能耗。

在实用推广方面，与日益成熟的电动热泵技术相结合，具有结构紧凑、布置灵活等特点，可望打破常规太阳能供暖系统难以在人口密集的城市中规模化应用的局限；设备年利用率高，具有小型化的户用式特点，便于实现商品化的推广和应用。

10.2.3 间膨式系统

1. 结构与原理

图 10-16 为一间膨式多功能太阳能—空气源热泵，系统由压缩机、室内外换热器、喷射器、电子膨胀阀、四通阀、电磁阀及连接管道组成的空气源热泵循环和由集热器、集热换热器、电磁阀及连接管道组成的太阳能集热循环构成。室内换热器根据实际情况可灵活选择风机盘管、地热盘管、散热器等末端装置。

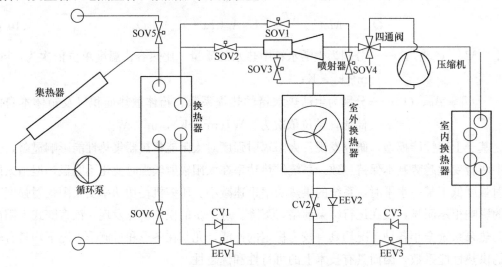

图 10-16　间膨式多功能太阳能—空气源热泵系统

SOV—电磁阀；CV—单向阀；EEV—电子膨胀阀

该系统在不同的室内环境下可通过调节电磁阀切换运行模式，实现制冷、制热、制热水及制冷兼制热水功能，且在各种天气状况下均能提供生活热水。当以太阳能集热循环独立模式运行时，空气源热泵循环关闭，电磁阀 5、6 开启，集热工质吸收太阳辐射热量进入集热换热器进行循环。在空气源热泵独立运行模式下，系统可实现制冷、制热、制热水、制冷兼制热水四种不同的功能。

当系统以太阳能集热和空气源热泵联合模式运行时，在低温环境下系统电磁阀 1、4、5、6 关闭，电磁阀 2、3 开启，太阳能集热循环换热器作为热泵循环的蒸发器之一。从冷凝器出来的制冷剂流体分为两路，一路经过电子膨胀阀 1 进入太阳能集热循环换热器进行循环，另一路经过电子膨胀阀 2 进入室外换热器同室外空气进行换热，两股不同压力的制冷剂分别从集热循环换热器和室外换热器出口进入喷射器，在喷射器里完全混合，最后达到某一中间压力后从喷射器出口进入压缩机，通过喷射器回收高压流体压力能，对低压流体引射并升压，改进热泵性能。此外，系统在实现太阳能集热循环制热水的同时，空气源热泵循环制冷、制热，且二者互不影响。

2. 性能预测及工作特征

吴启任等人[14]以我国北方城市大连为背景对上述间膨式系统在低温环境下经济性、应用范围方面进行适用性分析。结果表明，多功能太阳能—空气源热泵系统在室外环境变化时通过运行模式的切换，可实现制冷、制热、制热水功能，集成了太阳能热水器、空气源热泵热水器、家用空调器三者的优势，因此该系统可节省建筑有效使用空间。

同时或独立利用太阳能和空气能两种可再生能源，解决了恶劣天气条件下使用单个室外换热器（太阳能集热循环端换热器和室外空气换热器）供热不足的问题。

室外环境温度为−20℃时，通过喷射器将空气源热泵吸气压力提升 1.6 倍，压缩机吸气温度为−2.7℃，压缩机运行在正常范围内，因此该系统可广泛适用于黄河流域、华北地区、西北地区、东北地区等传统的供暖地区（我国气候分区的 II 区和 I 区南部）。

10.3　太阳能冷热电联产系统

冷热电联供系统（Combined Cooling Heating and Power system，CCHP）作为分布式能源最常用的一种技术，是基于能量梯级利用原则，可同时产生冷、热、电的多联供系统。基本的 CCHP 与太阳能集热系统相结合，构成太阳能冷热电联产系统，这种新型太阳能 CCHP 系统，通过太阳能等可再生能源的接入，降低对一次能源和大电网的依赖，缓解用电高峰，灵活独立。依据热泵种类的不同，新型太阳能 CCHP 系统分为吸收式和喷射式两类。

10.3.1　吸收式系统

在基本 CCHP 系统的基础上，Masood Ebrahimi 等人[15]加入太阳能集热器，提出了一种新型吸收式 CCHP 系统，该系统以燃气和太阳能作为主要能源，其结构原理如图 10-17 所示。系统中，由内燃机产生电力。水的热量部分来自太阳能集热器，其余部分则通过换热器对内燃机发电后的余热进行回收获得，两部分热量共同为建筑提供制冷、供暖或生活热水。锅炉作为辅助热源，其他热源能量不足时为系统提供热水。

由太阳能集热器和余热回收换热器汇集而来的热水送进锅炉，若水温不达标，可启动锅炉加热至需求温度。若水温达标，则由锅炉旁通管直接输送至供热或空调系统。锅炉出水可直接输送至风机盘管进行供暖，也可进入制冷机组用于夏季空调。生活热水则直接在热回收换热器后输出至用户。

该系统用于一栋 1200m² 的居住建筑，设计中采用最大矩形法确定内燃机型号，其他部件的尺寸则依据所选内燃机和建筑负荷确定。通过模拟分析，确定了最优的集热器朝向和类型，给出了四种集热器设计策略。研究结果表明，采用较大功率的内燃机，可使用较少的太阳能集热器；采用功率较小的内燃机，有利于提高系统的节能率。对于基本的 CCHP 系统，全负荷运行比部分负荷运行的节能率高；对于新型太阳能 CCHP 系统，则正好相反。

Fahad A. Al-Sulaiman 等人[16]提出了一种基于抛物槽式太阳能集热器的新型 CCHP

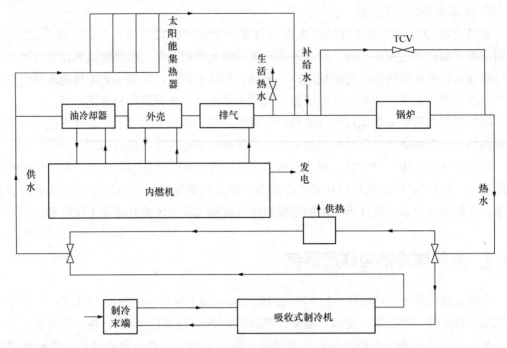

图 10-17　新型太阳能新型吸收式 CCHP 系统

系统，并对其进行了性能评估。如图 10-18 所示，该系统由温度调节控制系统、抛物槽式太阳能集热器、供暖热交换器和单效吸收式制冷机组成。该系统的工作原理如下：经抛物槽式太阳能集热器加热的工作流体通过有机朗肯循环中的蒸发器 a、b 加热，而有机朗肯

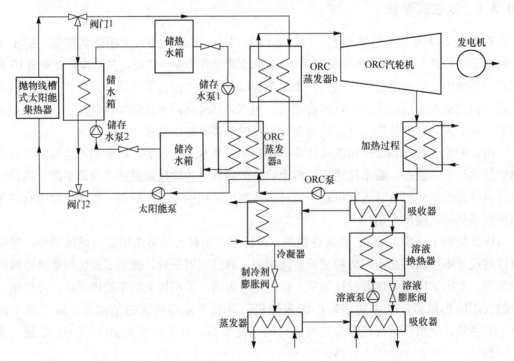

图 10-18　基于抛物槽式太阳能集热器的新型 CCHP 系统

循环废热用于供暖和空调。根据太阳辐射全天的变化规律，系统可实现三种不同的运行模式：①太阳能运行模式，即太阳能集热环路集热，该模式下太阳辐射强度低，所集热量全部用于 CCHP 系统的运行；②太阳能＋储热运行模式，该模式下太阳辐射强度高，系统将 70％的太阳能集热储存起来，其余集热用于 CCHP 的运行；③储能运行模式，该模式下没有太阳辐射，所有系统运行能量均来自白天的储能。研究中采用 EES 软件对所建模型进行求解计算，计算结果表明，太阳能运行模式下，系统能量效率最高，净电力输出最大，其余两种运行模式性能较低。此外，有机朗肯循环入口温度对电冷比影响较大，汽轮机入口压力对系统运行性能影响较大。

Jiangjiang Wang 等人[17]提出了一种太阳能辅助混合动力系统。该系统由内燃机、太阳能集热器、吸收式热泵、热交换器和储热罐组成，图 10-19 为其原理图。该系统的工作原理如下：夏季冷却运行时，阀门 V4-1、V4-2、V6-1 和 V6-2 关闭，其他阀门保持开启状态。混合后的热水直接送至低压发生器，利用冷却塔将吸收塔（A）和冷凝器（C）的热量释放到大气中的冷却水。冷水连接到蒸发器（E），是由制冷循环产生的。在冬季和过渡季节，吸收式热泵运行在供暖模式时，仅关闭阀门 V5-1 和 V5-2，冷却塔不工作。部分混合的热水被送至低压发生器，而其他热水仍被输送到低压发生器，成为高温资源。低温水在吸收塔（A）和冷凝器（C）中依次被加热成为高温热水。不同的是，热水流在冬季是封闭循环，在过渡季节不循环。过渡季节不需要冷水和供暖水，低压发生器为生活热水提供热量。研究人员在热力学建模和验证的基础上，从能量、㶲、动力经济性和动力环境性能四个方面对该混合动力系统进行了研究。结果表明，该混合动力系统的年能源效率为 76.3％，㶲效率为 22.4％。

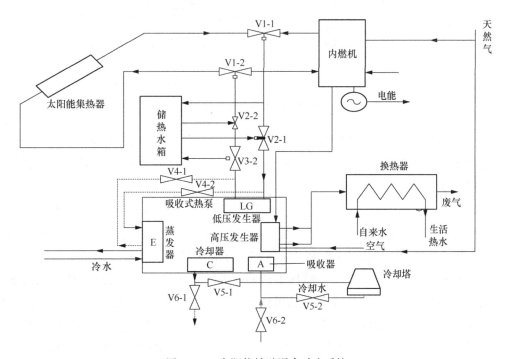

图 10-19　太阳能辅助混合动力系统

10.3.2 喷射式系统

Fateme Ahmadi Boyaghchi 等人[18]研发了一种微型太阳能驱动的带喷射式制冷机的 CCHP 系统。如图 10-20 所示，该系统由太阳能集热器、蒸发器、加热器、冷凝器、水箱、锅炉、汽轮机、喷射器、搅拌器和发电机等组成。该系统的工作原理如下：夏季，饱和液体被泵入经济器，在过热器中过热后，在与发电机相连的透平中发电。汽轮机的抽汽流进入喷射式超音速喷嘴。引射器的出口流在混流器 1 中与汽轮机出口混合，排出到冷凝器，热量散失后冷却水转化为过冷液体。在冬季，汽轮机抽出的气流进入加热器，将热量供应给供热用户。汽轮机排气进入冷凝器，将热量排给冷却水，然后这两股（加热器出口和冷凝器出口）流体在混流器 2 中混合，泵入经济器、蒸发器 2 和过热器，从热源吸收热量。在太阳辐射不足时，使用储热系统和辅助锅炉提供持续的冷却、加热和电力输出。辅助锅炉使用天然气为燃料。其中，水箱是为了纠正热电联产系统对太阳能的供应与对热源的需求之间的不匹配，从而使系统能够持续稳定地运行。选取汽轮机进口温度、汽轮机进

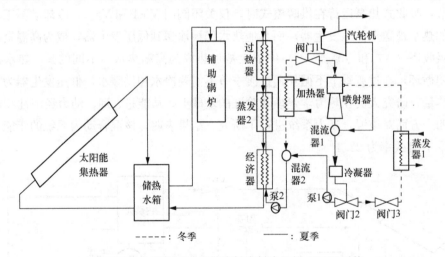

图 10-20　太阳能驱动的带喷射式制冷机的 CCHP 系统

口压力、汽轮机背压、蒸发器温度和加热器出口温度五个关键参数作为决策变量，对整个系统的性能进行模拟分析。结果表明，在夏季，热效率、㶲效率和系统总成本率在最优情况下分别提高到 28％、27％和 17％，在冬季分别提高到 4％、13％和 4％。

在此基础上，Fateme Ahmadi Boyaghchi 等人[19]所在团队进一步提出了一种新型的由太阳能和地热能驱动的微型热电联产系统，并对系统进行了模拟分析与优化。系统主要由太阳能集热子系统、地热换热系统和 CCHP 三个子系统组成，如图 10-21 所示。太阳能集热子系统由平板型太阳能集热器、储热水箱和辅助加热器组成，该环路工作介质为水基 CuO 纳米流体。地热换热系统主要包括换热器、循环水泵及地下埋管，该环路中的工作介质为盐水。CCHP 子系统为带有喷射式制冷机的有机朗肯循环，具体包括汽轮机、除过热换热器，蒸汽发电机、冷凝器、蒸发器、喷射器、水泵和阀件。该研究团队针对四种有机工作介质，从热力学和热经济学角度进行了模拟分析与多目标优化。结果显示，系统

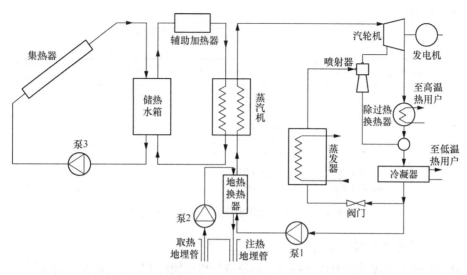

图 10-21　由太阳能与地热能驱动的 CCHP-ORC 系统

采用 R134a 作工作介质时，日均能量和㶲效率最高；采用 R423A 可实现最小总换热面积，采用 R1234yf 则系统年均费用最小。

10.4　光伏太阳能热泵系统

相较于单独的光伏系统或者以空气、水为循环工质的光热系统，太阳能 PV/T 系统结构紧凑，除了具有更好的综合性能、经济性之外，还有节约空间的优点。在实际应用中，光伏光热综合利用系统可以发挥太阳能热水器的作用，制备生活热水或者将热能储存起来用于供暖等，也可以产生电能满足一部分生活用电。因此，太阳能 PV/T 综合利用系统一经提出便迅速成为建筑节能等学科的研究热点，具有广阔的发展应用前景。基于此，学者们突破性地将太阳能 PV/T 技术与热泵相结合，形成了形式多样的光伏太阳能热泵系统。根据太阳能集热器与热泵机组的连接方式不同，该类系统可分为直膨式和间膨式两种。

10.4.1　直膨式光伏热泵系统

1. 结构与原理

在直膨式光伏热泵系统中，光伏电池直接层压在系统蒸发器的上表面，利用制冷工质的蒸发吸热对光伏电池进行冷却，保证了光伏电池始终处于较低的工作环境，提高了其光电转化效率[20]。当太阳光照射到光伏蒸发器的表面时，部分短波辐射被光伏电池转化为电能输出，其余辐射则转化为热能被制冷工质吸收，最后在热泵冷凝器处输出，其工作原理如图 10-22 所示。

一方面，由于热泵工质的蒸发作用，光伏电池得到有效冷却，光电转化效率得以提升；另一方面，太阳辐射通过光热转换作为热泵热源，提高了热泵循环的蒸发温度和蒸发

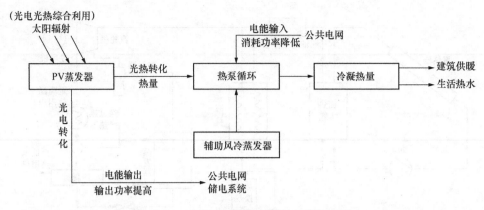

图 10-22　光伏太阳能热泵系统工作原理图

压力，使热泵性能系数得以提高。

光伏太阳能热泵系统具有以下特点：蒸发冷却作用使得 PV 蒸发器温度明显低于普通的光伏电池和集热器温度，提高了光电转化和光热吸收效率。光电光热综合利用，极大提高了单位面积太阳辐射的利用效率，使得有限的建筑外表面可以得到充分利用。太阳直接辐射使得热泵循环的蒸发温度显著提高，因此光伏太阳能热泵的性能系数明显高于普通热泵；同时，蒸发温度的提高大大减少了蒸发器结霜的可能性，提高了热泵系统在寒冷地区运行的适用性。

与普通的空气源热泵相比较，光伏热泵具有较高的热性能，并且太阳辐射越强烈时，性能系数越高。在冬天可以用来供暖，加装水冷冷凝器后可以供应生活热水，具有一机多用的功效。与建筑相结合的光伏热泵系统，成为建筑围护结构的一部分，可以增强建筑的隔热效果，起到减少建筑冷热负荷的作用。

2. 典型系统设计与性能研究

环路热管作为一种两相传热设备，由于其自身的毛细结构或重力式结构，具有较强的远距离被动传热能力，在卫星、航天以及电力电子领域的热控制和冷却/加热系统有着广泛的应用。近年来，为减少建筑能耗，环路热管也逐渐被应用于太阳能热利用系统。然而，因太阳能资源在时间和空间上的分布很不均匀，环路热管的热量输入波动较大，其运行的稳定性难以得到保障。针对环路热管和太阳能辅助热泵各自的特点，笔者李洪等人将两种技术结合起来，提出了一种光伏环路热管/太阳能辅助热泵复合（PV-LHP/HPWH）系统[21,22]。该复合系统将太阳能光热利用、环路热管及太阳能热泵技术有机结合，实现太阳热能从建筑外围至建筑内部的输送，继承了太阳能热泵技术的优点，同时解决了热泵运行所需的部分电力供应，减少了中间能量输送环节，能明显降低热水系统的耗电量，提高系统的节能效果。

（1）结构与原理

图 10-23 为太阳能 PV-LHP/HPWH 系统的原理图，该系统主要由太阳能 PV-LHP 和热泵 2 个环路组成。太阳能 PV-LHP 环路主要包括 PV/T 集热/蒸发器、冷凝器、蒸汽上升管、冷凝液下降管等。

该系统的工作流程为：08:00～15:00 开启阀门 1 和阀门 2，关闭阀门 3 和阀门 4，当

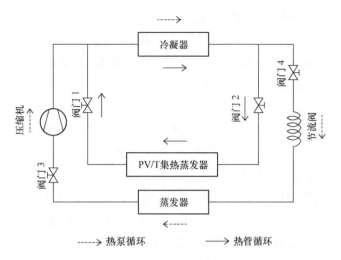

图 10-23 PV-LHP/HPWH 系统原理图

太阳辐射强度不低于 300 W/m² 时，系统以太阳能 PV-LHP 模式运行。此时，太阳辐照充足，PV/T 集热/蒸发器能够收集足够的热量用以加热集热管中的工质，管中工质吸热蒸发，在浮升力的驱动下，沿蒸汽上升管进入水箱中的冷凝器并释放出汽化潜热。最终，在重力的作用下，液态 R22 沿冷凝液下降管返回 PV/T 集热/蒸发器，完成一次循环。热泵环路中蒸发器采用无玻璃盖板平直翅片平板型太阳能集热器，其中集热板为 2.0m×1.5m 的铝板，集热管的材质、尺寸皆与 PV/T 集热/蒸发器相同；翅片间距和翅片高分别为 5mm 和 11mm。冷凝器与热管环路共用；压缩机采用滚动转子式，其排气量为 21.1cm³/r，转速为 3600r/min。

在 15:00 之后，关闭阀门 1 和阀门 2，开启阀门 3 和阀门 4，系统由 PV-LHP 模式切换为热泵模式。当太阳辐射强度大于 0 时，系统运行太阳能—空气能双热源热泵模式；否则，热泵环路蒸发器仅吸收空气热能，系统以空气源热泵模式运行。3 种运行模式采用相同工质，可独立运行也可相互切换。

（2）性能预测与分析

根据能量守恒及热力学第一定律，笔者所在课题组分别建立了太阳能 PV-LHP 和热泵环路模型，其中太阳能 PV-LHP 环路模型主要包括 PV/T 集热/蒸发器的集热模型、集热器各组件方程及冷凝器模型。热泵环路则采用经验拟合模型，以简化该复合系统的模拟计算。具体模型详见参考文献[23]。

基于所建模型，课题组模拟分析了太阳能 PV-LHP/HPWH 系统在冬、夏及春秋季典型工况的运行性能及其主要影响因素，并进一步模拟分析系统长期运行性能的变化特性。典型工况模拟分析结果显示，系统的光热效率夏季较优，3 种典型工况均与传统 PV/T 热水系统可比。系统的光电效率冬季最优，光电光热综合效率与 PV/T 复合热泵系统接近。与将环路热管与热泵串联的系统相比，光伏组件工作温度稍低，该特性有利于系统光电光热综合效率的提高。为使水温达标，系统需在冬季工况下运行热泵模式 1h，耗电 1.77kWh，*COP* 为 1.90。同时，系统全天输出电量 0.67kWh，日供电比例达 38.0%。对于春秋和夏季工况，热泵模式分别需要运行 1h 和 30min，日供电比例均达到 100%。

除了太阳辐射及室外空气温度外，PV/T 集热/蒸发器结构及系统运行参数均会对系统性能产生不同程度的影响。课题组主要针对 PV/T 集热/蒸发器表面的光伏覆盖率及冷凝水箱初始水温进行模拟分析。结果表明，适当调整 PV/T 集热器表面的光伏覆盖率，有利于改善系统光电光热综合运行性能；水箱内初始水温对系统性能影响较为显著，因此在条件允许的情况下应优先考虑以环路热管模式运行。长期性能模拟分析表明，该系统日均供电比例达 13.7%，全年平均太阳能供热百分比为 50.9%。系统全年净耗电量为729.8kWh。相比于传统的电加热方式，节能率达 71.3%。

为改善传统太阳能 PV/T 热水系统运行性能，拓展空气源热泵热水系统应用范围，课题组进一步开展了所研究系统在 3 种不同气候区运行性能对比及优化研究[24]。研究表明，不同气候条件下，安装倾角和朝向对系统性能的影响程度不同，为提高系统的太阳能利用效率，应对其安装倾角和朝向进行优化。

现有研究表明，系统在夏、冬季运行中存在工作温度过高或光热、光电效率较低两种典型的不利工况。若将该系统应用于严寒/热带等极端气候区，可以预见，上述 2 种不利工况将进一步加剧，从而导致热管型太阳能 PV/T 集热系统运行性能明显降低。基于此，课题组提出将空调房间排风引导至 PV/LHP 集热/蒸发器空气夹层的被动式调节运行模式，利用空调排风调节集热板工作温度，以期达到改善目标系统 2 种不利工况下运行性能的目的。数值模拟结果显示，所提调节方法可以有效抑制光伏组件工作温度的回升，降低调节模式下的平均工作温度，从而提升系统的光电转换效率，延长光伏组件的使用寿命；与调节前的系统相比，系统的日均光电效率和日发电量均有小幅增加，调节策略对系统光热效率与光电效率的影响不同；针对冬季工况的分析显示，所提调节方法可有效缩短 PV-LHP 循环的启动时间，改善目标系统的集热性能[25]。

（3）实验测试及模型验证

针对太阳能 PV-LHP/HPWH 系统，课题组搭建了室外测试平台，如图 10-24 所示。PV/T 集热/蒸发器的详细设计参数如表 10-2 所示。对该系统进行了典型工况及全天性能的测试研究，分析了循环工质充注量对系统性能的影响[26]，同时验证了所建模型的准确性。

图 10-24　实验测试系统图

PV/T 集热/蒸发器设计参数　　　　　　　　　　　表 10-2

组件	参数
玻璃盖板	低铁布纹玻璃；1.87m²
吸热板	铝；表面涂有黑铬；1960mm×960mm×0.4mm
吸热管	紫铜；15-Φ12mm×0.6mm
集管	紫铜；Φ22mm×0.6mm
电池板	单晶硅；125mm×125mm
保温层	35K 玻璃棉；厚度 30mm

10.4.2　间膨式光伏热泵系统

1. 结构与原理

图 10-25 所示是一套间膨式光伏热泵系统[27]。该系统由 6 块光伏电池板、集热水箱、3 台水泵、热泵系统组成，太阳辐照至太阳能电池板，会将太阳能转化为两部分：一部分为电能，储存至蓄电池中；另一部分为热能，热能分为热损耗和被转移至集热水箱储存的有用能。集热水箱和蒸发器也相连，当热泵系统启动时，集热水箱的水会至蒸发器内放热降温，使得热泵系统制冷剂吸热升温。制冷剂 R22 在热泵系统中循环，将压缩机消耗的电能转化为热能，冷凝器再将制冷剂的热能转化成生活水箱水的热能，依此往复循环，使得生活水箱的水升温至用户需求温度。

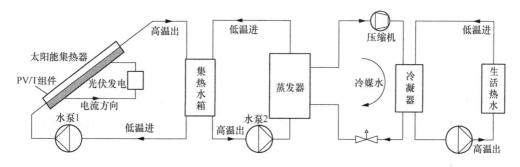

图 10-25　间膨式光伏热泵系统

2. 典型系统设计与性能研究

韩小勇等人[20]设计了一种间膨式光伏热泵系统。如图 10-26 所示，该系统由太阳能空气源热泵、光伏光热集热器（PV/T）、储热水箱、循环水泵、测温元件、换热介质及控制系统等组成。系统中的空气源热泵既可利用太阳能所发的直流电，也可使用市电，还可将太阳能所发余电上网。

在太阳光足够且有热能需求时，PV/T 板产生的热能作为热泵的主要热源，经循环将 PV/T 板的热能带给热泵，提高热泵能效比（COP 高达 5.7），降低能耗；同时降低了 PV/T 板温度，提高了发电效率和使用寿命。在太阳光不充足或没有情况下，热泵以空气中的热能作为热源，进行制热。该系统适用于白天有取暖和热水需求的场所，例如学校、企事业单位办公取暖等，如果增加储能装置，可以孤岛运行。随着环保要求日益提高，化

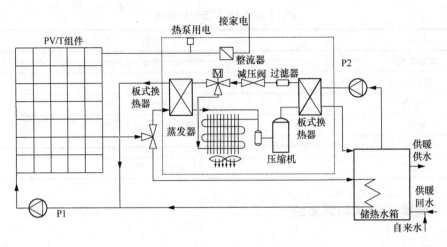

图 10-26　间膨式 PV/T 空气源热泵系统

石能源日益减少，人们生活品质需求逐步提高，该技术应用前景较好。

本章参考文献

［1］　何梓年，朱敦智. 太阳能供热供暖应用技术手册［M］. 北京：化学工业出版社，2009.

［2］　P. D ，Lund. Sizing and applicability considerations of solar combisystems［J］. Solar Energy，2005，78：59-71.

［3］　Leconte A，Achard G，Papillon P. Solar Combisystem Characterization with a Global Approach Test and a Neural Network Based Model Identification［J］. Energy Procedia，2012，30：1322-1330.

［4］　Asaee S R，Ugursal V I，Beausoleil-Morrison I. Techno-economic study of solar combisystem retrofit in the Canadian housing stock［J］. Solar Energy，2016，125：426-443.

［5］　Frank E ，Haller M ，Herkel S，et al. Systematic Classification of Combined Solar Thermal and Heat Pump Systems［C］//ISES EuroSun Conference 2010，2010.

［6］　王诗蒙，北方农村住宅太阳能与地源热泵联合供暖系统模拟优化研究［D］. 沈阳：沈阳建筑大学，2020.

［7］　Zhu N，Hu P，Xu L，et al. Recent research and applications of ground source heat pump integrated with thermal energy storage systems：A review［J］. Applied Thermal Engineering，2014，71(1)：142-151.

［8］　Chen Xi，Yang HX. Performance analysis of a proposed solar assisted ground coupled heat pump system［J］. Applied Energy，2012，97(9)：888-896.

［9］　Sra B，Xl A ，Wei X B，et al. A solar-air hybrid source heat pump for space heating and domestic hot water［J］. Solar Energy，2020，199：347-359.

［10］　孟玲燕. 太阳能复合常规能源的吸收式制冷/热泵系统在别墅中的应用研究［D］. 大连：大连理工大学，2005.

［11］　Tchernev DI. Solar air conditioning and refrigeration systems utilizing zeolites.［C］//Proceedings of Meetings of Commissions E1eE2. Jerusalem，Israel：International Institute of Refrigeration，1979.

［12］　Wang R Z，M. L I，Y. X. X U. An energy efficient hybrid system of solar powered water heater and adsorption ice maker［J］. Solar Energy，2000，68(2)：189-195.

［13］　王如竹，代彦军．太阳能制冷［M］．北京：化学工业出版社，2007．

［14］　吴启任，王树刚．寒冷地区多功能太阳能-空气源热泵及适应性分析［J］．太阳能，2010，10：36-39．

［15］　Ebrahimi M，Keshavarz A．Designing an optimal solar collector（orientation，type and size）for a hybrid-CCHP system in different climates［J］．Energy & Buildings，2015，108：10-22．

［16］　FA Al-Sulaiman，Hamdullahpur F，Dincer I．Performance assessment of a novel system using parabolic trough solar collectors for combined cooling，heating，and power production［J］．Renewable Energy，2012，48：161-172．

［17］　Wang J，Li S，Zhang G，et al．Performance investigation of a solar-assisted hybrid combined cooling，heating and power system based on energy，exergy，exergo-economic and exergo-environmental analyses［J］．Energy Conversion & Management，2019，196：227-241．

［18］　Boyaghchi F A，Heidarnejad P．Thermoeconomic assessment and multi objective optimization of a solar micro CCHP based on Organic Rankine Cycle for domestic application［J］．Energy Conversion & Management，2015，97：224-234．

［19］　Boyaghchi F A，Chavoshi M，Sabeti V．Optimization of a novel combined cooling，heating and power cycle driven by geothermal and solar energies using the water/CuO（copper oxide）nanofluid［J］．Energy，2015，91：685-699．

［20］　韩小勇，姜爱宁，张鹏．一种太阳能光伏光热综合利用技术［J］．科技创新与应用，2020，10：2．

［21］　孙跃．光伏环路热管双热源热泵热水系统性能优化研究［D］．秦皇岛燕山大学，2019．

［22］　Li Hong，Sun Yue．Operational performance study on a photovoltaic loop heat pipe/solar assisted heat pump water heating system［J］．ENERGY AND BUILDINGS，2018，158：861-872．

［23］　李洪，孙跃，付新书．新型太阳能光伏-环路热管/热泵热水系统［J］．太阳能学报，2020，41（4）：8．

［24］　李洪，王美芳，张曼．光伏-环路热管/热泵热水系统在不同气候区性能对比与优化，2020，36（1）：252-256．

［25］　李洪，张曼，孙跃，韩志鹏．被动调节模式环路热管型光伏光热系统性能分析．农业工程学报，2021，37（16）：205-211．

［26］　李洪，侯平炜，孙跃，等．太阳能光伏环路热管热水系统光电光热性能试验［J］．农业工程学报，2018，34（7）：6．

［27］　陈敏．太阳能光伏光热综合利用系统建模［J］．节能，2020，39（5）：4．

［28］　Li Hong，Sun Liangliang，Zhang Yonggui．Performance investigation of a combined solar thermal heat pump heating system，Applied Thermal Engineering，2014，71（1）：460-468．

附录　太阳能热利用相关国家标准及法律

<table>
<tr><td colspan="3" align="center">太阳能集热器标准</td></tr>
<tr><td rowspan="2">1</td><td>标准号</td><td>GB/T 17049—2005</td></tr>
<tr><td>名称</td><td>全玻璃真空太阳集热管</td></tr>
<tr><td rowspan="2">2</td><td>标准号</td><td>GB/T 17581—2007</td></tr>
<tr><td>名称</td><td>真空管型太阳能集热器</td></tr>
<tr><td rowspan="2">3</td><td>标准号</td><td>GB/T 6424—2007</td></tr>
<tr><td>名称</td><td>平板型太阳能集热器</td></tr>
<tr><td rowspan="2">4</td><td>标准号</td><td>GB/T 19775—2005</td></tr>
<tr><td>名称</td><td>玻璃-金属接式热管真空太阳集热管</td></tr>
<tr><td rowspan="2">5</td><td>标准号</td><td>GB/T 4271—2007</td></tr>
<tr><td>名称</td><td>太阳能集热器性能试验方法</td></tr>
<tr><td rowspan="2">6</td><td>标准号</td><td>GB/T 26976—2011</td></tr>
<tr><td>名称</td><td>太阳能空气集热器技术条件</td></tr>
<tr><td colspan="3" align="center">太阳能热水系统技术条件或工程建设相关的国家标准</td></tr>
<tr><td rowspan="2">1</td><td>标准号</td><td>GB/T 23888—2009</td></tr>
<tr><td>名称</td><td>家用太阳能热水系统控制器</td></tr>
<tr><td rowspan="2">2</td><td>标准号</td><td>GB/T 23889—2009</td></tr>
<tr><td>名称</td><td>家用空气源热泵辅助型太阳能热水系统技术条件</td></tr>
<tr><td rowspan="2">3</td><td>标准号</td><td>GB/T 25966—2010</td></tr>
<tr><td>名称</td><td>带电辅助能源的家用太阳能热水系统技术条件</td></tr>
<tr><td rowspan="2">4</td><td>标准号</td><td>GB/T 25967—2010</td></tr>
<tr><td>名称</td><td>带辅助能源的家用太阳能热水系统热性能试验方法</td></tr>
<tr><td rowspan="2">5</td><td>标准号</td><td>GB/T 19141—2011</td></tr>
<tr><td>名称</td><td>家用太阳能热水系统技术条件</td></tr>
<tr><td rowspan="2">6</td><td>标准号</td><td>GB/T 34377—2017</td></tr>
<tr><td>名称</td><td>家用太阳能热水系统应用设计、安装及验收技术规范</td></tr>
<tr><td rowspan="2">7</td><td>标准号</td><td>GB/T 29160—2012</td></tr>
<tr><td>名称</td><td>带辅助能源的太阳能热水系统（储水箱容积大于 $0.6m^3$）性能试验方法</td></tr>
<tr><td rowspan="2">8</td><td>标准号</td><td>GB/T 29158—2012</td></tr>
<tr><td>名称</td><td>带辅助能源的太阳能热水系统（储水箱容积大于 $0.6m^3$）技术规范</td></tr>
<tr><td rowspan="2">9</td><td>标准号</td><td>GB/T 50604—2010</td></tr>
<tr><td>名称</td><td>民用建筑太阳能热水系统评价标准</td></tr>
<tr><td rowspan="2">10</td><td>标准号</td><td>GB/T 50364—2018</td></tr>
<tr><td>名称</td><td>民用建筑太阳能热水系统应用技术标准</td></tr>
</table>

续表

		太阳能热水系统技术条件或工程建设相关的国家标准
11	标准号	GB/T 30724—2014
	名称	工业应用的太阳能热水系统技术规范
12	标准号	GB/T 35606—2017
	名称	绿色产品评价 太阳能热水系统
13	标准号	GB/T 30532—2014
	名称	全玻璃热管家用太阳能热水系统
14	标准号	GB/T 18713—2002
	名称	太阳热水系统设计、安装及工程验收技术规范
		其他标准
1	标准号	HJ/T 362—2007
	名称	环境标志产品技术要求 太阳能集热器
2	标准号	GB 50495—2019
	名称	太阳能供热采暖工程技术标准
3	标准号	JGJ/T 267—2012
	名称	被动式太阳能建筑技术规范
4	标准号	GB/T 15405—2006
	名称	被动式太阳房热工技术条件和测试方法
5	标准号	15J908-4
	名称	被动式太阳能建筑设计
6	标准号	GB 50787—2012
	名称	民用建筑太阳能空调工程技术规范
7	标准号	NB/T 34022—2015
	名称	太阳能干燥系统通用技术要求
8	标准号	GB 51101—2016
	名称	太阳能发电站支架基础技术规范
9	标准号	GB/T 51396—2019
	名称	槽式太阳能光热发电站设计标准
10	标准号	GB/T 51307—2018
	名称	塔式太阳能光热发电站设计标准
11	标准号	GB 55015—2021
	名称	建筑节能与可再生能源利用通用规范
12	标准号	GB/T 50801—2013
	名称	可再生能源建筑应用工程评价标准
		法律
1	名称	中华人民共和国节约能源法
2	名称	中华人民共和国可再生能源法修正案
3	名称	中华人民共和国可再生能源法